藏文信息处理技术

藏文字符处理算法设计及 Java 实现

བོད་ཡིག་ཡིག་རྟགས་སྦྱིག་གཅོད་རྩེ་ཐབས་རྣམ་འགོད་དང་Javaཡིས་སྒྲུབ་པ།

高红梅　高定国　黄宇轩　编著

西南交通大学出版社
·成　都·

图书在版编目（CIP）数据

藏文字符处理算法设计及 Java 实现 / 高红梅，高定国，黄宇轩编著. -- 成都：西南交通大学出版社，2025. 3. -- ISBN 978-7-5774-0145-4

Ⅰ. TP311.561；TP391

中国国家版本馆 CIP 数据核字第 2024V99Q38 号

Zangwen Zifu Chuli Suanfa Sheji ji Java Shixian
藏文字符处理算法设计及 Java 实现

高红梅　高定国　黄宇轩　编著

策 划 编 辑	李华宇
责 任 编 辑	李华宇
封 面 设 计	墨创文化
出 版 发 行	西南交通大学出版社
	（四川省成都市金牛区二环路北一段 111 号
	西南交通大学创新大厦 21 楼）
营销部电话	028-87600564　028-87600533
邮 政 编 码	610031
网　　　　址	https://www.xnjdcbs.com
印　　　　刷	四川森林印务有限责任公司
成 品 尺 寸	210 mm × 285 mm
印　　　　张	19.75
字　　　　数	562 千
版　　　　次	2025 年 3 月第 1 版
印　　　　次	2025 年 3 月第 1 次
书　　　　号	ISBN 978-7-5774-0145-4
定　　　　价	92.00 元

图书如有印装质量问题　本社负责退换
版权所有　盗版必究　举报电话：028-87600562

前 言
preface

对计算机专业的学生来说，算法分析与设计、程序设计与实现是最主要和最重要的基本能力。从事藏文信息处理的人员通过计算机进行藏文字符处理，需要进行相应的算法分析和设计，最后选用计算机编程语言实现，跨越藏文字符分析的设想与计算机实现的鸿沟。Java 语言是面向对象的、支持多线程的网络编程语言。该语言具有简单性、面向对象、分布式、健壮性、平台独立与可移植性、多线程和动态性等特点，是面向对象编程语言的代表之一。该语言可以编写桌面应用程序、Web 应用程序、分布式系统和嵌入式系统等应用程序，是目前最流行的优秀的编程语言之一，学习该语言的人员就业前景非常广阔。本书结合作者讲授"算法设计与分析""面向对象技术（Java）""藏文信息处理基本原理与应用"课程的经验，在《现代藏文字符自动分析——Visual C++》的基础上，以藏文信息处理的知识为内容，以算法设计与分析为方法进行设计，保留原书"案例贯穿，规范设计""循序渐进，层层深入""案例详尽，步步指引""拓展知识，轻松实现"等特点，最后通过 Java 语言实现所有设计算法，以培养学生算法分析与设计、程序设计与实现的基本能力。

全书分为 4 篇，共 16 章。藏文字符处理基础篇主要介绍算法概述、藏文字符的输入输出、全藏字的生成等藏文字符处理基础；藏文字符排序篇以现代藏字构件识别为基础分别用插入排序、归并排序、堆排序、快速排序实现了藏文字符的排序；藏文字符查找篇运用查找算法实现了藏文编码转换、藏文的拉丁转写、藏文数字编码方案和藏汉电子词典；藏文字符统计篇实现了全藏字字符构件的静态统计、基于动态顺序存储的藏文音节动态统计、藏文多文本中构件的动态统计、基于哈希表的藏文音节动态统计等藏文字符的统计。

本书由高红梅总体负责和审定。高定国负责藏文字符分析和案例规划与设计。高红梅和黄宇轩完成了算法设计和代码实现，并撰写了相应的设计报告。本书在编写过程中得到了西藏大学信息科学技术学院领导、同事和实验室同学的帮助，在此一并表示感谢！

本书是在西藏大学人才创新团队与实验室平台建设"计算机及藏文信息技术创新团队"、四川省科技计划项目（2023YFQ0044）、西藏自治区高校人文社会科学研究项目（SK2023-15）及"一流本科课程"、西藏大学课程思政示范教学团队和西藏大学人才发展激励计划"教学名师岗位"建设资助下完成的成果之一。

本书可作为高等院校藏文信息技术、计算机科学与技术、电子信息技术等相关专业的高年级本科生或研究生的教材或参考书，也可作为从事藏文信息处理、自然语言处理、藏语计算语言学、数据挖掘和人工智能研究相关人员的参考书。

由于编著人员水平有限，加之时间仓促，书中难免有不足之处，恳请广大读者批评指正。

西藏大学信息科学技术学院
藏文信息技术创新人才培养示范基地
高红梅
2024 年 9 月

目录 contents

第 1 篇　藏文字符处理基础

第 1 章　算法概述 ························ 3
1.1　算法的概念 ························ 3
1.2　算法的特征 ························ 3
1.3　算法分析 ························ 4
1.3.1　时间复杂度 ························ 4
1.3.2　空间复杂度 ························ 5
1.4　算法的表示方法 ························ 5
1.4.1　使用自然语言描述算法 ························ 6
1.4.2　使用流程图描述算法 ························ 6
1.4.3　使用伪代码描述算法 ························ 7
1.4.4　使用 N-S 图描述算法 ························ 7
1.4.5　使用程序描述算法 ························ 8
1.5　算法的实现 ························ 8
1.5.1　程　序 ························ 8
1.5.2　标识符命名规则 ························ 8

第 2 章　藏文字符的输入输出 ························ 11
2.1　问题描述 ························ 11
2.2　问题分析 ························ 11
2.2.1　理论依据 ························ 11
2.2.2　算法思想 ························ 15
2.3　算法设计 ························ 15
2.3.1　存储空间 ························ 15
2.3.2　流程图 ························ 15
2.3.3　伪代码 ························ 16
2.4　程序实现 ························ 16
2.4.1　IDEA 编译环境 ························ 16
2.4.2　Eclipse 编译环境 ························ 20

2.4.3　代　　码 ………………………………………………………… 22
　　　2.4.4　代码使用说明 ……………………………………………………… 23
2.5　运行结果 …………………………………………………………………… 23
2.6　算法分析 …………………………………………………………………… 24
　　　2.6.1　时间复杂度分析 …………………………………………………… 24
　　　2.6.2　空间复杂度分析 …………………………………………………… 24

第3章　全藏字的生成 ………………………………………………………… 25
3.1　问题描述 …………………………………………………………………… 25
3.2　问题分析 …………………………………………………………………… 25
　　　3.2.1　理论依据 …………………………………………………………… 25
　　　3.2.2　算法思想 …………………………………………………………… 28
3.3　算法设计 …………………………………………………………………… 29
　　　3.3.1　存储空间 …………………………………………………………… 29
　　　3.3.2　流程图 ……………………………………………………………… 29
　　　3.3.3　伪代码 ……………………………………………………………… 29
3.4　程序实现 …………………………………………………………………… 31
　　　3.4.1　代　　码 …………………………………………………………… 31
　　　3.4.2　代码使用说明 ……………………………………………………… 34
3.5　运行结果 …………………………………………………………………… 34
3.6　算法分析 …………………………………………………………………… 34

第4章　现代藏字构件识别 …………………………………………………… 35
4.1　问题描述 …………………………………………………………………… 35
4.2　问题分析 …………………………………………………………………… 35
　　　4.2.1　理论依据 …………………………………………………………… 35
　　　4.2.2　算法思想 …………………………………………………………… 39
4.3　算法设计 …………………………………………………………………… 40
　　　4.3.1　存储空间 …………………………………………………………… 40
　　　4.3.2　输入与输出 ………………………………………………………… 41
　　　4.3.3　设计思想 …………………………………………………………… 41
　　　4.3.4　流程图 ……………………………………………………………… 42
　　　4.3.5　伪代码 ……………………………………………………………… 44
4.4　程序实现 …………………………………………………………………… 47
　　　4.4.1　源代码 ……………………………………………………………… 47
　　　4.4.2　运行说明 …………………………………………………………… 52
4.5　运行结果 …………………………………………………………………… 53
4.6　算法分析 …………………………………………………………………… 54
　　　4.6.1　时间复杂度 ………………………………………………………… 54
　　　4.6.2　空间复杂度 ………………………………………………………… 55

第 2 篇　藏文字符排序

第 5 章　全藏字的插入排序 … 59
5.1　问题描述 … 59
5.2　问题分析 … 59
5.2.1　理论依据 … 59
5.2.2　算法思想 … 59
5.3　算法设计 … 60
5.3.1　存储空间 … 60
5.3.2　流程图 … 60
5.3.3　伪代码 … 62
5.4　程序实现 … 63
5.4.1　代　码 … 63
5.4.2　代码使用说明 … 69
5.5　运行结果 … 70
5.6　算法分析 … 70
5.6.1　时间复杂度分析 … 70
5.6.2　空间复杂度分析 … 71
5.6.3　稳定性分析 … 71

第 6 章　全藏字的归并排序 … 72
6.1　问题描述 … 72
6.2　问题分析 … 72
6.2.1　理论依据 … 72
6.2.2　算法思想 … 72
6.3　算法设计 … 73
6.3.1　存储空间 … 73
6.3.2　流程图 … 73
6.3.3　伪代码 … 74
6.4　程序实现 … 75
6.4.1　代　码 … 75
6.4.2　代码使用说明 … 77
6.5　运行结果 … 78
6.6　算法分析 … 78
6.6.1　时间复杂度分析 … 78
6.6.2　空间复杂度分析 … 79
6.6.3　稳定性分析 … 79

第 7 章 全藏字的堆排序 ... 80

7.1 问题描述 ... 80
7.2 问题分析 ... 80
7.2.1 理论依据 ... 80
7.2.2 算法思想 ... 84
7.3 算法设计 ... 85
7.3.1 存储空间 ... 85
7.3.2 流程图 ... 85
7.3.3 伪代码 ... 86
7.4 程序实现 ... 87
7.4.1 代　码 ... 87
7.4.2 代码使用说明 ... 98
7.5 运行结果 ... 100
7.6 算法分析 ... 100
7.6.1 时间复杂度分析 ... 100
7.6.2 空间复杂度分析 ... 101
7.6.3 堆排序总体性能分析 ... 101

第 8 章 藏文字符的快速排序 ... 102

8.1 问题描述 ... 102
8.2 问题分析 ... 102
8.2.1 理论依据 ... 102
8.2.2 算法思想 ... 102
8.3 算法设计 ... 103
8.3.1 存储空间 ... 103
8.3.2 流程图 ... 104
8.3.3 伪代码 ... 105
8.4 程序实现 ... 105
8.4.1 代　码 ... 105
8.4.2 代码使用说明 ... 119
8.5 运行结果 ... 120
8.5.1 运行结果说明 ... 120
8.5.2 讨　论 ... 120
8.6 算法分析 ... 120
8.6.1 时间复杂度分析 ... 120
8.6.2 空间复杂度分析 ... 121
8.6.3 稳定性 ... 121

第 3 篇　藏文字符查找

第 9 章　藏文编码转换 ··· 127
9.1　问题描述 ··· 127
9.2　问题分析 ··· 127
9.2.1　理论依据 ··· 127
9.2.2　算法思想 ··· 129
9.3　算法设计 ··· 129
9.3.1　存储空间 ··· 129
9.3.2　流程图 ··· 131
9.3.3　伪代码 ··· 132
9.4　程序实现 ··· 133
9.4.1　代　码 ··· 133
9.4.2　代码使用说明 ··· 149
9.5　运行结果 ··· 149
9.6　算法分析 ··· 151
9.6.1　时间复杂度分析 ··· 151
9.6.2　空间复杂度分析 ··· 151

第 10 章　藏文的拉丁转写 ··· 152
10.1　问题描述 ··· 152
10.2　问题分析 ··· 152
10.2.1　理论依据 ··· 152
10.2.2　算法思想 ··· 155
10.3　算法设计 ··· 155
10.3.1　存储空间 ··· 155
10.3.2　流程图 ··· 157
10.3.3　伪代码 ··· 158
10.4　程序实现 ··· 160
10.5　运行结果 ··· 175
10.5.1　运行结果说明 ··· 175
10.5.2　讨　论 ··· 176
10.6　算法分析 ··· 176
10.6.1　时间复杂度分析 ··· 176
10.6.2　空间复杂度分析 ··· 177

第 11 章　《藏字数字编码方案》的实现 ··· 178
11.1　问题描述 ··· 178
11.2　问题分析 ··· 179
11.2.1　理论依据 ··· 179
11.2.2　算法思想 ··· 181

11.3 算法设计······182
11.3.1 存储空间······182
11.3.2 流程图······183
11.3.3 伪代码······184
11.4 程序实现······186
11.5 运行结果······209
11.5.1 运行结果······209
11.5.2 讨 论······210
11.6 算法分析······210
11.6.1 时间复杂度分析······210
11.6.2 空间复杂度分析······210

第 12 章 藏汉电子词典的设计······211
12.1 问题描述······211
12.2 问题分析······211
12.2.1 理论依据······211
12.2.2 算法思想······212
12.3 算法设计······213
12.3.1 存储空间······213
12.3.2 流程图······214
12.3.3 伪代码······215
12.4 程序实现······215
12.4.1 代 码······215
12.4.2 代码使用说明······227
12.5 运行结果······227
12.6 算法分析······229
12.6.1 时间复杂度分析······229
12.6.2 空间复杂度分析······229

第 4 篇　藏文字符统计

第 13 章 全藏字字符构件静态统计······233
13.1 问题描述······233
13.2 问题分析······233
13.2.1 理论依据······233
13.2.2 算法思想······233
13.3 算法设计······233
13.3.1 存储空间······233

　　　　13.3.2　流程图 234
　　　　13.3.3　伪代码 234
　　13.4　程序实现 236
　　　　13.4.1　代　码 236
　　　　13.4.2　代码使用说明 239
　　13.5　运行结果 239
　　13.6　算法分析 243
　　　　13.6.1　时间复杂度分析 243
　　　　13.6.2　空间复杂度分析 244

第14章　基于动态顺序存储的单文件藏文音节统计 245
　　14.1　问题描述 245
　　14.2　问题分析 245
　　　　14.2.1　理论依据 245
　　　　14.2.2　算法思想 245
　　14.3　算法设计 246
　　　　14.3.1　存储空间 246
　　　　14.3.2　流程图 246
　　　　14.3.3　伪代码 247
　　14.4　程序实现 247
　　　　14.4.1　代　码 247
　　　　14.4.2　代码使用说明 256
　　14.5　运行结果 258
　　14.6　算法分析 258
　　　　14.6.1　时间复杂度分析 258
　　　　14.6.2　空间复杂度分析 258

第15章　藏文多文本中藏字构件的动态统计 259
　　15.1　问题描述 259
　　15.2　问题分析 259
　　　　15.2.1　理论依据 259
　　　　15.2.2　算法思想 260
　　15.3　算法设计 260
　　　　15.3.1　存储空间 260
　　　　15.3.2　流程图 261
　　　　15.3.3　伪代码 261
　　15.4　程序实现 263
　　　　15.4.1　代　码 263
　　　　15.4.2　代码使用说明 275

15.5 运行结果 …… 277
15.6 算法分析 …… 281
 15.6.1 时间复杂度分析 …… 281
 15.6.2 空间复杂度分析 …… 282

第16章 基于哈希表的多文件藏文音节统计 …… 283

16.1 问题描述 …… 283
16.2 问题分析 …… 283
 16.2.1 理论依据 …… 283
 16.2.2 算法思想 …… 285
16.3 算法设计 …… 286
 16.3.1 存储空间 …… 286
 16.3.2 流程图 …… 287
 16.3.3 伪代码 …… 288
16.4 程序实现 …… 290
 16.4.1 代　码 …… 290
 16.4.2 代码使用说明 …… 300
16.5 运行结果 …… 302
 16.5.1 运行结果 …… 302
 16.5.2 讨　论 …… 302
16.6 算法分析 …… 303
 16.6.1 时间复杂度分析 …… 303
 16.6.2 空间复杂度分析 …… 304

第 1 篇　　藏文字符处理基础

第 1 章　算法概述

　　一般来说，用计算机解决一个具体问题大致需要经过以下几个步骤：首先要从具体问题抽象出一个适当的数学模型，然后设计一个解此数学模型的算法，接着编出程序，最后对程序进行测试、调整直至得到最终解答[①]。可以看出，算法是计算机能够执行的过程，是计算机解决一个问题的核心。那么什么是算法呢？

1.1　算法的概念

　　算法（Algorithm）是指对解题方案准确而完整的描述，是一系列解决问题的清晰指令，代表着用系统的方法描述解决问题的策略机制。也就是说，算法能够实现对一定规范的输入，在有限时间内获得所要求的输出。算法中的指令描述的是一个计算，当其运行时能从一个初始状态和（可能为空的）初始输入开始，经过一系列有限而清晰定义的状态，最终产生输出并停止于一个终态。

1.2　算法的特征

一个算法应该具有以下 5 个重要的特征。

1. 有穷性（Finiteness）

算法的有穷性是指算法必须能在执行有限个步骤之后终止。

2. 确切性（Definiteness）

算法的每一步骤必须有确切的定义。

3. 输入项（Input）

一个算法有零至多个输入，以刻画运算对象的初始情况。所谓零个输入是指算法本身定出了初始条件。

4. 输出项（Output）

一个算法有一个或多个输出，以反映对输入数据加工后的结果。没有输出的算法是毫无意义的。

5. 可行性（Effectiveness）

算法中执行的任何计算步骤都是可以被分解为基本的可执行的操作步骤，即每个计算步骤都可以在有限时间内完成（也称之为有效性）。

---

① 严蔚敏，吴伟民.数据结构[M].北京：清华大学出版社，2017.

1.3 算法分析

对于一个实际问题，通常可以提出若干个算法来解决。如何从这些可行的算法中找出最有效的算法呢？或者有了一个解决实际问题的算法后，如何来评价它的好坏呢？这些问题都需要通过算法分析来确定。评价算法性能的标准主要从算法执行时间和占用存储空间两个方面进行考虑，即通过分析算法执行所需要的时间和存储空间来判断一个算法的优劣[1]。算法分析就是对一个算法需要多少计算时间和存储空间作定量的分析。

分析算法可以预测这一算法能在什么样的环境中有效运行，能对解决同一问题的不同算法的有效性作出比较[2]。

1.3.1 时间复杂度

一个程序的时间复杂度是指程序运行从开始到结束所需要的时间。

1. 影响因素

一个算法是由控制结构（顺序、分支和循环 3 种）和原操作（固定数据类型的操作）构成的，其执行时间取决于两者的综合效果。为了便于比较同一问题的不同算法，通常的做法是：从算法中选取一种对于所研究的问题来说属于基本运算的原操作，以该原操作重复执行的次数作为算法的时间度量。一般情况下，算法中原操作重复执行次数是规模 n（即算法处理的数据量）的某个函数 $T(n)$。很多时候要精确地计算 $T(n)$ 是困难的，通过引入渐近时间复杂度在数量上估计一个算法的执行时间，也能够达到分析算法的目的[3]。

2. 计算方法

算法的精确运行时间通常是一个复杂的表达式，所以一般只是估计它的趋势和级别。通过一种被称为渐近分析（Asymptotic Analysis）的方便的估计形式，可以试图了解算法在长输入上的运行时间。通常，只考虑算法运行时间的表达式的最高次项，而忽略该项的系数和其他低次项，因为在长输入上，最高次项的影响相比其他项占据主导地位[4]。

这里引入数学符号"O"来估算算法时间复杂度，渐近时间复杂度的表示方法为

$$F(n) = O(g(n))$$

其定义为，若 $F(n)$ 和 $g(n)$ 是定义在正整数集合上的两个函数，则 $F(n) = O(g(n))$ 表示存在正的常数 c 和 n_0，使得当 $n \geq n_0$ 时，都满足 $0 \leq F(n) \leq cg(n)$。换句话说，就是这两个函数的整型自变量 n 趋于无穷大时，两者的比值是一个不等于 0 的常数。

当要计算某个算法的时间复杂度 $F(n)$ 时，可以找一个更简单的、阶数相同的时间复杂度 $g(n)$ 来等同计算，这里的 $g(n)$ 是替代函数，它具有和原算法一样的高阶复杂度。例如，一个程序的实际执行时间为 $T(n) = 3n^3 + 43n^2 + 5342$，则 $T(n) = O(n^3)$。使用 O 记号表示的算法的时间复杂度，称为算法的渐近时间复杂度。

通常用 $O(1)$ 表示常数计算时间。常见的渐近时间复杂度之间的关系如下：

---

[1] 程玉胜. 数据结构与算法[M]. 北京：中国科学技术大学出版社，2015.
[2] 李长云，蒋鸿，刘强. 大学计算机[M]. 北京：北京航空航天大学出版社，2013.
[3] 陈承欢. 数据结构分析与应用实用教程[M]. 北京：清华大学出版社，2015.
[4] 迈克尔·西普塞. 计算理论导引[M]. 3 版. 段磊，唐常杰，等，译. 北京：机械工业出版社，2019.

$$O(1)<O(\log_2 n)<O(n)<O(n\log_2 n)<O(n^2)<O(n^3)<O(2^n)$$

为了便于估算一个算法的时间复杂度，可以约定以下几条可操作的规则：

（1）读写单个常量或单个变量，或进行赋值运算、算术运算、关系运算、逻辑运算等，计为一个单位时间。

（2）条件语句 if(C){s}的执行时间为（条件 C 的执行时间）+（语句块 s 的执行时间）。

（3）条件语句 if(C)s1 else s2 的执行时间为（条件 C 的执行时间）+（语句块 s1 和 s2 中执行最长的时间）。

（4）switch case 语句的执行时间是所有 case 子句中，执行时间最长的语句块的执行时间。

（5）访问一个数据的单个元素或一个结构体变量的单个元素只需要一个单位时间。

（6）执行一个 for 循环语句需要的时间等于执行该循环体所需要时间乘以循环次数。

（7）执行一个 while(C){s}循环语句或者执行一个 do{s} while(C)语句，需要的时间等于计算条件表达式 C 的时间与执行循环 s 的时间之和再乘以循环的次数。

（8）对于嵌套结构，算法的时间复杂度由嵌套最深层语句的执行次数决定。

（9）对于函数调用语句，它需要的时间包括两部分，一部分用于实现控制转移，另一部分用于执行函数本身。

1.3.2 空间复杂度

一个算法的空间复杂度是指程序从开始运行到结束所需的存储空间大小。程序的一次运行是针对所求解问题的某一特定实例而言的。程序运行所需要的存储空间主要包括两部分。

1. 固定部分

这部分空间与所处理数据的大小和个数无关，或者称与问题实例的特征无关，主要包括程序代码、常量、简单变量、定长成分的结构变量所占的空间。

2. 可变部分

这部分空间大小与算法在某次执行中处理的特定数据的大小和规模有关。例如 100 个数据元素的排序算法与 1 000 个数据元素的排序算法所需要的存储空间显然是不同的。

算法在运行过程中临时占用的存储空间随算法的不同而异。有的算法只需要占用少量的存储空间，并且不随问题规模的大小而改变，有的算法需要占用的存储空间数随着问题规模 n 的增大而增大，此时按照最坏情况来分析。

1.4 算法的表示方法

算法常用的表示方法有如下五种：
（1）使用自然语言描述算法；
（2）使用流程图描述算法；
（3）使用伪代码描述算法；
（4）使用 N-S 图描述算法；
（5）使用程序描述算法。

下面以求解 sum=1+2+3+4+5+…+（n-1）+n 为例来介绍以上不同算法表示方法的应用。

1.4.1 使用自然语言描述算法

使用自然语言描述从 1 开始的连续 n 个自然数求和的算法如下：
（1）确定一个 n 的值；
（2）假设等号右边的算式项中的初始值 i 为 1；
（3）假设 sum 的初始值为 0；
（4）如果 i≤n 时，执行（5），否则转出执行（8）；
（5）计算 sum 加上 i 的值，并重新赋值给 sum；
（6）计算 i 加 1，然后将值重新赋值给 i；
（7）转去执行（4）；
（8）输出 sum 的值，算法结束。

使用自然语言描述算法的方法虽然比较容易掌握，但是当算法中分支或循环较多时很难表述清楚，另外，使用自然语言描述算法也很容易造成歧义（称之为二义性）。

1.4.2 使用流程图描述算法

流程图（Flow Chart）：以特定的图形符号（见表 1-1）加上说明来表示算法的图。

表 1-1 流程图符号定义

符号	含义	符号	含义	符号	含义	符号	含义
	过程		多文档		卡片		存储数据
	可选过程		开始或终止		资料带		延期
	决策		准备		汇总连接		顺序访问存储器
	数据		手动输入		或者		磁盘
	预定义过程		手动操作		对照		直接访问存储器
	内部存储		接点		排序		显示
	文档		离页连接符		摘录		合并

使用流程图描述从 1 开始的连续 n 个自然数求和的算法如图 1-1 所示。

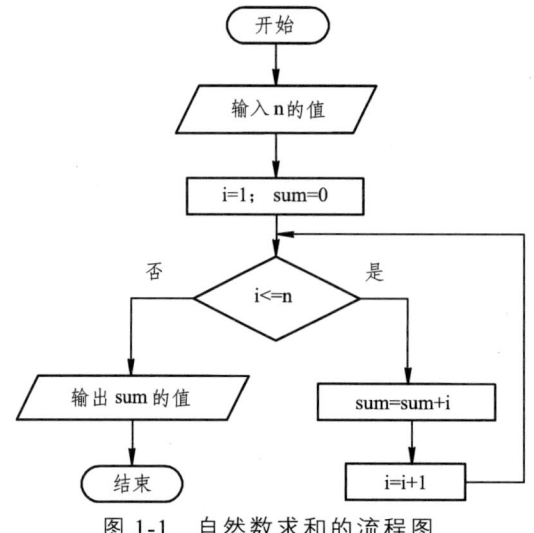

图 1-1 自然数求和的流程图

从上面这个算法流程图中可以比较清晰地看出求解问题的执行过程。

流程图的优点在于形象直观，各种操作一目了然，不会产生歧义，便于理解，算法出错时也容易发现，所以在算法设计中被广泛应用。流程图的缺点在于绘制复杂，所占篇幅较大，又没有规定流程线的用法，因此流程可以任意转移，过于灵活和不受约束，从而造成程序阅读修改上的困难，不利于结构化程序的设计。

无论是使用自然语言还是使用流程图描述算法，仅仅是表述了编程者解决问题的一种思路，都无法被计算机直接接受并进行操作。

1.4.3 使用伪代码描述算法

伪代码是一种用来书写程序或描述算法时使用的非正式、透明的表述方法。伪代码通常采用自然语言、数学公式和符号来描述算法的操作步骤，同时采用计算机高级语言（如 C、VB、C++、Java、Python 等）的控制结构来描述算法步骤的执行过程。

使用伪代码描述从 1 开始的连续 n 个自然数求和的算法如下：

```
1    算法开始
2    输入 n 的值
3    i ← 1              //为变量 i 赋初值
4    sum ← 0            //为变量 sum 赋初值
5    while i<=n         //当变量 i <=n 时，执行下面的循环体语句
6        sum ← sum + i;
7        i ← i + 1;
8    输出 sum 的值
9    算法结束
```

1.4.4 使用 N-S 图描述算法

N-S 图也被称为盒图或 CHAPIN 图。1973 年，美国学者 I. Nassi 和 B. Shneiderman 提出了一种流程图形式：在流程图中完全去掉流程线，将全部算法写在一个矩形框内，在框内还可以包含其他框，即由一些基本的框组成一个大的框。这种流程图又称为 N-S 结构流程图（以两个人名字的首字母组成）。

使用 N-S 图描述从 1 开始的连续 n 个自然数求和的算法如图 1-2 所示。

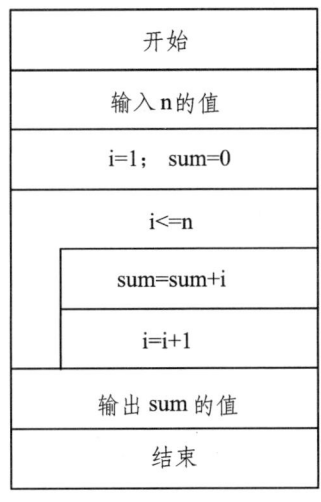

图 1-2 自然数求和的 N-S 图

1.4.5　使用程序描述算法

程序是为实现特定目标或解决特定问题而用计算机语言编写的命令序列的集合。

使用程序语言描述从 1 开始的连续 n 个自然数求和的算法如下：

```java
import java.util.Scanner;

public class Test {
    public static void main(String[] args) {
        int sum = 0;
        Scanner sc = new Scanner(System.in);
        System.out.println("请输入一个正整数：");
        int n = sc.nextInt();
        int i=1;
        while(i<=n){
            sum = sum + i;
            i++;
        }
        System.out.println("从 1 开始的连续"+n+"个自然数的和为："+sum);
    }
}
```

1.5　算法的实现

1.5.1　程　序

计算机程序（Computer Program）是运行于电子计算机上，满足人们某种需求的信息化工具。它以某些程序设计语言编写实现，运行于某种目标结构体系上。一般的计算机程序要经过编译、链接而成为人难以解读，但可轻易被计算机所解读的数字格式，然后才能运行。

软件开发流程即软件设计思路和方法的一般过程，包括对软件进行需求分析，设计软件的功能和实现的算法及方法，软件的总体结构设计和模块设计，编码和调试，程序联调和测试以及运行维护、升级、报废处理等一系列操作，用以满足客户的需求并解决客户的问题。

1.5.2　标识符命名规则

标识符是用于给程序中变量、类、方法命名的符号。Java 语言的标识符必须以字母、下划线（_）、美元符（$）开头，后面可以跟任意数目的字母、数字、下划线（_）和美元符（$）。此处的字母并不局限于 26 个英文字母，可以是中文字符、日文字符等。标识符中不能包含空格，也不能使用 Java 关键字和保留字，标识符的长度没有限制。

1. 经典命名规则

1）匈牙利命名法

该命名法是在每个变量名的前面加上若干表示数据类型的字符。基本原则是：

$$变量名＝属性＋类型＋对象描述$$

例如，i 表示 int，所有以 i 开头的变量名都表示 int 类型。s 表示 String，所有以 s 开头的变量名都表示 String 类型变量。

2）骆驼命名法

骆驼命名法正如它的名称所表示的那样，是指混合使用大小写字母来构成变量和方法的名字。驼峰命名法跟帕斯卡命名法相似，只是首字母为小写，如 userName。因为看上去像驼峰，因此而得名。变量名和方法名一般使用此命名方法命名。

3）帕斯卡命名法

帕斯卡命名法（即 pascal 命名法）与骆驼命名法相似，只是首字母大写，如 UserName，常用在类的变量命名中。

2. 命名共性规则

被大多数程序员采纳的命名共性规则总结如下[①]：

（1）标识符应当直观且可以拼读，可望文知义，不必进行"解码"。

命名时一定要采用有意义的单词作为标识符，最好采用英文单词或其组合，这是一种有内涵的简单表述，便于记忆和阅读。程序中的英文单词一般不要太复杂，用词应当准确。

（2）一个唯一包名的前缀总是全部小写的 ASCII 字母并且是一个顶级域名，通常是 com、gov、edu、mil、net、org，或是 1981 年 ISO 3166 标准所指定的标识国家的英文双字符代码。包名的后续部分根据不同机构各自内部的命名规范而不尽相同。在 Java 语言中，包名采用全小写命名。

例如：

cn.edu.utibet.gao;

（3）类是一个名词，采用大小写混合方式，每个单词的首字母大写。尽量使类名简洁而富于描述。使用完整单词，避免缩写词。

例如：

TibetWord;

（4）方法名是一个动词，采用大小写混合方式，第一个单词的首字母小写，其后单词的首字母大写。

（5）虽然 Java 严格区分大小写，但程序中不要出现仅靠大小写区分的相似的标识符。

例如：

int x, X;

（6）一般建议使用名词或名词词组作为变量名，采用大小写混合的形式，除了第一个单词首字母小写，其后单词的首字母大写。变量名不应以下划线或美元符号开头，尽管这在语法上是允许的。

（7）实例变量名应以简短且富于描述性为原则。变量名的选用应该易于记忆，即能够指出其用途。尽量避免单个字符的变量名，除非是一个临时变量。

（8）程序中尽量不要出现标识符完全相同的局部变量和全局变量，尽管两者的作用域不同而不会发生语法冲突，但会使人误解。

[①] 张永常，胡局新，等. Java 程序设计实践教程[M]. 北京:电子工业出版社，2013.

（9）常量名应全部使用大写字母，为了提高常量的可读性，单词之间应使用下划线（_）进行分隔。

例如：

MAX_SIZE

PI_VALUE

（10）用正确的反义词组命名具有互斥意义的变量或相反动作的函数等。

例如：

int minValue;

int maxValue;

第 2 章 藏文字符的输入输出

2.1 问题描述

计算机处理字符的过程可以简单地表示为图 2-1 所示框图。

图 2-1 计算机处理字符的简单过程

计算机处理字符时，需要考虑如何把字符输入计算机中、计算机如何存储输入的数据、计算机对数据应进行怎样的处理、如何实现该处理、数据的处理结果又如何存储、存储的数据如何输出、输出到哪里等一系列问题。对藏文字符的处理也是如此。

藏文是拼音性文字，由藏文字符构件组成，每个构件在计算机中由一个编码表示。本章完成一个按照藏文字符的编码输出所有的藏文字符构件的案例。

2.2 问题分析

2.2.1 理论依据

1. 藏文字符构件在计算机中的存储方式

BMP（位图）平面中采用双八位编码①，其中第一个八位表示该字符所在的行，第二个八位表示该字符所在的位。藏文字符以拼音文字的方式进入 UCS（Universal Character Set，通用字符集）中 BMP 平面的 A 区。Unicode10.0 收录的藏文字符的编码位于 BMP 的 0F 行的 00 位到 DA 位（0F00～0FDA），共 211 个字符，如图 2-2 所示。

从图 2-2 可以看出，每个字符由表中列的三个十六进制数与行的一个十六进制数构成双八位的编码来表示，例如：ༀ 的编码由第一列的 0F0 和第一行的 0 构成 0F00，其意义是该字符处于基本平面 0F 行的 00 位上。

Unicode 10.0 收录的藏文字符的编码从 0F00 到 0FDA，共 211 个。其中包括辅音字符、元音符号、变音符号、数字符号、标点符号和一些其他符号。所有的藏文字符都在 Unicode 的 0F 行，从 0F00 开始，以十六进制表示，下一个字符的编码在当前字符编码上加 1 得到。虽 Unicode 10.0 中收录的藏文字符构件只有 211 个，但其中有 8 个空编码点，所以输出时要循环 219 次，即从第一个编码码依次累加 219 次。

---

① 高定国，珠杰.藏文信息处理的原理与应用[M].成都：西南交通大学出版社，2014.

图 2-2　Unicode 10.0 中藏文基本集的编码

现代藏文字符构件可以分为：一般辅音字符、组合用辅音字符及元音字符。其中，一般辅音字符范围在 0F40～0F6C，组合用辅音字符范围在 0F90～0FBC。常用的元音字符有 4 个，分别是 0F72、0F74、0F7A 及 0F7C。构成现代藏字的辅音字母有 30 个，如表 2-1 所示。

表 2-1　构成现代藏字的 30 个辅音字母

ཀ	ཁ	ག	ང	ཅ	ཆ	ཇ	ཉ
ཏ	ཐ	ད	ན	པ	ཕ	བ	མ
ཙ	ཚ	ཛ	ཝ	ཞ	ཟ	འ	ཡ
ར	ལ	ཤ	ས	ཧ	ཨ		

2. 藏文字符的构字规则

藏文文法不仅对藏字的不同位置上的构件有严格的限制，而且每个构件之间也有很强的相互制约作用。基字是组成藏字不可缺少的部分，后加字和元音符号的添加相对比较自由，下面分别对前加字、上加字、再后加字等的特殊添加进行简单介绍。

1）前加字的添加

表 2-2 中前面的五个字符表示五个前加字，其后的字符表示该前加字只能加在这些字符的前面；第三个前加字后面有两排，第一排表示该前加字可以加在这些基字的前面，第二排的字符表示只有在重叠时才可以加这个前加字。

表 2-2　前加字的添加表

ག	ཅ ཇ ཉ ད ན ཙ ཞ ཟ ཡ ཤ ས
ད	ཀ ག ང པ བ མ
བ	ཀ ག ཅ ད ན ཙ ཞ ཟ ཤ ས
	ང ཉ ན མ ར
མ	ཁ ག ང ཆ ཇ ཉ ཐ ད ན ཚ ཛ
འ	ཁ ག ཆ ཇ ཐ ད ཕ བ ཚ ཛ

2）上加字的添加

上加字的添加如表 2-3 所示。

表 2-3　上加字的添加表

ར	ཀ ག ང ཇ ཉ ཏ ད ན པ བ མ ཙ ཛ
ལ	ཀ ག ང ཅ ཇ ཏ ད པ བ ཧ
ས	ཀ ག ང ཉ ཏ ད ན པ བ མ ཙ

3）下加字的添加

下加字的添加如表 2-4 所示。

表 2-4　下加字的添加表

ཡ	ཀ ཁ ག པ ཕ བ མ
ར	ཀ ཁ ག ཏ ཐ ད ན པ ཕ བ མ ས ཧ
ལ	ཀ ག བ ར ས
ཝ	ཀ ཁ ག ཅ ཉ ཏ ད ཚ ཞ ཟ ར ལ ཤ ས ཧ

4）再后加字的添加

再后加字的添加如表 2-5 所示。

表 2-5　再后加字的添加表

ད	ན ར ལ
ས	ག ང བ མ

5）三重叠加符

既有上加字又有下加字构成三重叠加的字符如表 2-6 所示。

表 2-6　三重叠加的字符

ར・མགོ・ཡ・བཏགས་ཅན་	རྒྱ རྒྱུ རྒྱུ
ས་མགོ་ཡ་བཏགས་ཅན་	སྨྱ སྨྱུ སྨྱུ སྨྱུ
ས་མགོ་ར་བཏགས་ཅན་	སྨྲ སྨྲུ སྨྲུ སྨྲུ སྨྲུ

特殊说明：根据以上构字规则，我们可以生成 221 个藏文基础字，用于后续的实验。

元音包括ི ུ ེ ོ，后加字包括ག ང ད ན བ མ འ ར ལ ས，它们几乎在所有辅音字符上都能进行添加，因此并未进行罗列。

3．控制台应用程序

编写的程序必须以一种方式存在，或称为一种平台，比如有控制台、对话框、单文档、多文档等。

所谓的控制台应用程序，就是能够运行在 MS-DOS 环境中的程序。控制台应用程序通常没有可视化的界面，只是通过字符串来显示或者监控程序。控制台程序常常被应用在测试、监控等用途，用户往往只关心数据，不在乎界面显示。

4．读写 Unicode 文本文件的操作

藏文字符在计算机中用 Unicode（统一码）来表示，用计算机操作藏文字符的前提就是要掌握计算机操作 Unicode 的相关语法。

Java I/O（输入/输出）流是 Java 用于处理数据读取和写入的基础。流（Stream）是一个抽象的概念，代表一串数据的集合，当 Java 程序需要从数据源读取数据时，就需要开启一个到数据源的流。同样地，当程序需要输出数据到目的地时，也需要开启一个流。流的创建就是为了更方便地处理数据的输入和输出。Java I/O 流进行读写的具体流程如图 2-3 所示。

常见的文件读写方式有以下几种。

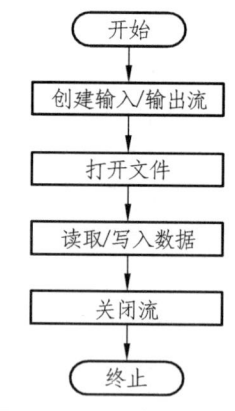

图 2-3　I/O 读写流程图

（1）字节流方式：Java 中的字节流主要用于处理二进制数据，包括图像、音频、视频、文档等。InputStream 是所有字节输入流的超类，定义了基本的读取字节的方法。OutputStream 是所有字节输出流的超类，定义了基本的写入字节的方法。InputStream 常用子类有 FileInputStream，用于从文件中读取数据。OutputStream 的常用子类有 FileOutputStream，用于从文件中写入数据。

（2）字符流方式：Java 中的字符流主要用于处理文本数据，它按字符而非字节进行操作，支持 Unicode 编码，包括纯文本、HTML、XML 等。Reader 是所有字符输入流的超类，定义了基本的读取字符的方法。Writer 是所有字符输出流的超类，定义了基本的写入字符的方法。Reader 的常用子类有 FileReader，用于从文件中读取数据。Writer 的常用子类有 FileWriter，用于从文件中写入数据。

（3）缓冲流方式：Java 中的缓冲流在读写操作中添加了缓冲区，缓冲区在读取时一次性读取多个字节到内存，或在写入时先将多个字节写入缓冲区，然后一次性写入文件，是基于字节流和字符流的一种读写方式，可以提高读写效率。缓冲流常用的类有 BufferedInputStream 和 BufferedOutputStream，是字节缓冲流，用于提高字节流的读写效率。常用的类 BufferedReader 和 BufferedWriter 是字符缓冲流，用于提高字符流的读写效率。同时，BufferedReader 提供了按行读取文本的方法，方便文本处理。

（4）随机存取文件方式：RandomAccessFile 是 Java 中用于读写文件的一种特殊类，它既可以读取文件，也可以写入文件，而且支持随机访问文件。也就是说，可以通过 RandomAccessFile 类访问文件的任意位置，而不仅仅是文件的开头或结尾。

其他还有在字节流和字符流之间转换的转换流，方便 Java 语言的基本数据类型操作的数据流，可以实现将基本数据类型的数据格式转化成字符串输出的打印流，用于存储和读取基本数据类型数据或对象的对象流等。不论使用哪种方式进行文件的读写都要记得在使用完读写操作后关闭流对象释放资源。此外，为了保证代码的健壮性，还需要使用 try/catch 异常处理，用于将可能产生的异常捕获使编译器能正常运行下去并将异常在控制台输出。

2.2.2 算法思想

本案例的算法思想：
（1）使用 char 类型变量存储藏文字符构件；
（2）在 for 循环中让字符从 0F00 一直增加到 0FDA，循环输出字符；
（3）使用 Java 中的 I/O 流进行写操作。

2.3 算法设计

2.3.1 存储空间

藏文字符构件在 BMP 平面中采用双八位编码字符，而在 Java 中 char 类型的变量正好占两个字节，因此一个 char 类型的变量正好可以存储一个藏文字符构件。

2.3.2 流程图

本程序的流程图很简单，主方法的流程如图 2-4 所示。

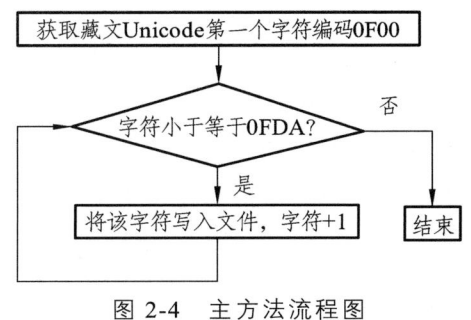

图 2-4　主方法流程图

2.3.3 伪代码

```
1  char i =0x0F00;
2  while(i<=0FDA){
3      写文件
4      i++;
5  }
```

2.4 程序实现

Java 是 1995 年由 Sun 公司推出的一门极富创造力的面向对象的程序设计语言,他是由有"Java 之父"之称的 Sun 研究院院士詹姆斯.戈士林博士亲手设计而成。Java 最初的名字是 OAK,在 1995 年被重命名为 Java,并正式发布。Java 常用的开发工具有 IntelliJ IDEA、Eclipse、NetBeans、Visual Studio Code 等。IntelliJ IDEA 是一款功能强大的 Java 开发工具,它具有代码智能提示、自动生成和调试等功能。Eclipse 是一款免费、开源的 Java 开发常用的集成环境(IDE),它拥有丰富的插件,提供了许多强大的功能,如代码自动补全、调试、代码重构等。这两款开发工具占有的市场份额比其他工具更靠前。所以,本书以此为例进行介绍。

2.4.1 IDEA 编译环境

平台:IntelliJ IDEA 2018.2.4 x64。

编译环境:jdk-17.0.13-windows-x64.exe。

新建项目:

(1)安装 jdk-17.0.13-windows-x64.exe,如图 2-5 ~ 图 2-7 所示。

接下来验证是否安装成功,按下 Windows+R 键,在运行栏中输入 cmd,输入 java -version 以及 javac -version,如图 2-8 所示。

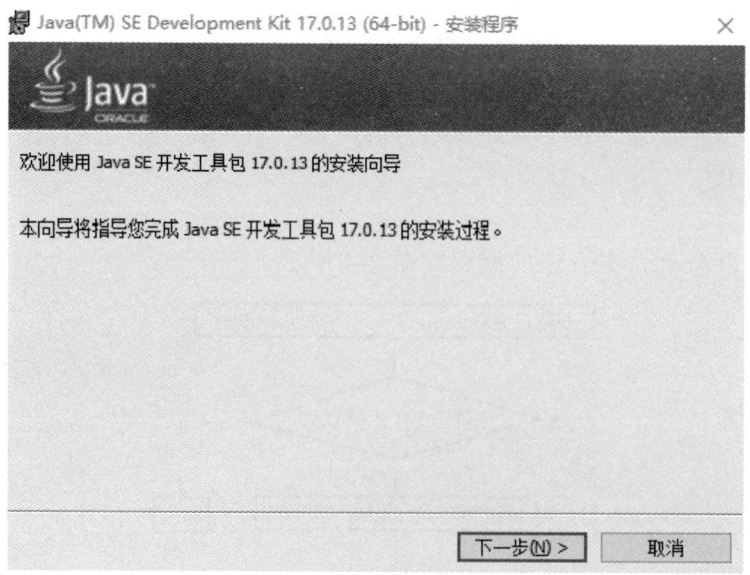

图 2-5 安装 jdk

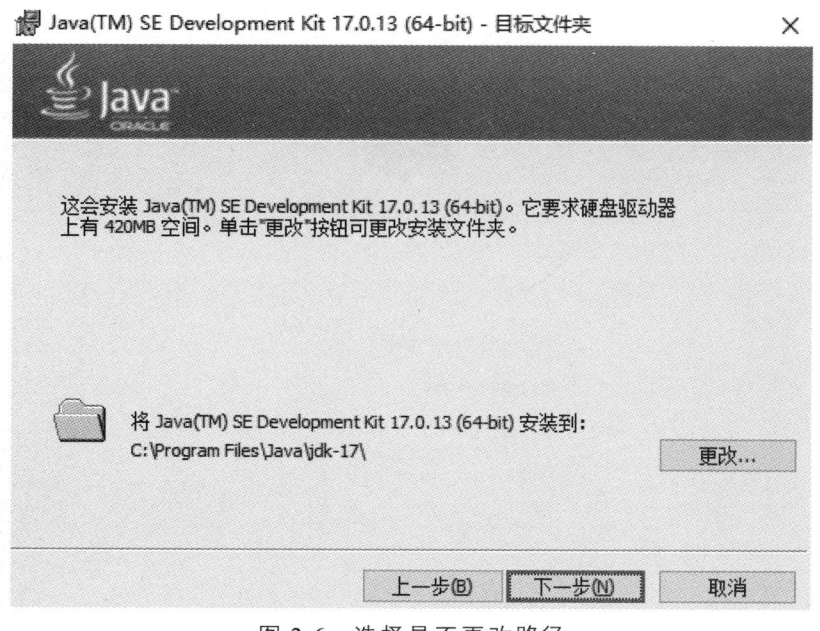

图 2-6 选择是否更改路径

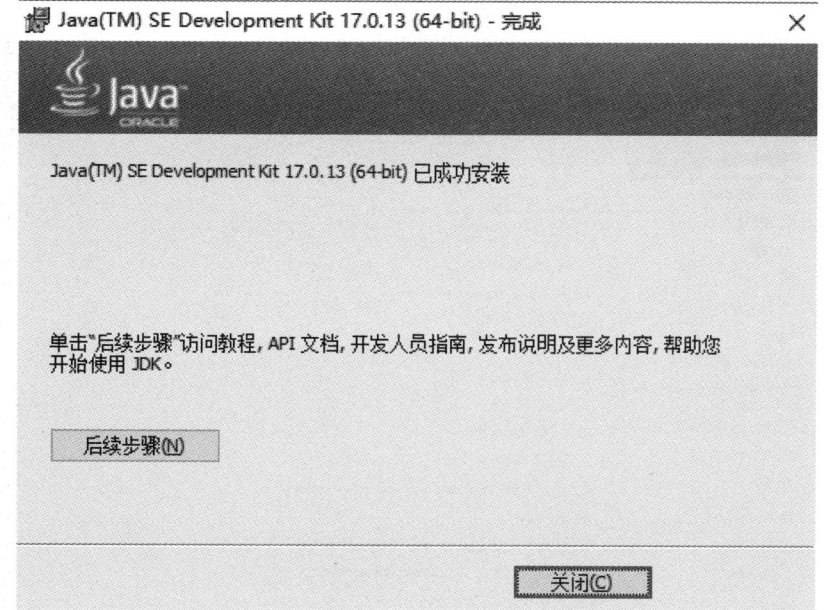

图 2-7 安装完成

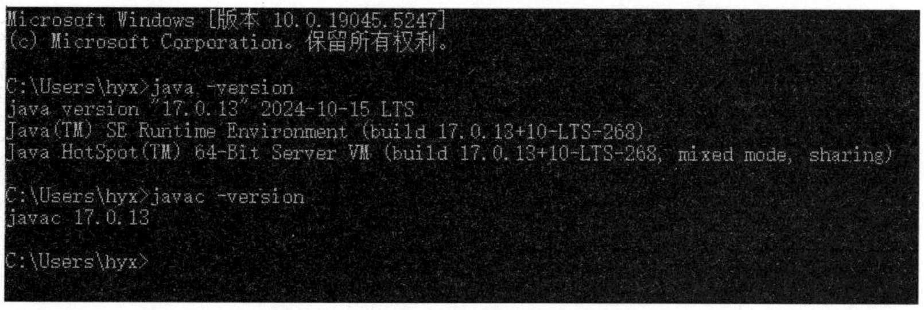

图 2-8 验证是否安装完成

如果出现版本号，则说明安装成功。

（2）启动 IntelliJ IDEA 2018，点击【create new project】，如图 2-9 所示。

图 2-9　新建项目

（3）在模板中选择 Java 类型的项目，如图 2-10 所示。

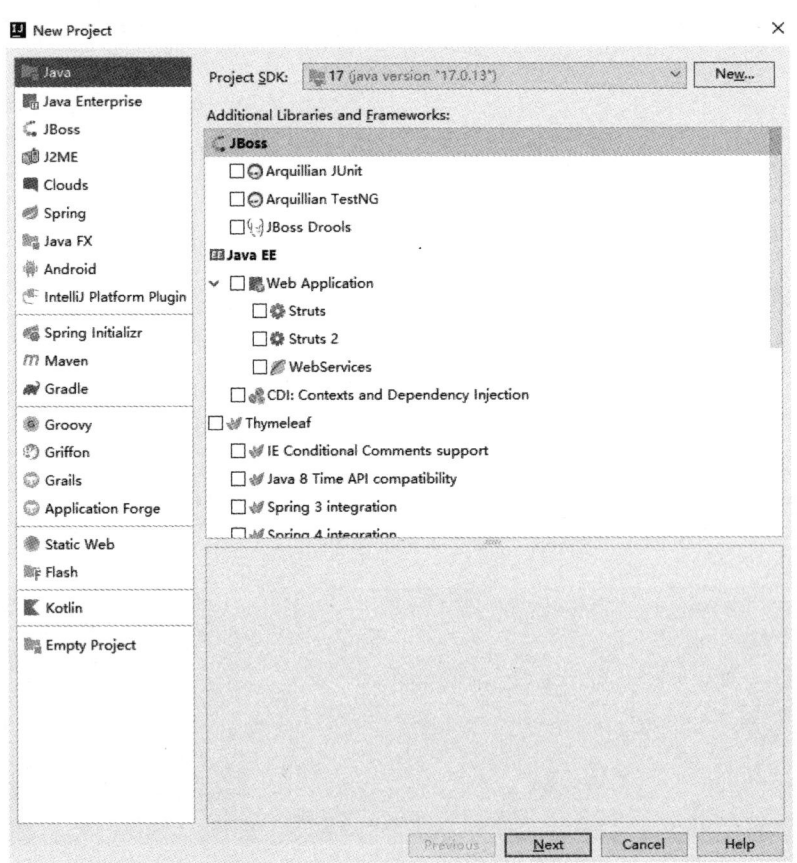

图 2-10　选择创建一个 Java 项目

然后根据提示点击【Next】，输入一个项目名称，例如：untitled。选择项目存放的位置，点击【Finish】按钮，效果如图 2-11 所示。

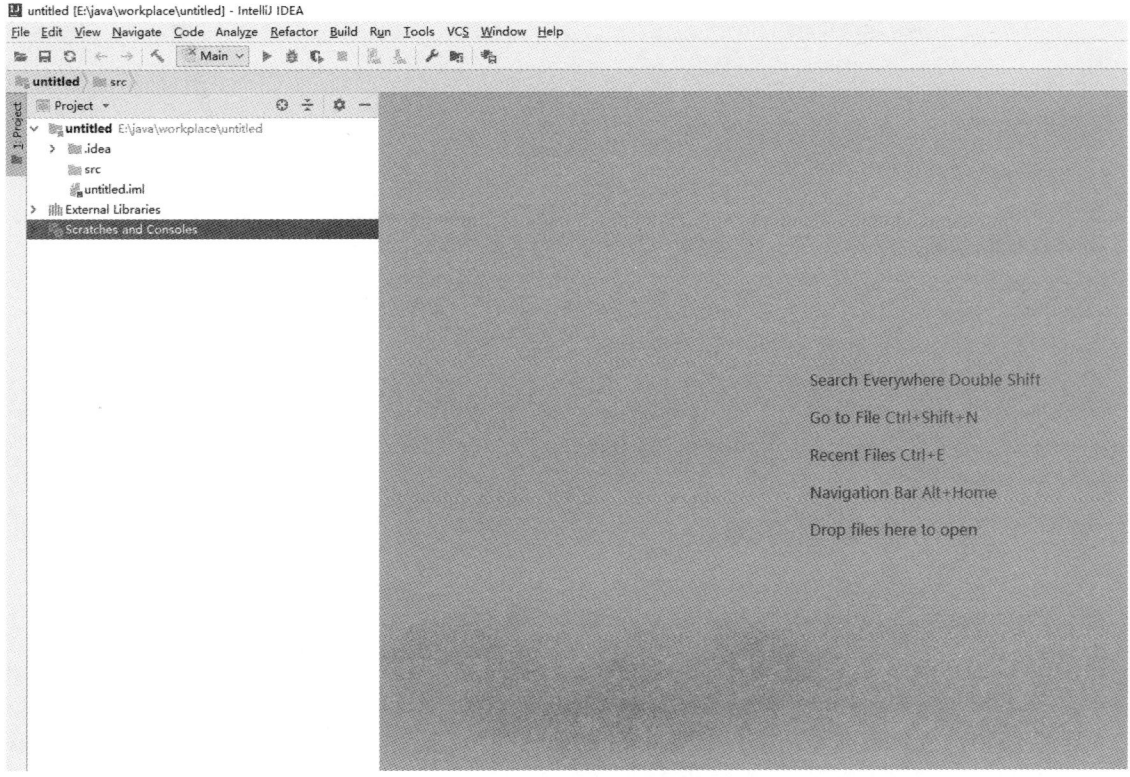

图 2-11　新建项目完成

（4）以上便完成了一个新的 Java 项目的创建，然后在 src 包下新建一个 Java 类，右击 src 包，将鼠标移动到【New】处，然后点击【Java Class】，输入类名，至此即完成了一个 Java 类的创建。如图 2-12～图 2-14 所示。

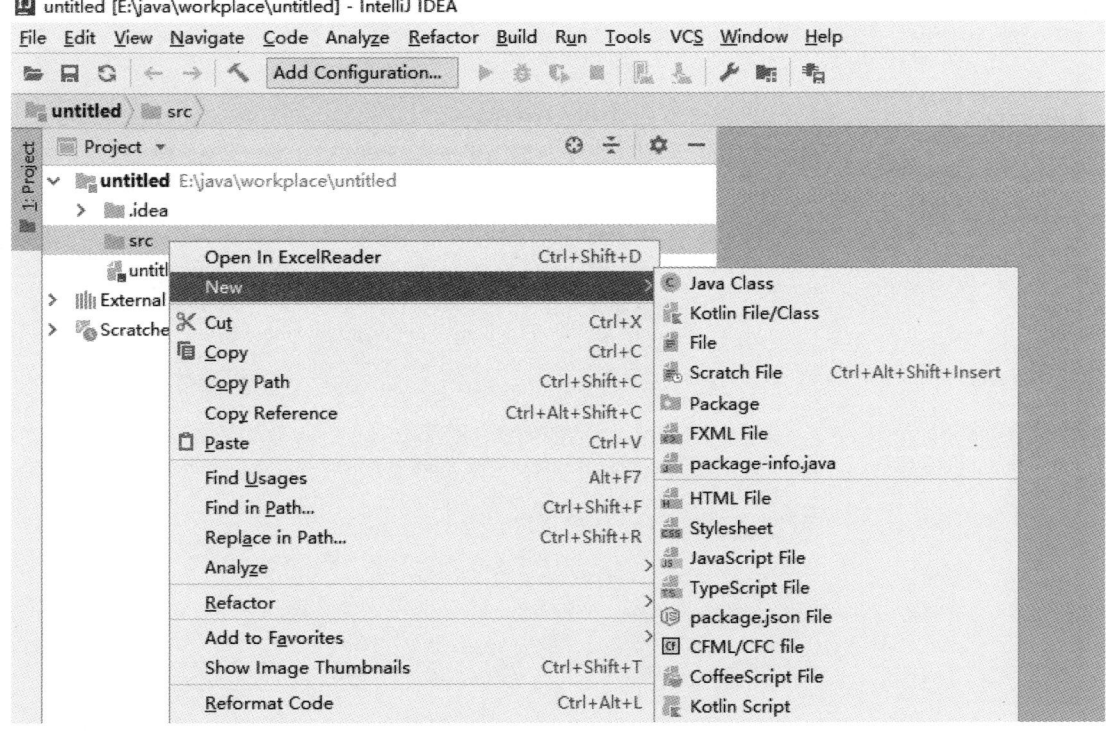

图 2-12　新建一个 Java 类

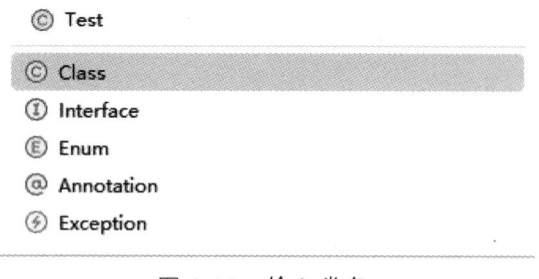

图 2-13 输入类名

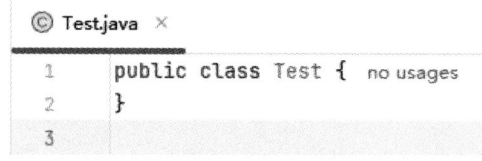

图 2-14 新建类完成

（5）添加代码。

（6）点击【调试】中的【启动调试】，观察结果。

2.4.2 Eclipse 编译环境

平台：eclipse-jee-2019-06-R-win32-x86_64.zip。编译环境：jdk-17.0.13-windows-x64.exe。

新建项目：

（1）安装 jdk-17.0.13-windows-x64.exe 后，直接启动解压包的 eclipse.exe。

（2）建立项目。依次点击【File】\【New】\【Project】\【Java Project】\【Next】，打开"New Java Project"对话框，即点击【文件】\【新建】\【项目】\【Java 项目】\【下一步】，打开"新建 Java 项目"，如图 2-15 所示。在"Project name"中输入自己命名的项目名称，如 JavaAlgorithms，选择项目存放的位置，点击【Finish】按钮。

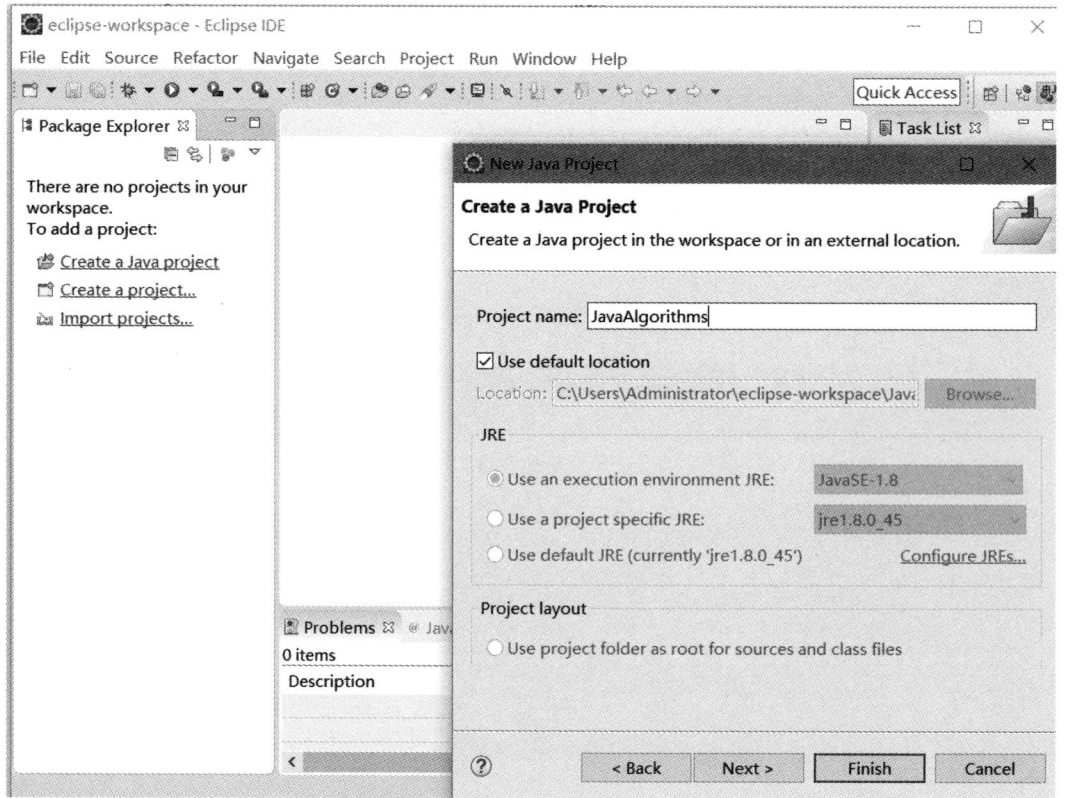

图 2-15 新建项目

（3）建立包。鼠标右击要新建包的项目，单击【New】\【Package】，打开"New Java Package"对话框，如图 2-16 所示。在"Name"中输入自己命名的包名称，如 cn.edu.utibet，选择项目存放的位置，点击【Finish】按钮，一般保留默认选项。

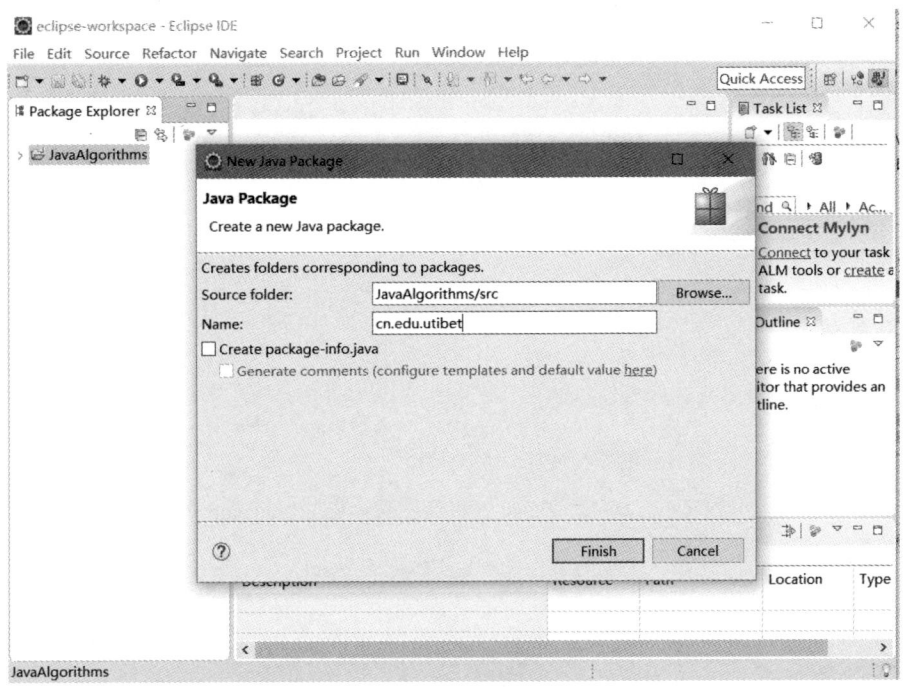

图 2-16　新建包

（4）建立类。鼠标右击要新建类的包，单击【New】\【Class】，打开"Java Class"对话框，如图 2-17 所示。在"Name"中输入自己命名的类名称，如 TibetanUnicode，勾选"public static void main(String args[ ])"之前的复选框，点击【Finish】按钮，然后生成如图 2-18 所示界面，在此 Eclipse 集成编辑环境中按照需要编辑代码即可。

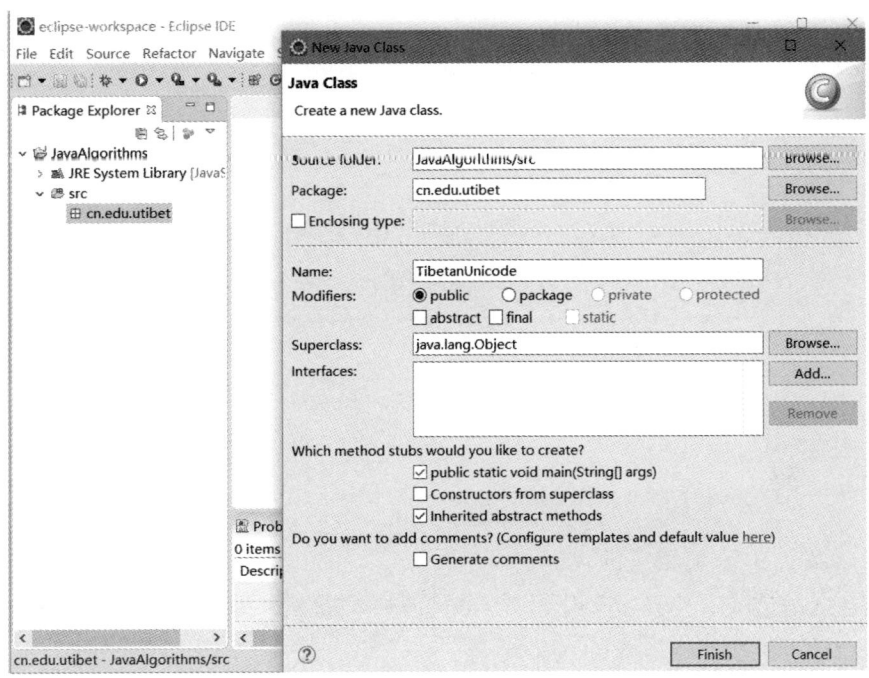

图 2-17　新建类

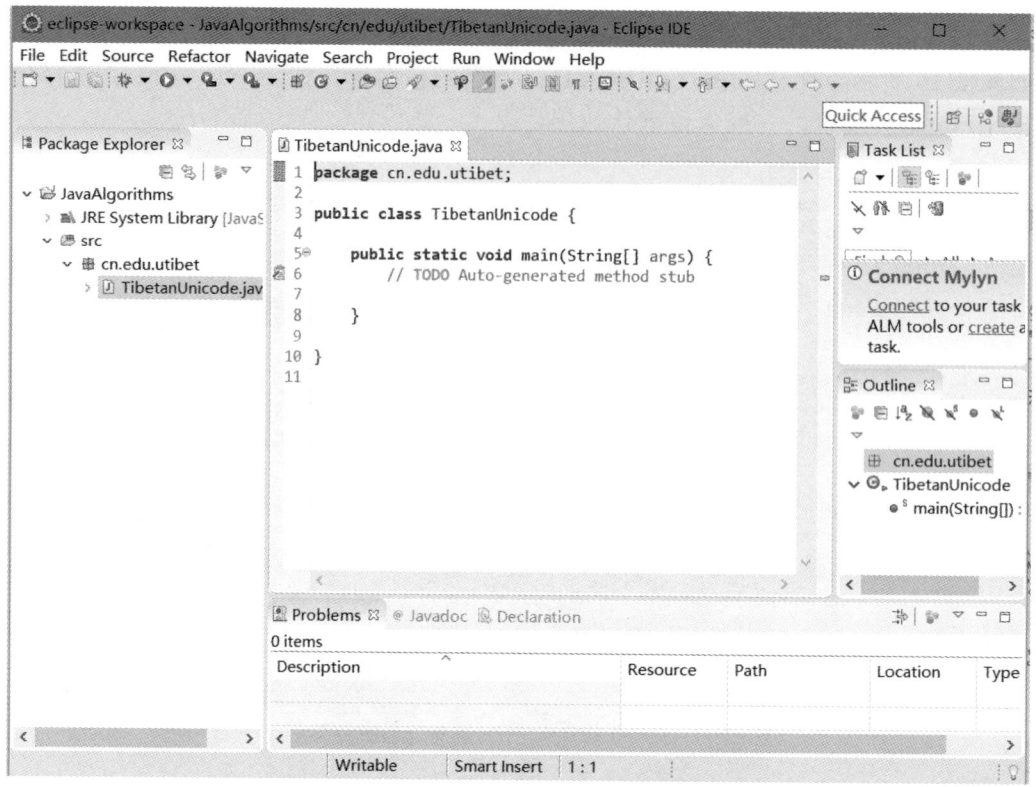

图 2-18　输入类名后的 Eclipse 编辑界面

（5）点击【Run】\【Run】，选中要运行的项目，单击【OK】按钮，即可以得到运行结果，如图 2-19 所示。如果代码有问题，可以进行调试后再运行。

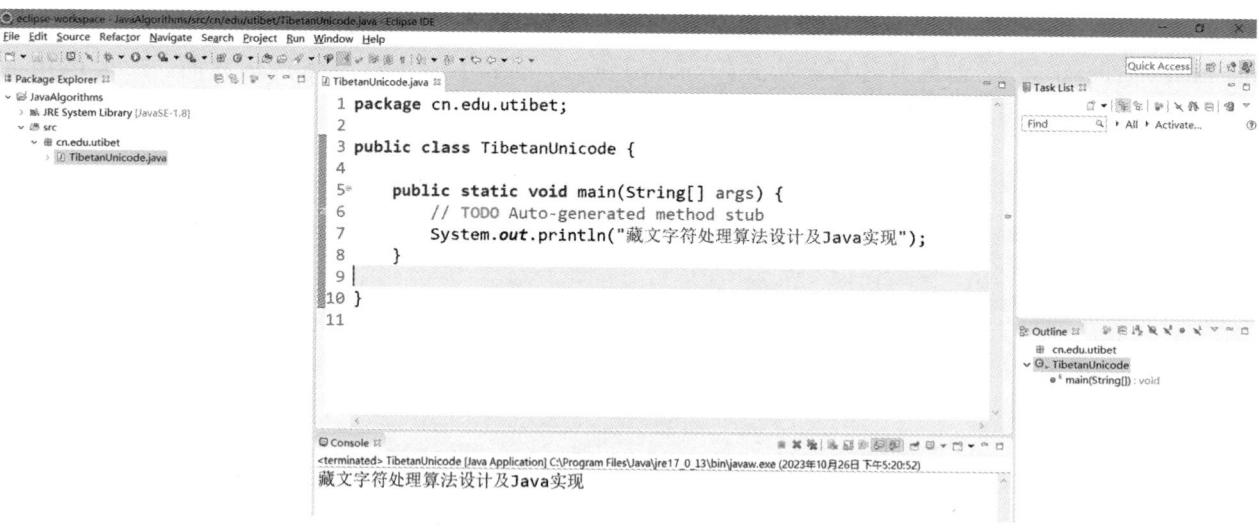

图 2-19　代码运行结果

2.4.3　代　码

在新建的 Java 文件中添加相应的代码：

```
package cn.edu.utibet;

import java.io.File;
```

```java
import java.io.FileWriter;
import java.io.IOException;

public class chapter2 {
    public static void main(String[] args) {
        File file = new File("D:\\javaResult\\chap2\\tibetanChar.txt");
        try {
            FileWriter fw   = new FileWriter(file);
            for (char i = 0x0f00; i < 0x0fdb; i++) {
                System.out.println(i);
                fw.write(" "+i+" " + "\n");
                fw.flush();
            }
            System.out.println("藏文字符写入成功");
        }catch (IOException e) {
            e.printStackTrace();
        }
    }
}
```

2.4.4 代码使用说明

1. 异常说明

可能出现的异常提示：

（1）FileNotFoundException：如果指定的文件路径无效或者文件不存在，将会抛出 FileNotFoundException 异常。

（2）IOException：在文件写入过程中可能会出现一些 IO 异常，如文件被占用、权限不足等，这些异常会被 IOException 捕获。

（3）NullPointerException：如果文件对象为 null，将会抛出 NullPointerException 异常。

（4）SecurityException：如果文件访问权限不足，将会抛出 SecurityException 异常。

（5）UnsupportedEncodingException：在进行文件写入时，如果使用的字符集不支持，将会抛出 UnsupportedEncodingException 异常。

2. 文件说明

如果文件按照程序中的位置和名称已经创建，则程序会打开该文件进行写入，如果没有创建，则程序会在指定的位置创建文件并写入数据。

程序运行结束后找到文件所在的目录，打开文件可以查看结果。

2.5 运行结果

按照以上程序，藏文 Unicode 中所有字符的输出结果如图 2-20 所示。

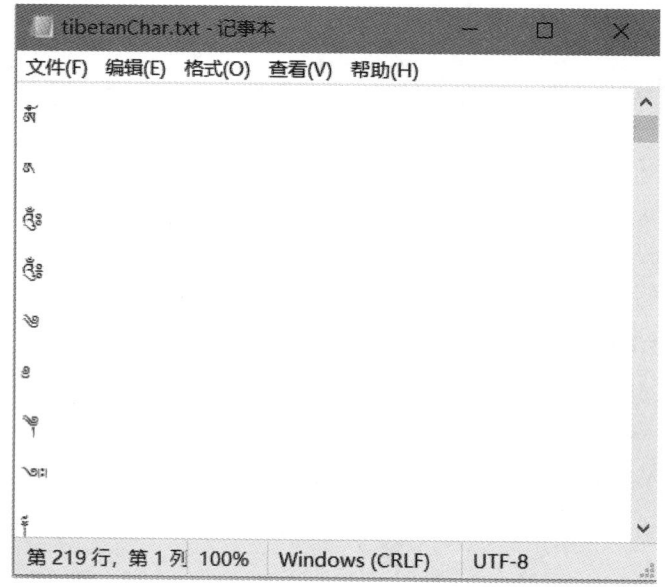

图 2-20　运行结果截图

2.6　算法分析

2.6.1　时间复杂度分析

该算法的问题规模受藏文字符个数的影响，因此本章中问题规模为 n。在本实验中该算法最多在 for 循环中运行 219 次，所以时间复杂度为 $O(1)$。

2.6.2　空间复杂度分析

该算法的空间复杂度来源于代码中定义的局部变量，在该代码中，定义了一个局部变量 char i，因此仅需要 2 字节的大小在栈内存中储存藏文字符，即空间复杂度为 $O(1)$。

第 3 章 全藏字的生成

3.1 问题描述

藏文字符是拼音性文字，现代藏字由 30 个辅音字母和 4 个元音符号（简称为元音）拼写组合而成，既可以从左到右书写，还可以上下叠加，构成二维的平面文字。现代藏字均以一个称为"基字"的辅音字母为核心，通过前后添加和上下叠加，组成一个完整的字符结构。除"基字"外每个构件的称谓根据加在"基字"的部位而得名，即加在基字前的字母叫"前加字"，加在基字上的字母叫"上加字"，加在基字下的字母叫"下加字"，加在基字后的字母叫"后加字"，后加字之后再添加的字母叫"再后加字"或"重后加字"[①]。现代藏文文法对藏文字符构成藏字不仅有数量的约束（一个藏字由 1~7 个字符构成），而且还严格限制每个构件的使用。所以，符合藏文文法的所有藏文字符（全藏字）组成的集合是一个封闭的集合，按照藏文文法就能生成全藏字集。本章依据藏文文法生成符合文法拼写规则的所有藏文字符。

3.2 问题分析

3.2.1 理论依据

1. 全藏字生成的理论

有关藏字的数量问题，才旦夏茸先生在《藏文文法详解》[②]中也给定了一个数量，该数量的依据如表 3-1 所示。

表 3-1 《藏文文法详解》中藏字个数的依据

序号	来源	注解	数量	累计数量
1	གསལ་བྱེད།	30 个辅音字母	30	30
2	ར་མགོ་ཅན། ལ་མགོ་ཅན། ས་མགོ་ཅན། ཡ་བཏགས་ར་བཏགས་ལ་བཏགས་ལོགས་ཞེས་བརྗོད་པ་ཅན་ད་བདུན།	上加字+基字，基字+下加字构成 2 层的字符	57	87
3	སུམ་བརྩེགས་ཅན་བཅུ་བཞི།	上加字+基字+下加字 3 层字符	14	101
4	གས་འཕུལ་བཅུ་གཉིས་ད་འཕུལ་དྲུག་བས་འཕུལ་བཅུ་མས་འཕུལ་བཅུ་གཉིས་འབས་འཕུལ་བཅུ་རྒྱང་འཕུལ་ཞི་བཅུད།	前加字+基字	48	149

[①] 高定国，珠杰. 藏文信息处理的原理与应用[M]. 成都：西南交通大学出版社，2014.

[②] ཚེ་བརྟན་ཞབས་དྲུང་། བོད་གངས་ཅན་གྱི་སྐད་རིག་པའི་བསྟན་བཅོས་འཕྲུལ་རིག་བསླབས་སོ། མཚོ་སྔོན་མི་རིགས་དཔེ་སྐྲུན་ཁང་།༢༠༠༣འོད་ཟླ་༡༢པར། [才旦夏茸. 藏文文法详解（藏文）[M]. 西宁：青海民族出版社，2003.]

续表

序号	来源	注解	数量	累计数量
5	[藏文]	前加字+基字+下加字，前加字+上加字+基字	57	206
6	[藏文]	以上 206 个字符作为基础，分别添加 4 个元音（206×4）	824	1 030
7	[藏文]	以上字符添加 9 个后加字（除去འ）（1 030×9）	9 270	10 300
8	[藏文]	带再后加字 ས 的字符（1 030×4）	4 120	14 420
9	[藏文]	带再后加字 ད 的字符（1 030×3）	3 090	17 510
10	[藏文]	带下加字 ཡ 的 15 个	15	17 525
11	[藏文]	4 个元音、起头符号、单垂符号、隔字符	7	17 532

通过表 3-1 可知，才旦夏茸先生指出了藏文的全集字符数应该是 17 532，这不仅给出了构成藏字全集的过程，还给出了每种构字方式中的数量。详细分析后可以发现该统计的一些不足：

（1）基础字符添加后加字时，直接添加了除 འ 以外的 9 个后加字，但在"前加字+基字"中把类似于 དག 的字符统计到数据中，这些字生成时，"前加字+基字"的 48 个字符后面都可以加字符 འ，需要进行重新处理。

（2）该数据中带下加字 ཡ 的只有 15 个，类似于 དངས 的字符没有被统计到该数据中。按照构字规则，元音的添加、后加字的添加不受被添加字符的限制，使得 15 个字符都应该是可以添加元音与后加字的，这 15 个字符添加 4 个元音构成 60 个字符；该 60 个字符与前面的 15 个字符添上 9 个后加字共有 675 个字符；可添加再后加字 ས 的字符应该有（60+15）×4=300 个，可添加后加字 ད 的应该有（60+15）×3=225 个；这样就多出来了 60+675+300+225=1 260 个。

2．数　组

在生成藏文字符的过程中，需要连续存储部分藏文字符，计算机中可以用"数组"来实现。

数组是有序的元素序列。组成数组的各个变量称为数组的分量，也称为数组的元素。用于区分数组的各个元素的数字编号称为下标。数组是在程序设计中，为了处理方便，把具有相同类型的若干元素按有序的形式组织起来的一种形式。

1）数组的特点

（1）数组是相同数据类型元素的集合。

（2）数组中的各元素的存储是有先后顺序的，它们在内存中按照这个先后顺序连续存放在一起。

（3）数组元素用整个数组的名字和它自己在数组中的顺序位置来表示。例如，a[0]表示名字为 a 的数组中的第一个元素，a[1]表示数组 a 的第二个元素，以此类推。

2）数组的类型

按照构成数组的维数可以分为一维数组和多维数组。

（1）一维数组。

一维数组是最简单的数组，其逻辑结构是线性表。要使用一维数组，就要经过定义、初始化和应用等过程。

数组声明用来定义数组元素的数据类型，其可以是任意的数据类型，包括简单类型和结构类型。一维数组类型定义的一般形式是：

类型说明符[常量表达式] 数组名 = new 类型说明符[常量表达式];

其中常量表达式表示一维数组的元素个数，也是数组长度。

例如：

int[] a = new int[3];

声明了一个整形数组，数组名为 a，该数组共有 3 个整形变量。

（2）多维数组。

二维及二维以上的数组称为多维数组，多维数组元素有多个下标，以标识它在数组中的位置，所以也称为多下标变量。多维数组可由二维数组类推得到。二维数组类型定义的一般形式是：

类型说明符[常量表达式 1][常量表达式 2] 数组名 = new 类型说明符[常量表达式 1][常量表达式 2];

其中常量表达式 1 表示第一维下标的长度，常量表达式 2 表示第二维下标的长度。

例如：

int[][] a = new int[3][4];

声明了一个 3 行 4 列的数组，数组名为 a，其下标变量的类型为整型。该数组的下标变量共有 3×4 个。

二维数组在概念上是二维的，即是说其下标在两个方向上变化，下标变量在数组中的位置也处于一个平面之中，而不像一维数组只是一个向量。但是，实际硬件存储器却是连续编址的，也就是说存储器单元是按一维线性排列的。在一维存储器中存放二维数组有两种方式：一种是按行排列，即放完一行之后顺次放入第二行；另一种是按列排列，即放完一列之后再顺次放入第二列。在 Java 语言中，二维数组是按行排列的。

要声明三维及其以上的多维数组，只要在声明数组时，加上相应的一对对中括号即可。在应用多维数组时，只要多加上一层层的循环就可以完成对多维数组的访问了。

3. 列　表

List（列表）是 Java 中的一个接口，继承自单列集合 Collection，用于存储有序的单元素集合。接口不能直接被实例化，因此需要通过创建其子类对象来完成该接口的实例化。List 接口的常用子类有 ArrayList 类、LinkedList 类等。JDK17 为 List 接口提供了多个实现类，供开发人员使用。具体的集合类体系结构如图 3-1 所示。

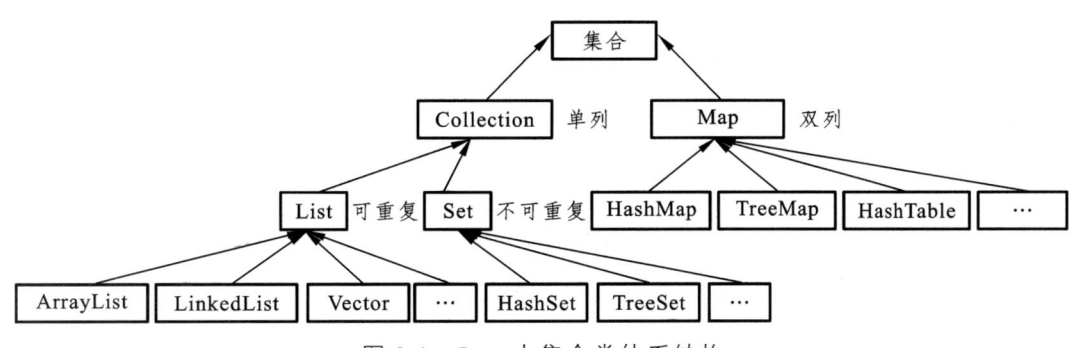

图 3-1　Java 中集合类体系结构

List 是一个有序的集合，用户可以精确控制列表中每个元素的插入位置，也可以通过整数索引访问元素，并搜索列表中的元素。List 集合的特点是有序、可重复。有序是指存储和取出的元素一致，而不是内部元素大小有序。List 集合的常用方法见表 3-2。

表 3-2 List 集合的常用方法

方法名	说明
void add(int index, E element)	在此集合中的指定位置插入指定的元素
E remove(int index)	删除指定索引处的元素，返回被删除的元素
E set(int index, E element)	修改指定索引处的元素，返回被修改的元素
E get(int index)	返回指定索引处的元素

3.2.2 算法思想

才旦夏茸先生在《藏文文法详解》中给出的藏文字符统计数量虽有待商榷，但给了很好的生成全藏字的方法。按该方法可设计算法的思想如下：

（1）生成基础字（ཀུན་གྱི་ཡི་གེ）。把基字、上加字+基字、基字+下加字、前加字+基字、上加字+基字+下加字、前加字+基字+下加字、前加字+上加字+基字、前加字+上加字+基字+下加字作为基础字，一共 221 个（表 3-1 中 206 个字符加 15 个带 ྅ 的字符）。

（2）221 个基础字与 4 个元音组合构成 221×4=884 个基础字带元音的音节。

（3）221 个基础字与 884 个带元音的基础字都可以加后加字，合并到一个 221+884=1 105 个字符的数组中。

（4）1 105 个字符与 9 个后加字生成 9 945 个带后加字的音节。

（5）1 105 个字符选择 4 个后加字加再后加字"ས"，得到 1 105×4=4 420 个有再后加字为"ས"的藏文音节。

（6）1 105 个字符选择 3 个后加字加再后加字"ད"得到 1 105×3=3 315 个有再后加字"ད"的音节，总共 18 785 个藏文音节。

（7）该数据中有"前加字+基字"的 48 个字符，不能单独构成音节，但在第（4）步中只添加了除 འ 以外的 9 个后加字，而从全藏字数组中删掉"前加字+基字"的 48 个字符，添加"前加字+基字+འ"的 48 个字符，字符总数不变，仍然是 18 785 个藏文音节。

221 个基础字：

3.3 算法设计

3.3.1 存储空间

把 221 个基础字放在 txt 文件中进行读入，读入后用 jiChuZi 字符串数组进行存储，元音、后加字分别存储在字符串数组中，用于和 221 个基础字进行拼接。48 个特殊的字符写进 fortyEightSpecial 字符串数组中，此外，还定义了两个列表 tempList 和 tibetWordList，分别用于存放拼接后的字符以及完全准确的藏文。tempList 是一个临时列表，而 tibetWordList 是一个最终列表。最后将最终列表的内容写入"全藏字的生成.txt"文本。其中，写进 tempList 文本的藏字只占用临时存储空间。

按照以上对存储空间的分析，声明以下数组及列表：

（1）String[221] jiChuZi：存放 221 个基础字符。

（2）String[] fourYuanYin = { "ིོ", "ུ", "ི", "ེ" }，用于存放元音。

（3）String[] nineHouJiaZi = {"ག", "ང", "ད", "ན", "བ", "མ", "ར", "ལ", "ས"}，存放后加字。

（4）String[] fortyEightSpecial ={"གཅ","གཉ","གཏ","གན","གད","གཙ","གཞ","གཟ","གཡ","གཤ", "གས","དཀ","དག","དང","དཔ","དབ","དམ","བཀ","བག","བཅ","བཏ","བད","བཙ","བཞ","བཟ", "བཉ","བས","མཁ","མག","མང","མཆ","མཇ","མཉ","མཐ","མད","མན","མཚ","མཛ","འཁ","འག", "འཆ","འཇ","འཐ","འད","འཕ","འབ","འཚ", "འཛ"}，用于存放 48 个特殊的字符。

（5）List<String> tempList= new ArrayList<>()，定义一个临时的列表，用于过渡。

（6）public static List<String> tibetWordList= new ArrayList<>()，定义一个全局静态列表，用于静态存储所有的准确的藏字。

3.3.2 流程图

按照上述算法设计思想，设计的算法流程如图 3-2 所示。

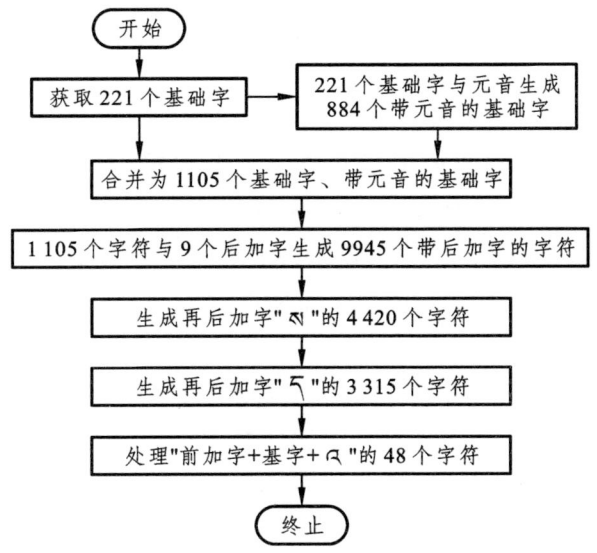

图 3-2　生成全藏字的流程图

3.3.3 伪代码

（1）首先将 221 个藏文基础字读进来，转换成字符串数组接收。

String[] jiChuZi = new String[221];

```
List<String>    tempList=new ArrayList();
读操作；
For 循环
    jiChuZi[i] = readline();
```

（2）将 4 个元音写成一个数组，分别和上述的 221 个藏文基础字进行组合产生 884 个新的藏字。

```
Function addJiChuZi(List<String> tempList)
String[] fourYuanYin= { "ིོ", "ུ", "ེ", "ོ"};
for(i< jiChuZi.length)
    for(j< fourYuanYin.length)
        tempList.add(jiChuZi[i]+ fourYuanYin [j]);
        tibetWordList.add(jiChuZi[i]+ fourYuanYin [j]);
return   tempList;
```

（3）将 9 个后加字写成一个数组，用上述的 1 105 个字再分别加上后加字生成 9 945 个新的藏字。

```
Function addHouJiaZi(List<String> tempList)
String[] nineHouJiaZi = {"ག", "ང", "ད", "ན", "བ", "མ", "ར", "ལ", "ས"};
List<String> newTempList=new ArrayList();
for(i< tempList.size)
    for(j <nineHouJiaZi.length)
        newTempList.add(tempList.get(i)+ nineHouJiaZi [j])
        tibetWordList. add(tempList.get(i)+ nineHouJiaZi [j])
return   newTempList;
```

（4）在这 9 945 个字中，有 4 420 个字可以带再后加字"ས"的字符。

```
Function   addZaiHouJiaZi_1(List<String> tempList)
    for 遍历 tibetWordList
        if(tempList 满足可以带再后加字"ས"的字符的要求)
            tibetWordList.add(tempList.get(i)+"ས"));
```

（5）在这 9 945 个字中，有 3 315 个字可以带再后加字"ད"的字符。

```
Function addZaiHouJiaZi_2(List<String> tempList)
    for 遍历 list
        if(tempList 满足可以带再后加字"ད"的字符的要求)
            tibetWordList.add(tempList.get(i)+"ད");
```

（6）除此之外，在 221 个藏文基础字中有 48 个特殊字是不能单独成字的，要加上 འ 字符才能是一个字。

```
Function addSpecial()
    String[]  fortyEightSpecial = {"གཅ","གཉ","གཏ","གན","གད","གཙ","གཞ","གཟ","གཡ","གཤ",
"གས","དག","དང","དཔ","དབ","དམ","འག","འག","བག","བད","བད","བཙ","བཞ","བཤ","བས",
"མཁ","མག","མང","མཆ","མཇ","མཉ","མཐ","མད","མན","མཚ","མཛ","འག","འག","འཆ","འཇ","འད",
"འས","འད","འཚ", "འཛ"};
```

for 遍历 tibetWordList:
    for 遍历 fortyEightSpecial:
        if(tibetWordList.get(i).equals(fortyEightSpecial [j]))
            tibetWordList.set(tibetWordList.get(i)+"འ");

3.4 程序实现

3.4.1 代 码

参照第 2 章新建一个 Java 程序，代码中添加如下代码：

```java
import java.io.*;
import java.util.*;
public class chapter3{
    public static List<String> tibetWordList = new ArrayList<>();//定义一个全局静态列表，用于静态存储所有的准确的藏字
    public static String[] jiChuZi = new String[221];//定义一个全局静态数组，用于静态存储 221 个基础藏字

    public static void main(String[] args) throws FileNotFoundException {
        List<String> tempList = new ArrayList<>();//定义一个临时的列表，用于过渡
        tempList = addJiChuZi(tempList);
        tempList = addYuanYin(tempList);
        tempList = addHouJiaZi(tempList);
        addZaiHouJiaZi_1(tempList);
        addZaiHouJiaZi_2(tempList);
        addSpecial();
        BufferedWriter bufferedWriter;
        try {
            bufferedWriter = new BufferedWriter(new FileWriter(new File("D:\\javaResult\\chap3\\全藏字的生成.txt")));
            for(String s:tibetWordList){
                bufferedWriter.write(s);
                bufferedWriter.newLine();
            }
            bufferedWriter.flush();
            bufferedWriter.close();
        } catch (IOException e) {
            e.printStackTrace();
        }
    }
```

//（1）首先将 221 个藏文基础字读进来，转换成字符数组接收。

```java
public static List<String> addJiChuZi(List<String> tempList) throws FileNotFoundException
{
    BufferedReader bufferedReader;
    try {
        bufferedReader = new BufferedReader(new FileReader(new File("D:\\javaResult\\chap3\\藏文基础字 221.txt")));
        String conStr;
        int i = 0;
        while ((conStr = bufferedReader.readLine()) != null) {
            jiChuZi [i] = conStr;//依次将这个 221 个基础字存入字符串数组中
            i++;
            tempList.add(conStr);//将这 221 个基础字放入临时列表中
            tibetWordList.add(conStr);
        }
    } catch (FileNotFoundException e) {
        e.printStackTrace();
    } catch (IOException e) {
        e.printStackTrace();
    }
    return tempList;
}
```

//（2）将 4 个元音写成一个数组，分别和上述的 221 个藏文基础字进行组合产生 221×4 = 884 个新的藏字。

```java
public static List<String> addYuanYin(List<String> tempList) {
    String[] fourYuanYin = { "ི", "ུ", "ེ", "ོ"};
    for (int i = 0; i <jiChuZi.length; i++) {
        for (int j = 0; j < fourYuanYin.length; j++) {
            tempList.add(jiChuZi [i] + fourYuanYin [j]);//放入 884 个藏字，现在临时列表中有 1 105 个字符
            tibetWordList.add(jiChuZi [i] + fourYuanYin [j]);
        }
    }
    return tempList;
}
```

//（3）将 9 个后加字写成一个数组，用上述的 1 105 个字再分别加上后加字，生成共 1 105×9=9 945 个新的藏字。

```java
public static List<String> addHouJiaZi(List<String> tempList) {
    String[] nineHouJiaZi = {"ག", "ང", "ད", "ན", "བ", "མ", "ར", "ལ", "ས"};
    List<String> newTempList= new ArrayList<>();
```

```
            for (int i = 0; i < tempList.size(); i++) {
                for (int j = 0; j < nineHouJiaZi.length; j++) {
                    newTempList.add(tempList.get(i) + nineHouJiaZi[j]);
                    tibetWordList.add(tempList.get(i)+nineHouJiaZi[j]);//放入 9945 个新藏字
                }
            }
            return newTempList;//list 中此时由 1105 个字变成了存储着 9945 个字
        }
```

//（4）在这 9 945 个字中，有 4 420 个字可以带再后加字"ས"的字符。
```
        public static void addZaiHouJiaZi_1(List<String> tempList) {
            for (int i = 0; i <tempList.size(); i++) {
                if(tempList.get(i).endsWith("ག")||tempList.get(i).endsWith("ང")||tempList.get(i).endsWith("བ")||tempList.get(i).endsWith("མ"))
                    tibetWordList.add(tempList.get(i) + "ས");    //放入 4420 个新藏字
            }
        }
```

//（5）在这 9 945 个字中，有 3 315 个字可以带再后加字"ད"的字符。
```
        public static void addZaiHouJiaZi_2(List<String>tempList) {
            for (int i = 0; i < tempList.size(); i++) {
                if(tempList.get(i).endsWith("ན")|| tempList.get(i).endsWith("ར")|| tempList.get(i).endsWith("ལ"))
                    tibetWordList.add(tempList.get(i) + "ད");    //放入 3315 个新藏字
            }
        }
```

//（6）除此之外，在 221 个藏文基础字中有 48 个特殊字是不能单独成字的，要加上 འ 字符才能是一个字，所以输出的时候要注意。
```
        public static void addSpecial() {
            String[] fortyEightSpecial = {"གཅ","གཉ","གད","གན","གད","གཙ","གཞ","གཟ","གཡ",
"གཤ","གས","དཀ","དག","དང","དཔ","དབ","དམ","བཀ","བག","བཅ","བད","བཏ","བཙ","བཞ","བཟ","བཡ"
,"བས","མཁ","མག","མང","མཆ","མཇ","མཉ","མཐ","མད","མན","མཚ","མཛ","འག","འད","འཆ","འཇ","འཐ
","འད","འས","འབ","འཚ", "འཛ"};
            for(int k = 0;k< tibetWordList.size();k++){
                for(int y = 0;y < fortyEightSpecial.length;y++){
                    if(tibetWordList.get(k).equals(fortyEightSpecial[y])){
                        String s =tibetWordList.get(k)+"འ";//基础字中特殊字符的处理
                        tibetWordList.set(k,s);
                    }
                }
            }
        }
```

3.4.2　代码使用说明

（1）运行时，请按照自己的计算机地址修改写入文件的地址：

bufferedReader = new BufferedReader(new FileReader(new File("D:\\javaResult\\chap3\\藏文基础字 221.txt ")));

（2）本程序中将 221 个基础字录入一个 txt 文档中，用程序直接读文件并写入数组中，也可以把 221 个基础字以字符的编码写到字符串数组中。

3.5　运行结果

程序运行生成的全藏字结果如图 3-3 所示。

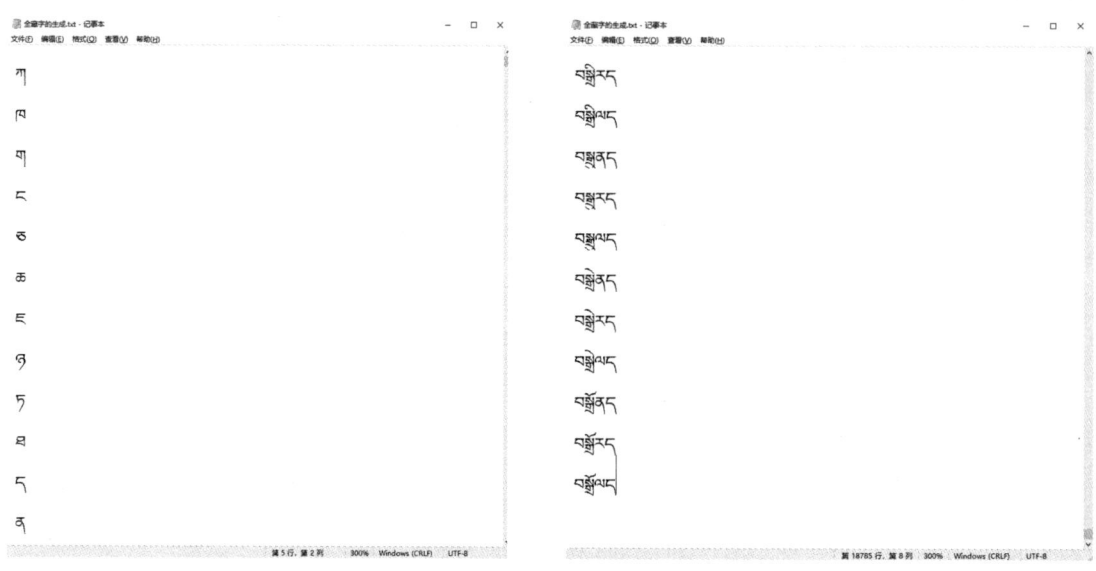

图 3-3　运行结果

按照以上程序，一共生成 18 785 个藏文音节。该数据可能有待商榷，还没有考虑"ཨ"等现代藏文中运用的一些特殊藏文字符，只是按照藏文文法生成了全藏字，也没有考虑是否有词义。但此处该数据的精确性不是很重要的，重要的是学会利用数组和列表，设计算法实现藏文全藏字的生成问题。

3.6　算法分析

1. 时间复杂度

该程序最多有两层嵌套循环，运算次数分别是 18 785、221、221×4、1 105×9、9 945×2、18 785×48，因此时间复杂度是 $O(1)$ 这个数量级的。

2. 空间复杂度

在辅助存储空间中，定义了一个全局静态列表用于静态存储所有的准确的藏字，空间开销为 18 785，辅助列表空间开销为 9 945，定义了一个全局静态字符串数组用于静态存储 221 个基础藏字，空间开销为 221。其他在 addJiChuZi() 临时空间开销为 2，addYuanYin() 临时空间开销为 4，addHouJiaZi() 临时空间开销为 9，addSpecial() 临时空间开销为 48。不计一些其他的存储空间和初始所占空间，至少需要 221+18 785++9 945+2+4+9+48=29 014 个存储空间。这些存储空间不随问题规模的改变而改变，因此空间复杂度为 $O(1)$。

第 4 章　现代藏字构件识别

4.1　问题描述

藏文属于表音文字，而符合现代藏文语法规范的藏文音节称为现代藏字。现代藏字由前加字、上加字、基字、下加字、元音、后加字和再后加字构成，最少 1 个构件，最多 7 个构件。除基字是现代藏字结构中必不可少的构件之外，其他的构件因字而异，所以藏文字符的构件与藏文音节字中的序列无关，不能只从构件的序列识别出构件，而要从构件的长度、藏字的结构等来识别构件。构件识别是藏文排序、构件统计等操作的前提，对藏文信息处理技术的发展有着重要的意义。本章按照藏文音节中构件的长度，结合现代藏字的 48 种结构及现代藏文 Unicode 编码特性，设计程序识别全藏字集中每一个藏字的构件。

4.2　问题分析

4.2.1　理论依据

1. 现代藏字的结构

现代藏字除去特殊的藏字"ཨ"以及该字构成的藏字外，藏字的结构可细分为 48 种[1]，分别如下：

（1）1 个构件的藏字构字方式如表 4-1 所示。

表 4-1　1 个构件的藏字

结构方式	组成的藏字个数	例字
辅音字母	30	ང

（2）2 个构件的藏字构字方式如表 4-2 所示。

表 4-2　2 个构件的藏字

结构方式	组成的藏字个数	例字
基字 + 元音	120	གྲོ
基字 + 后加字	270	དག
上加字 + 基字	33	ཁ
基字 + 下加字	43	གྲ

---

[1] 高定国，龚育昌. 现代藏字全集的属性统计研究[J]. 中文信息学报，2005，19(1): 71-75.

（3）3 个构件的藏字构字方式如表 4-3 所示。

表 4-3 3 个构件的藏字

结构方式	组成的藏字个数	例字
前加字 + 基字 + 后加字	480	བདག
前加字 + 基字 + 元音	192	མཚོ
前加字 + 上加字 + 基字	20	བརྐ
前加字 + 基字 + 下加字	31	བགྲ
上加字 + 基字 + 元音	132	རྨི
上加字 + 基字 + 下加字	15	སྒྲ
特殊的两个字（基字 + 下加字 + 下加字）	2	གྲྭ གྱྭ
上加字 + 基字 + 后加字	297	རྒྱས
基字 + 下加字 + 元音	172	གྲི
基字 + 下加字 + 后加字	387	གྲབ
基字 + 元音 + 后加字	1 080	ཚོན
基字 + 后加字 + 再后加字	210	གངས

（4）4 个构件的藏字构字方式如表 4-4 所示。

表 4-4 4 个构件的藏字

结构方式	组成的藏字个数	例字
前加字 + 上加字 + 基字 + 元音	80	བརྩེ
前加字 + 基字 + 下加字 + 元音	124	བགྲི
前加字 + 基字 + 元音 + 后加字	1 728	གཏིང
前加字 + 上加字 + 基字 + 下加字	6	བསྒྲ
前加字 + 上加字 + 基字 + 后加字	180	བསྐང
前加字 + 基字 + 下加字 + 后加字	279	བགྲུབ
前加字 + 基字 + 后加字 + 再后加字	336	འགགས
上加字 + 基字 + 下加字 + 元音	68	རྒྱུ
上加字 + 基字 + 元音 + 后加字	1 188	སྙིང
上加字 + 基字 + 下加字 + 后加字	153	སྒྲུབ
上加字 + 基字 + 后加字 + 再后加字	231	སྣངས
基字 + 元音 + 后加字 + 再后加字	840	ཞིངས
基字 + 下加字 + 元音 + 后加字	1 548	གྲུབ
基字 + 下加字 + 后加字 + 再后加字	301	དངས

（5）5个构件的藏字构字方式如表4-5所示。

表4-5　5个构件的藏字

结构方式	组成的藏字个数	例字
前加字＋上加字＋基字＋下加字＋元音	24	བསྒྲོ
前加字＋上加字＋基字＋下加字＋后加字	54	བསྒྲད
前加字＋上加字＋基字＋元音＋后加字	720	བརྩོད
前加字＋上加字＋基字＋后加字＋再后加字	140	བསྒྲངས
前加字＋基字＋下加字＋元音＋后加字	1 116	འདྲོང
前加字＋基字＋下加字＋后加字＋再后加字	217	བགྲངས
前加字＋基字＋元音＋后加字＋再后加字	1 344	དབུགས
上加字＋基字＋下加字＋元音＋后加字	612	སྒྲོག
上加字＋基字＋下加字＋后加字＋再后加字	119	སྒྲངས
上加字＋基字＋元音＋后加字＋再后加字	924	སྒྲངས
基字＋下加字＋元音＋后加字＋再后加字	1 204	གྲོངས

（6）6个构件的藏字构字方式如表4-6所示。

表4-6　6个构件的藏字

结构方式	组成的藏字个数	例字
前加字＋上加字＋基字＋下加字＋元音＋后加字	216	བསྒྲོད
前加字＋基字＋下加字＋元音＋后加字＋再后加字	868	བགྲོངས
前加字＋上加字＋基字＋元音＋后加字＋再后加字	560	བསྒངས
前加字＋上加字＋基字＋下加字＋后加字＋再后加字	42	བསྒྲངས
上加字＋基字＋下加字＋元音＋后加字＋再后加字	476	སྒྲོགས

（7）7个构件的藏字构字方式如表4-7所示。

表4-7　7个构件的藏字

结构方式	组成的藏字个数	例字
前加字＋上加字＋基字＋下加字＋元音＋后加字＋再后加字	168	བསྒྲོགས

按照一个藏文音节构件的数量，结合构字方式和每个构件的Unicode值判断出该藏字的结构，从而确定各构件。

2. OpenCSV介绍

OpenCSV是一个Java包，用于读取和写入CSV（逗号分隔值）文件。它提供了一组简单的API，可以帮助Java开发人员读取和写入CSV文件，而无须手动解析和格式化数据。OpenCSV包含两个主要的类：CSVReader和CSVWriter。CSVReader类可以用于从CSV文件中读取数据，CSVWriter类则可以用于将数据写入CSV文件。除此之外，OpenCSV还提供了一些其他的类和实用程序，如CSVParser、CSVReaderBuilder、CSVWriterBuilder等。使用OpenCSV包读取CSV文件时，只需要创建一个CSVReader对象，并将CSV文件的路径传递给它即可。然后，可以使用CSVReader对象的readNext()方法逐行读取CSV文件中的数据。使用OpenCSV包写入CSV文件时，只需要创建一个 CSVWriter 对象，并将 CSV 文件的路径传递给它即可。然后，可以使用 CSVWriter 对象的 writeNext() 方法将数据逐行写入 CSV 文件中。OpenCSV 还提供了一些其他功能，如自定义分隔符、换行符、引号字符、跳过空行、跳过注释行等。此外，它还支持读取和写入具有不同编码的 CSV 文件，如 UTF-8、GBK、ISO-8859-1 等。

OpenCSV 以其简单性和功能性，极大地提升了 Java 开发者处理 CSV 文件的效率。通过创建 CSVReader 或 CSVWriter 对象并使用它们的 readNext() 和 writeNext() 方法，开发者可以轻松地逐行读取和写入 CSV 文件，从而简化数据处理流程。

3. Map 集合介绍

1）Map 简介

Map 是一个双列集合，一个元素包含两个值（一个 key，一个 value），Map 里的 key 和 value 是一一对应的，称为键值对。其中，key 和 value 的数据类型可以相同，也可以不同。Map 中的 key 不允许重复，value 可以重复。Map 集合不能直接创建对象，所以可以使用多态的方式来创建（父类引用指向子类对象）实现类 HashMap 的对象。

2）常用方法

Map 集合的常用方法如表 4-8 所示。

表 4-8 Map 集合的常用方法

方法名	说明
V put(K key,V value)	添加元素
V remove(Object key)	根据键删除键值对元素
void clear()	移除所有的键值对元素
Boolean containsKey(Object key)	判断集合是否包含指定的键
Boolean containsValue(Object value)	判断集合是否包含指定的值
Boolean isEmpty()	判断集合是否为空
int size()	集合的长度，也就是集合中键值对的个数
V get(Object key)	根据键获取值
Set\<K\> keySet()	获取所有键的集合
Collection\<V\> values()	获取所有值的集合
Set\<Map.Entry\<K,V\>\> entrySet()	获取所有键值对对象的集合

3）遍历 Map 集合

（1）通过键找值的方法：使用 setKey 方法，将 Map 集合中的 key 值，存储到 Set 集合，用迭代器或 foreach 循环遍历 Set 集合来获取 Map 集合的每一个 key，并使用 get(key) 方法来获取 value 值。

（2）使用 Entry 对象遍历：Map.Entry\<K,V\>，在 Map 接口中有一个内部接口 Entry 内部类，当集合一创建，就会在 Map 集合中创建一个 Entry 对象，用来记录键与值（键值对对象，键值的映射关系）。

4）Map 常用实现类

（1）HashMap 类。

特点：

① HashMap 底层是哈希表，查询速度非常快（jdk1.8 之前是数组+单向链表，jdk1.8 之后是数组+单向链表/红黑树，链表长度超过 8 时，换成红黑树）。

② HashMap 是无序的集合，存储元素和取出元素的顺序有可能不一致。

③ 集合是不同步的，也就是说是多线程的，速度快。

HashMap 存储自定义类型键值，Map 集合保证 key 是唯一的。作为 key 的元素，它必须重写 hashCode 方法和 equals 方法，以保证 key 唯一。

（2）LinkedHashMap 类。

特点：

① LinkedHashMap 底层是哈希表+链表（保证迭代的顺序）。

② LinkedHashMap 是一个有序的集合，存储元素和取出元素的顺序一致，改进之处是元素存储有序了。

HashMap 和 LinkedHashMap 都是 Java 中 Map 接口的实现类，用于存储键值对。它们两者的主要区别在于它们存储和迭代顺序不同。HashMap 是基于哈希表实现的，使用键的哈希值来存储和检索元素，因此它的存储顺序是不确定的。LinkedHashMap 是基于哈希表和链表实现的，它通过维护一个双向链表来保持元素的插入顺序。因此，当遍历一个 LinkedHashMap 时，元素的顺序与它们被插入的顺序相同。

（3）Hashtable 类。

Hashtable：底层也是哈希表，是同步的，是一个单线程结合，是线程安全的集合，速度慢。而 HashMap 底层也是哈希表，是多线程集合，速度快。

HashMap 以及之前的所有集合都可以存储 null 键、null 值，而 Hashtable 不能存储 null 键、null 值。

4.2.2 算法思想

藏文字符并不仅仅只在横向上书写，在二维空间上也会进行纵向叠加，即藏文字符中存在叠加字的情况，如纵向叠加字符 中的第一个字符 是纵向叠加开始的字符，也称为前导字符，其编码与单独辅音 的编码一致，而 是用于组合的字符，也称为组合用字符，虽字形与 一致，但编码不一样， 和 也是组合用字符和元音符号。当上加字和基字在一起时，上加字编码与单独辅音编码一致，基字编码采用组合用字符编码。当基字和下加字在一起时，基字编码与单独辅音编码一致，下加字编码采用组合用字符编码。除此之外，一个全藏字既是一个字符串，也可以当作一个字符数组看待，当按字符数组看待时，可以挨个读出该藏字的每个字符构件。读出的顺序是：前加字→上加字→基字→下加字→再下加字→元音→后加字→再后加字。因此，本书可以利用藏文的这一特点，依次读出每个藏文字符构件，然后根据有无组合用字符，对藏字构件进行识别。若有组合用字符，则将所有前导字符和组合用字符放入前导字符和组合用字符列表中，然后对该列表中的情况进行分类判断。若无组合用字符，则根据藏字的长度进行判断，最终可以将每一个藏文字符构件根据它在藏字中所处的位置进行输出，并存入 csv 文件中。

具体识别构件的算法思想如下：

（1）若有组合用字符则将所有前导字符和组合用字符存入前导字符和组合用字符列表中。根据前导字符和组合用字符列表中字符个数判断该藏文音节中构件的组合类型。若有元音则直接将元音存入识别结果集合中。

（2）若有元音无组合用字符，则根据元音前后读入的字符个数判断出藏字的结构。

（3）若无元音也无组合用字符，则根据藏字的长度判断出藏字的结构。

（4）两种特殊情况的处理：

①正常情况下"ོ"作为下加字，只有当音节中已经有下加字的情况时，将"ོ"作为再下加字，

也就是包含"ཟླ"和"གྲ"的一类特殊字。因此，算法中要对包含"ཟླ"或"གྲ"的音节进行特殊处理，有些字会出现两个下加字的情况，故每个藏字预留 8 个构件的位置。

②部分 3 个构件的藏字具有"二义性"，如"བགས"，既可以识别为"前加字+基字+后加字"，也可以识别为"基字+后加字+再后加字"，针对这类音节，算法中需要做特殊处理。经人工整理，共找到 32 个具有二义性的特殊音节，如表 4-9 所示。查字典等确定后在算法中约定这 32 个音节都按照"基字+后加字+再后加字"的结构进行处理。

表 4-9 32 个特殊音节

བགས	མབས	གགས	བངས	དངས
གངས	འངས	གམས	མམས	བབས
མངས	གབས	བམས	འམས	གནད
དགས	དབས	དམས	མགས	མནད
འགས	འབས	དགས	དབས	དམས
མགས	འགས	འབས	འམས	གནད
བནད	མནད			

除此之外，在 3 个构件的藏字中还存在 12 个在藏文中无实义但应该被视作"基字+后加字+再后加字"结构的字符，如表 4-10 所示。

表 4-10 12 个无实义的音节

གརད	གལད	དནད	དརད	དལད
བརད	བལད	མརད	མལད	འནད
འརད	འལད			

4.3 算法设计

4.3.1 存储空间

代码需要定义如下存储空间：

1. 内存中的变量和数据结构

（1）BufferedReader br：用于读取文件中的数据，存储在内存中的缓存区中。

（2）String line：存储从文件中读取的每一行数据。

（3）LinkedHashMap<String, String> tibetan_Att：存储每个藏文音节构件的识别结果，以及它们的对应关系。

（4）List<String> tibetan_Pile：存储藏文音节中的前导字符和组合用字符。

（5）first：用于判断当前字符是否为第一个组合用字符。

（6）String[] strings：存储 csv 文件的第一行（标题）。

（7）String[] line：存储 csv 文件中的每一行数据。

2. 硬盘中的文件

"D:\\javaResult\\chap3\\全藏字的生成.txt"：存储所有的藏文字符。

"D:\\javaResult\\chap4\\现代藏文字符构件识别.csv"：存储分类结果的 CSV 文件。

注意，还有一些临时变量和参数被定义，但只在方法内部使用，不在内存中长期存在。同时，这段代码还使用了一些 Java 类库中的数据结构和方法，如 ArrayList、FileWriter、CSVWriter 等，它们也会在内存中被实例化。

4.3.2　输入与输出

输入：第 3 章生成的全藏字集"全藏字的生成.txt"。

输出：识别的构件输出到"现代藏文字符构件识别.csv"文件中。

4.3.3　设计思想

该算法的设计思想如下：

（1）读取文件：从包括 18 785 个藏文音节的"全藏字的生成.txt"文档中读取一行字符（即 1 个音节），存入字符串 tibetan 中。

（2）判断构件类型：根据第 2 章中给出的编码范围判断构件属于以下哪种范围：①组合用字符；②元音；③除组合用字符、元音外的字符。

（3）处理存在组合用字符的情况：如果输入的字符串中存在组合用字符，则将所有前导字符和组合用字符放入 tibetan_Pile 中，并根据 tibetan_Pile 的长度及构字情况判断该藏字构件是基字、上加字、下加字或再下加字。若存在元音，则直接根据藏文元音编码的范围识别出该字符类型。

（4）处理无组合用字符有元音的情况：根据元音前后读入的字符个数分别判断构件是前加字、基字、后加字或再后加字。

（5）处理无组合用字符无元音的情况：如果输入的字符串中既不存在组合用字符也不存在元音，则需要根据字符串长度判断该藏字构件是基字、前加字、后加字或再后加字。

（6）输出结果：将每个构件的识别结果输出到一个 CSV 文件中。

（7）循环上述过程直至代码结束。

藏文字符构件识别思维导图如图 4-1 所示。

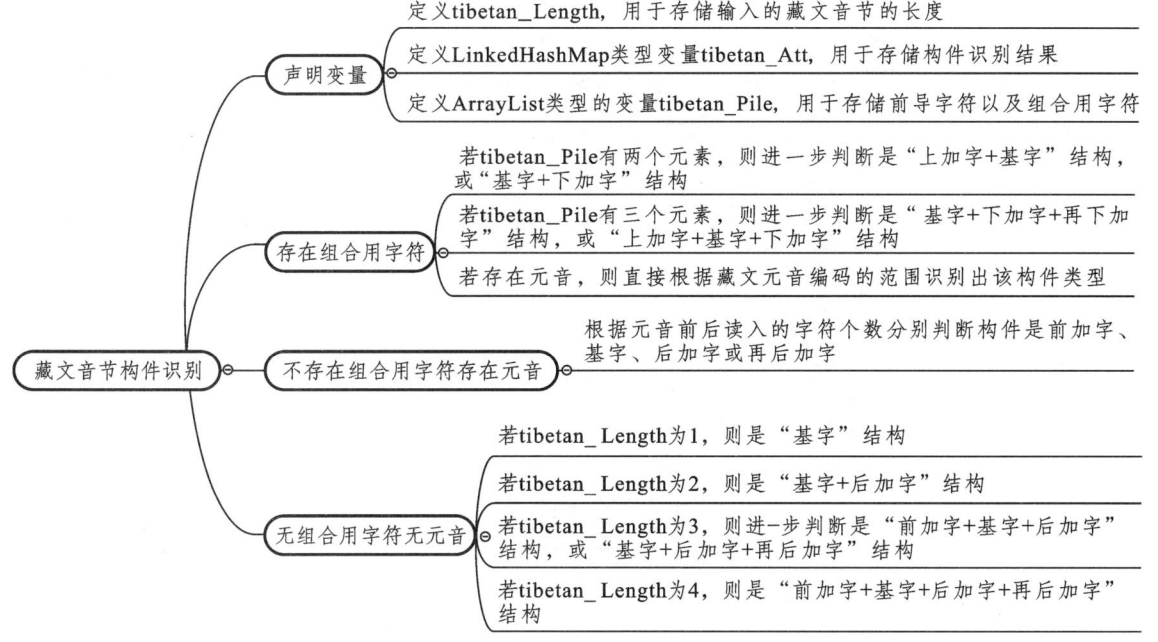

图 4-1　藏文字符构件识别思维导图

4.3.4 流程图

（1）主方法流程如图 4-2 所示。

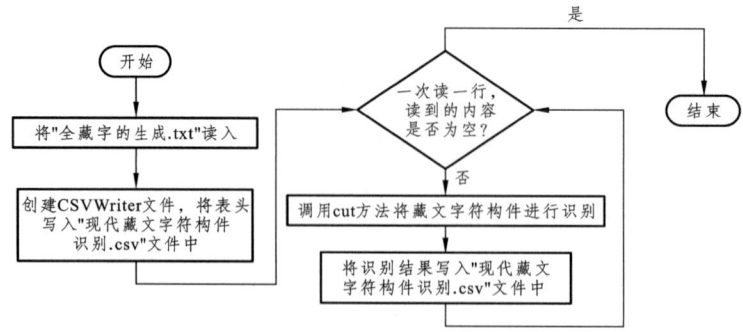

图 4-2　主方法流程图

（2）藏文构件识别流程（cut 方法）如图 4-3 ~ 图 4-6 所示。

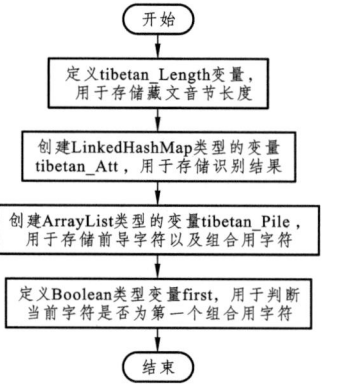

图 4-3　定义存储空间流程图

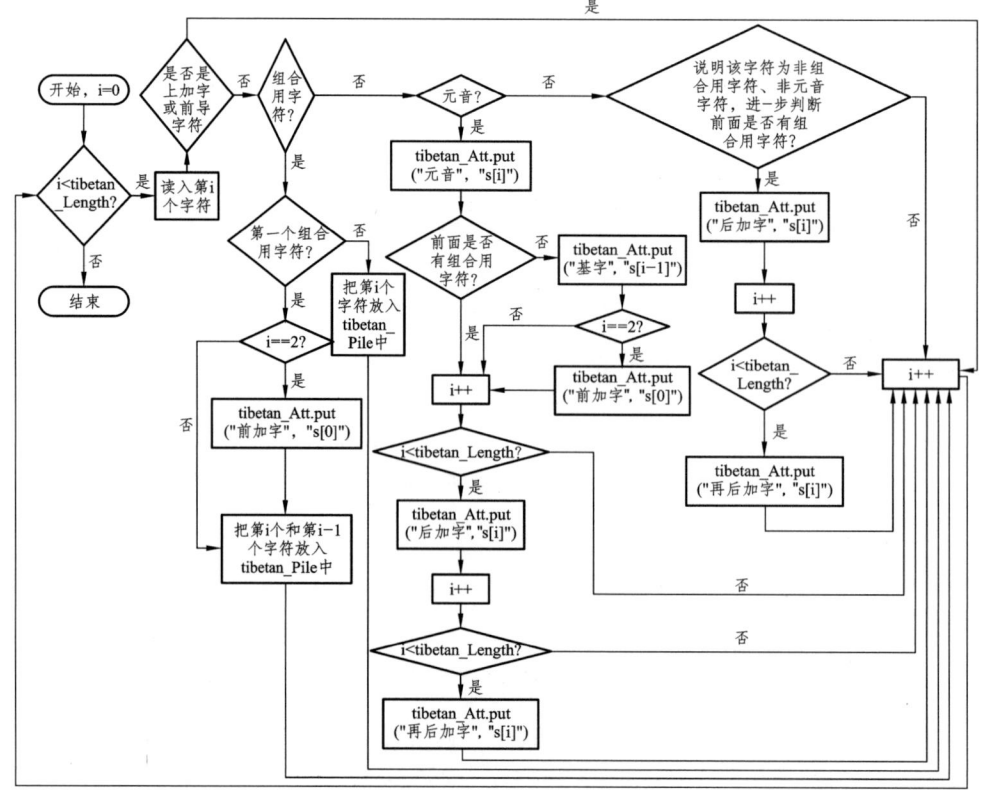

图 4-4　藏文字符识别流程图

在藏文字符识别流程中，若含组合用字符，则将所有前导字符以及组合用字符存入 tibetan_Pile 中，然后调用含组合用字符的构件识别流程，从而根据 tibetan_Pile 的长度及构字情况判断该藏文音节中构件的组合类型；若无组合用字符无元音，则调用无组合用字符无元音的构件识别流程，直接根据藏文音节长度判断该藏文音节中构件的组合类型。其中，含组合用字符构件识别流程如图 4-5 所示。

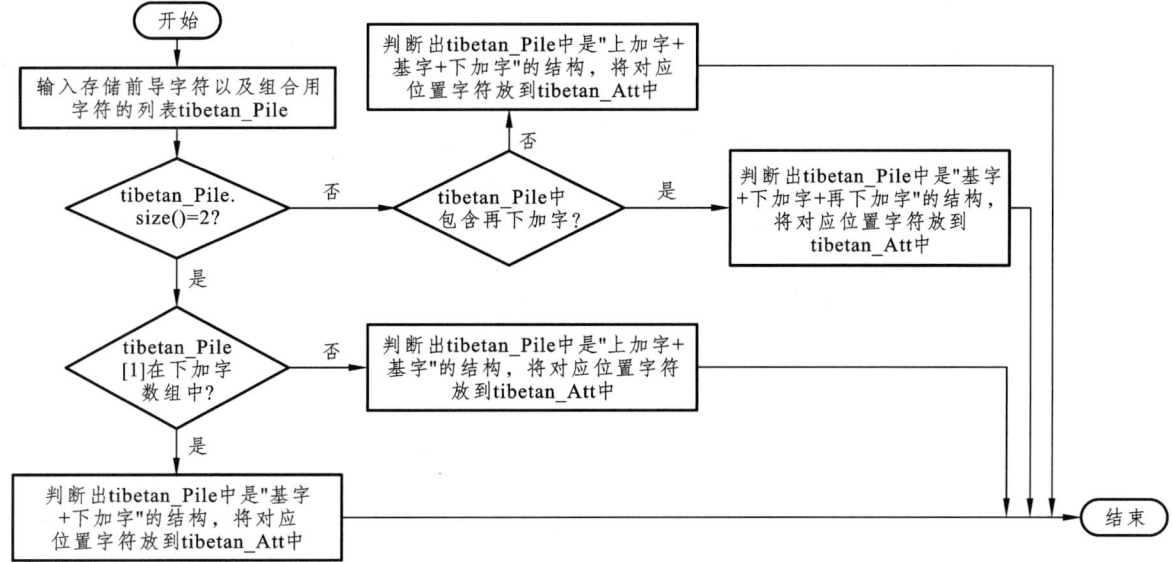

图 4-5　含组合用字符的构件识别流程图

无组合用字符无元音构件识别流程如图 4-6 所示。

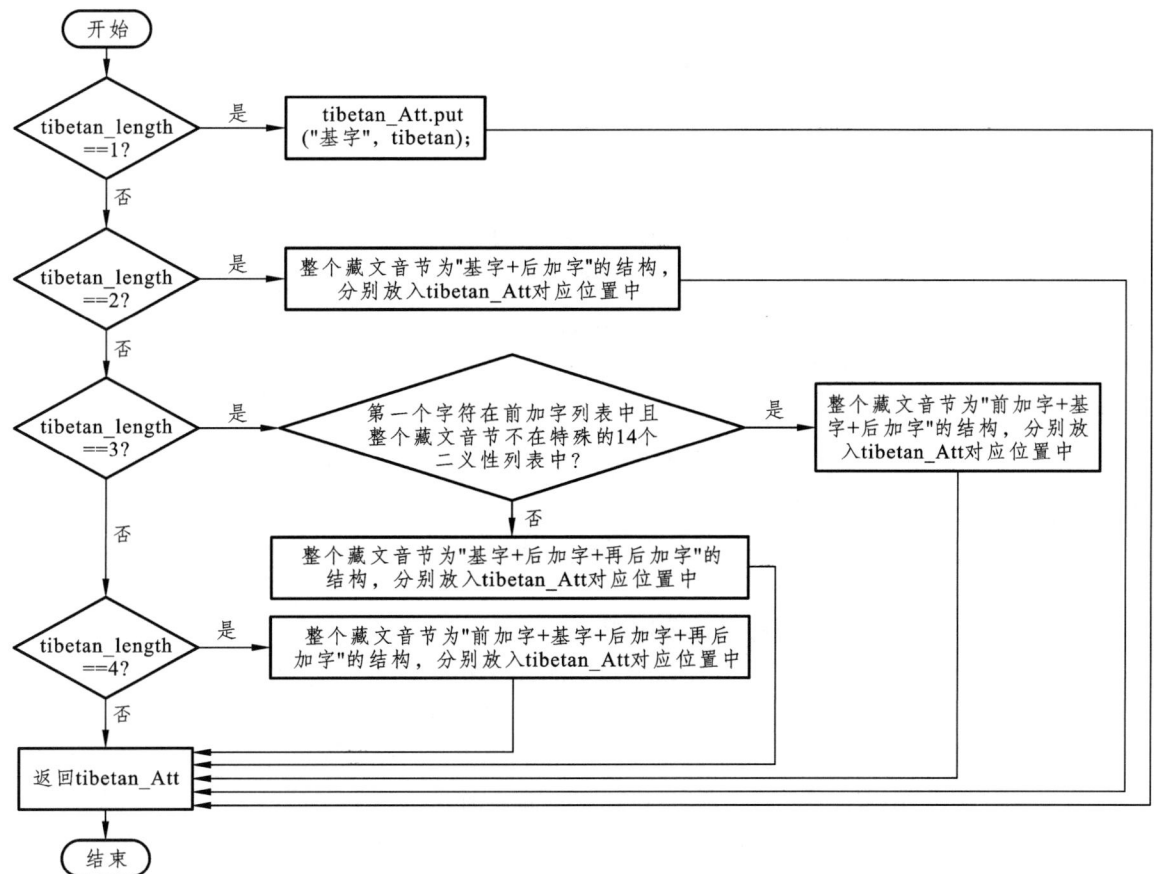

图 4-6　无组合用字符无元音的构件识别流程图

4.3.5 伪代码

1. 藏文字符识别部分的伪代码

function cut(String tibetan):
//定义辅助空间
1   tibetan_Length = tibetan.length();
//初始化一个集合用于存储该藏文音节的每个构件
2   LinkedHashMap<String, String> tibetan_Att = new LinkedHashMap<>();
3   向 tibetan_Att 中输入各个构件位置，并将 value 初始化为 null;
//定义一个列表用于存储该音节的所有前导字符以及组合用字符
4   List<String> tibetan_Pile = new ArrayList<>();
5   first = true;   //定义一个布尔型变量，用于记录当前字符是否为第一个组合用字符
6   i = 0;

//藏文字符构件识别
7   while i<tibetan_Length:
8   if tibetan.chatAt(i)在除组合用字符、元音外的字符范围内：
9   if first!=true: //倘若该字符为除组合用字符以及元音外的字符
10   tibetan_Att.put("后加字", tibetan.charAt(i));
11   i++;
12   if i<tibetan_Length:
13   tibetan_Att.put("再后加字", tibetan.charAt(i));
14   else break;
15   else if tibetan.chatAt(i)在组合用字符范围内：
16   if first==true：   //倘若当前字符是第一个组合用字符
17   if(i==2):   //即该字为基字，说明叠加部分为"上加字+基字"
18   tibetan_Att.put("前加字",(tibetan.charAt(0));//则第 0 个字符只能为前加字
19   tibetan_Pile.add(tibetan.charAt(i - 1));
20   tibetan_Pile.add(tibetan.charAt(i));   //将第 i 个和 i-1 个放入前导字符和组合用字符列表中，用于后续判断
21   first = false;   //有第一个组合用字符，所以将 first 置为 false
22   else: //倘若不是第一个组合用字符
23   tibetan_Pile.add(tibetan.charAt(i)); //将其直接加入前导字符和组合用字符列表即可
24   else tibetan.chatAt(i)在元音范围内：
25   tibetan_Att.put("元音", tibetan.charAt(i));
26   if first==true: //即为有元音无组合用字符的情况
27   tibetan_Att.put("基字", tibetan.charAt(i - 1));//元音字符的前一个一定为基字
28   if i==2：//那么第 0 个字符一定为前加字
29   tibetan_Att.put("前加字", tibetan.charAt(i));
30   first = false;

```
31          i++;
32          if i<tibetan_Length:
33              tibetan_Att.put("后加字", tibetan.charAt(i));
34          else break;
35          i++;
36          if i<tibetan_Length:
37              tibetan_Att.put("后加字", tibetan.charAt(i));
38          else break;
39      i++;
```

//含组合用字符的构件识别
```
1   if(tibetan_pile!=空):
```
//有两种情况：含一个前导字符和一个组合用字符，含一个前导字符和两个组合用字符
```
2       if tibetan_Pile.size==2:
3           String[] xiaJiaZi = {"ྱ", "ྲ", "ླ", "ྭ"};    //定义下加字列表
4           if tibetan_Pile.get(1) in xiaJiaZi:
5               tibetan_Att.put("基字", tibetan_Pile.get(0));
6               tibetan_Att.put("下加字", tibetan_Pile.get(1));
7           else:
8               tibetan_Att.put("上加字", tibetan_Pile.get(0));
9               tibetan_Att.put("基字", tibetan_Pile.get(1));
10      else tibetan_Pile.size==3:
11          String[] teShu = {"ཧྲུ", "གྲྭ"};
12          if joinString(tibetan_Pile, "") in teShu :
13              tibetan_Att.put("基字", tibetan_Pile.get(0));
14              tibetan_Att.put("下加字", tibetan_Pile.get(1));
15              tibetan_Att.put("再下加字", tibetan_Pile.get(2));
16          else :
17              tibetan_Att.put("上加字", tibetan_Pile.get(0));
18              tibetan_Att.put("基字", tibetan_Pile.get(1));
19              tibetan_Att.put("下加字", tibetan_Pile.get(2));
```

//无组合用字符无元音的情况：
```
1   if  first==true：   //倘若组合用字符无元音，则通过音节长度进行判断
2       if  tibetan_Length == 4:          //为"前加字+基字+后加字+再后加字"
3           tibetan_Att.put("前加字", tibetan.charAt(0));
4           tibetan_Att.put("基字", tibetan.charAt(1));
5           tibetan_Att.put("后加字", tibetan.charAt(2));
6           tibetan_Att.put("再后加字", tibetan.charAt(3));
7       else if  tibetan_Length == 2:         //为"基字+后加字"
8           tibetan_Att.put("基字", tibetan.charAt(0));
```

```
9            tibetan_Att.put("后加字", tibetan.charAt(1));
10     else if  tibetan_Length == 1:         //为"基字"
11            tibetan_Att.put("基字", tibetan);
12     else :     //长度为 3
13            String[] qianJiaZi = {"ག", "ད", "བ", "མ", "འ"};
14            String[] ambiguity = {"བགས", "མབས", "གགས", "བངས", "དངས", "གངས", "འངས",
"གམས", "མམས", "བབས", "མངས", "གབས", "བམས", "འམས", "གནད", "དགས", "དབས", "དམས", "མགས",
"མནད", "འགས", "འབས", "དགས", "དབས", "དམས", "མགས", "འགས", "འབས", "འམས", "གནད", "བནད", "མནད"};
             //创建 32 个二义性的音节数组
15            String[]  meaninglessness  = {"གརད", "གལད", "དནད", "དརད", "དལད", "བརད", "བལད",
"མརད", "མལད", "འནད", "འརད", "འལད"};//创建 12 个无意义的音节数组
16      if  tibetan.charAt(0) in qianJiaZi && tibetan not in ambiguity  && tibetan not in
meaninglessness:     //根据理论规则, 倘若第一个字符为前加字, 且整个音节不在二义性数组里也
不在无意义数组里, 则判定为"前加字+基字+后加字"
17            tibetan_Att.put("前加字", tibetan.charAt(0));
18            tibetan_Att.put("基字", tibetan.charAt(1));
19            tibetan_Att.put("后加字",tibetan.charAt(2));
20     else :         //否则为"基字+后加字+再后加字"
21            tibetan_Att.put("基字", tibetan.charAt(0));
22            tibetan_Att.put("后加字", tibetan.charAt(1));
23            tibetan_aAtt.put("再后加字",tibetan.charAt(2));
24   return tibetan_Att;  //返回装满了各个构件的 hashmap 集合
```

2. 存储为 csv 文件部分的伪代码

```
function save(outString, writer):
       //初始化 line 数组用于存储该字符的各个构件
1     String[] line = new String[10];
       //初始化一个字符串变量用于存储类别信息
2     String category = "";
3     遍历 outString:
4            value = entry.getValue();
5            if (value != null)
6                 line[i] = value;
7                 if(!entry.getKey().equals("原字"))
8                      category = category + entry.getKey() + "+";//统计类别
9            else
10                line[i] = "Null";   //若不存在值则设置为 null
11           if(i == 9)
12                line[i] = category.substring(0,category.length()-1);
13    i++;
14    writer.writeNext(line);     //将存储了各构件得到数组写入 csv 文件中
```

3. 主方法部分的伪代码

function main():
```
1       // 读取文件内容
2       br = new BufferedReader(new FileReader("D:\\javaResult\\chap3\\全藏字的生成.txt"));
3       //创建 csv 文件并将第一行写入
4       writer = new CSVWriter(new FileWriter("D:\\javaResult\\chap3\\现代藏文字符构件识别.csv"));
5       String[] strings = {"原字","前加字","上加字","基字","下加字","再下加字","元音","后加字","再后加字","类别名"};
6       writer.writeNext(strings);
7       // 循环对每个藏文音节进行构件识别，并将识别结果保存到 csv 文件中
8       while ((line = br.readLine()) != null) {
9           LinkedHashMap<String, String> map = cut(line);
10          save(map, writer);        //保存在 csv 文件里
11      }
12      writer.close();
```

4.4 程序实现

4.4.1 源代码

建立一个"控制台应用程序"，写入如下代码：

```
package cn.edu.utibet.chapter4;

import com.opencsv.CSVWriter;
import java.io.*;
import java.util.*;

public class chapter4 {
    public static void main(String[] args) {
        try {
            BufferedReader br = new BufferedReader(new FileReader("D:\\javaResult\\chap3\\全藏字的生成.txt")); //读入全藏字
            String line = "";
            //创建 csv 文件并将第一行写入
            CSVWriter writer = new CSVWriter(new FileWriter("D:\\javaResult\\chap4\\现代藏文字符构件识别.csv"));
            String[] strings = {"原字","前加字","上加字","基字","下加字","再下加字","元音","后加字","再后加字","类别名"};
            writer.writeNext(strings);
```

```java
            writer.flush();
            while ((line = br.readLine())!= null) {
                LinkedHashMap<String, String> map = cut(line);
                //System.out.println(map);   //输出在控制台
                save(map, writer);           //保存在 csv 文件里
            }
            //写入完毕关闭流
            writer.close();
        }catch (IOException e) {
            e.printStackTrace();
        }
    }

    public static LinkedHashMap<String, String> cut(String tibetan) {
        int tibetan_Length = tibetan.length();
        LinkedHashMap<String, String> tibetan_Att = new LinkedHashMap<>();
        tibetan_Att.put("原字", tibetan);
        tibetan_Att.put("前加字", null);
        tibetan_Att.put("上加字", null);
        tibetan_Att.put("基字", null);
        tibetan_Att.put("下加字", null);
        tibetan_Att.put("再下加字", null);
        tibetan_Att.put("元音", null);
        tibetan_Att.put("后加字", null);
        tibetan_Att.put("再后加字", null);
        tibetan_Att.put("类别名", null);

        List<String> tibetan_Pile = new ArrayList<>();

        boolean first = true;
        int i = 0;
        while (i < tibetan_Length) {
            //除组合用字符、元音外的字符
            if (tibetan.charAt(i) >= 0x0F40 && tibetan.charAt(i) < 0x0F6D) {
                //如果 first 不是 true
                if (!first) {
                    tibetan_Att.put("后加字", String.valueOf(tibetan.charAt(i)));
                    i++;
                    if (i < tibetan_Length) {
```

```java
            tibetan_Att.put("再后加字", String.valueOf(tibetan.charAt(i)));
        } else break;
    }
}

//组合用字符
else if (tibetan.charAt(i) >= 0x0F8D && tibetan.charAt(i) < 0x0FBD) {
    if (first) {        //遇到第一个组合用字符
        if (i == 2) {
            tibetan_Att.put("前加字", String.valueOf(tibetan.charAt(0)));
        }
        tibetan_Pile.add(String.valueOf(tibetan.charAt(i - 1)));
        first = false;
        tibetan_Pile.add(String.valueOf(tibetan.charAt(i)));
    } else {            //否则若不是第一个组合用字符
        tibetan_Pile.add(String.valueOf(tibetan.charAt(i)));
    }
}

//元音
else {
    tibetan_Att.put("元音", String.valueOf(tibetan.charAt(i)));
    if (first) {    //有元音无组合用字符
        tibetan_Att.put("基字", String.valueOf(tibetan.charAt(i - 1)));
        if (i == 2) {
            tibetan_Att.put("前加字", String.valueOf(tibetan.charAt(0)));
        }
    }
    first = false;
    //有无组合用字符都要处理
    i++;
    if (i < tibetan_Length) {
        tibetan_Att.put("后加字", String.valueOf(tibetan.charAt(i)));
    } else break;
    i++;
    if (i < tibetan_Length) {
        tibetan_Att.put("再后加字", String.valueOf(tibetan.charAt(i)));
    } else break;
}
```

```
            i++;
        }
        
        //根据前导字符以及组合用字符进行构件识别
        if (!tibetan_Pile.isEmpty()) {
            if (tibetan_Pile.size() == 2) {
                String[] xiaJiaZi = {"ྱ", "ྲ", "ླ", "ྷ"};
                if (in(tibetan_Pile.get(1), xiaJiaZi)) {
                    tibetan_Att.put("基字", tibetan_Pile.get(0));
                    tibetan_Att.put("下加字", tibetan_Pile.get(1));
                }
                else {
                    tibetan_Att.put("上加字", tibetan_Pile.get(0));
                    tibetan_Att.put("基字", tibetan_Pile.get(1));
                }
            }else {
                String[] teShu = {"ཧྲ", "ཀྲ"};
                if (in(joinString(tibetan_Pile, ""), teShu)) {
                    tibetan_Att.put("基字", tibetan_Pile.get(0));
                    tibetan_Att.put("下加字", tibetan_Pile.get(1));
                    tibetan_Att.put("再下加字", tibetan_Pile.get(2));
                }
                else {
                    tibetan_Att.put("上加字", tibetan_Pile.get(0));
                    tibetan_Att.put("基字", tibetan_Pile.get(1));
                    tibetan_Att.put("下加字", tibetan_Pile.get(2));
                }
            }
        }
        
        //若无组合用字符无元音，则根据藏字长度进行构件识别
        if (first) {
            if (tibetan_Length == 4) {
                tibetan_Att.put("前加字", String.valueOf(tibetan.charAt(0)));
                tibetan_Att.put("基字", String.valueOf(tibetan.charAt(1)));
                tibetan_Att.put("后加字", String.valueOf(tibetan.charAt(2)));
                tibetan_Att.put("再后加字", String.valueOf(tibetan.charAt(3)));
            } else if (tibetan_Length == 2) {
                tibetan_Att.put("基字", String.valueOf(tibetan.charAt(0)));
```

```java
                    tibetan_Att.put("后加字", String.valueOf(tibetan.charAt(1)));
                } else if (tibetan_Length == 1) {
                    tibetan_Att.put("基字", tibetan);
                } else {    //长度为 3
                    String[] qianJiaZi = {"ག", "ད", "བ", "མ", "འ"};
                    String[] ambiguity = {"བགས", "མབས", "གགས", "བངས", "དངས", "གངས", "འངས",
"གམས", "མམས", "བབས", "མངས", "གབས", "བམས", "འམས","གནད","དགས","དབས","དམས","མགས","མནད",
"འགས","འབས","དགས","དབས","དམས","མགས","འགས","འབས","འམས","གནད","བནད","མནད"};
                    String[] meaninglessness = {"གརད","གལད","དནད","དརད","དལད","བརད","བལད",
"མརད","མལད","འནད","འརད","འལད"};
                    if (in(String.valueOf(tibetan.charAt(0)), qianJiaZi) && !in(tibetan, ambiguity)
&& !in(tibetan, meaninglessness)) {
                        tibetan_Att.put("前加字", String.valueOf(tibetan.charAt(0)));
                        tibetan_Att.put("基字", String.valueOf(tibetan.charAt(1)));
                        tibetan_Att.put("后加字", String.valueOf(tibetan.charAt(2)));
                    }else {
                        tibetan_Att.put("基字", String.valueOf(tibetan.charAt(0)));
                        tibetan_Att.put("后加字", String.valueOf(tibetan.charAt(1)));
                        tibetan_Att.put("再后加字", String.valueOf(tibetan.charAt(2)));
                    }
                }
            }
        }
        return tibetan_Att;
    }

    public static boolean in(String s, String[] strings) {
        for (String s0 : strings) {
            if (s0.equals(s)) {
                return true;
            }
        }
        return false;
    }

    public static String joinString(List<String> elements, String regex) {
        String ret = "";
        for (int i = 0; i < elements.size(); i++) {
            if (i < elements.size() - 1)
                ret += elements.get(i) + regex;
            else {
```

```java
                    ret += elements.get(i);
                }
            }
            return ret;
        }

        // 将分类完的数据保存到 csv 文件里
        public static void save(LinkedHashMap<String, String> outString, CSVWriter writer) {
            try {
                String[] line = new String[10];
                int i = 0;
                String category = "";
                for (Map.Entry<String, String> entry : outString.entrySet()) {
                    String value = entry.getValue();
                    if (value != null) {
                        line[i] = value;
                        if(!entry.getKey().equals("原字"))
                            category = category + entry.getKey() + "+";
                    }else {
                        line[i] = "Null";
                    }
                    if(i == 9){
                        line[i] = category.substring(0,category.length()-1);
                    }
                    i++;
                }
                writer.writeNext(line);
                writer.flush();
            }catch (IOException e) {
                e.printStackTrace();
            }
        }
    }
}
```

4.4.2 运行说明

源代码中包含一些硬编码的路径，需要根据实际情况进行修改。

```
    BufferedReader br = new BufferedReader(new FileReader("D:\\javaResult\\chap3\\全藏字的生成.txt"));          //读入全藏字
    CSVWriter writer = new CSVWriter(new FileWriter("D:\\javaResult\\chap4\\现代藏文字符构件识别.csv"));
```

4.5 运行结果

程序运行结果放在 WPS 文件中，如图 4-7 和图 4-8 所示。

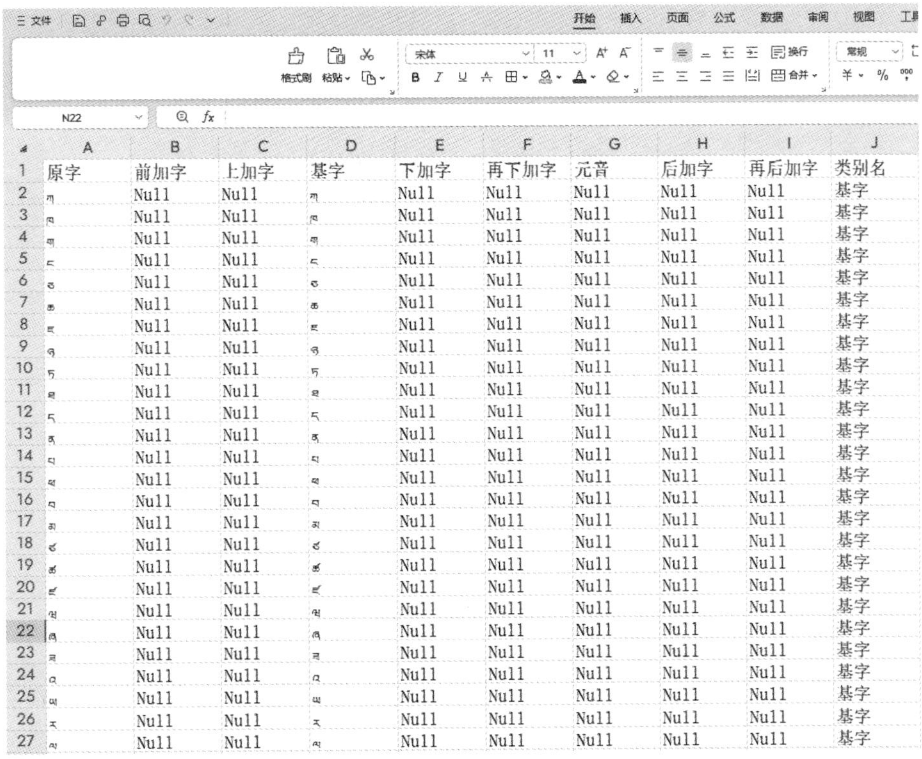

图 4-7 运行结果

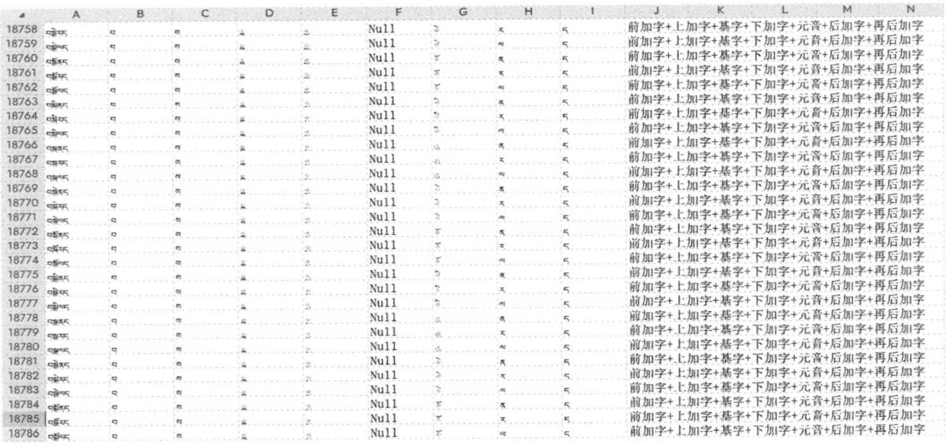

图 4-8 运行结果

可能出现的错误说明：上述文件使用 Excel 软件打开时可能会出现乱码的情况，这是因为 Excel 和 WPS 编码方式不一致。若直接打开则会导致乱码，解决方式如下：

（1）打开一个 Excel 文件，之后依次点击"数据"→"从文本/csv"，如图 4-9 所示。

图 4-9 从文本/csv 导入

（2）选择需要加载的 csv 文件，会弹出如图 4-10 和图 4-11 所示界面，将数据检测类型更改为"基于整个数据集"，并将文件原始格式改为"Unicode(UTF-8)"，最后点击"加载"即可。

图 4-10　更改格式

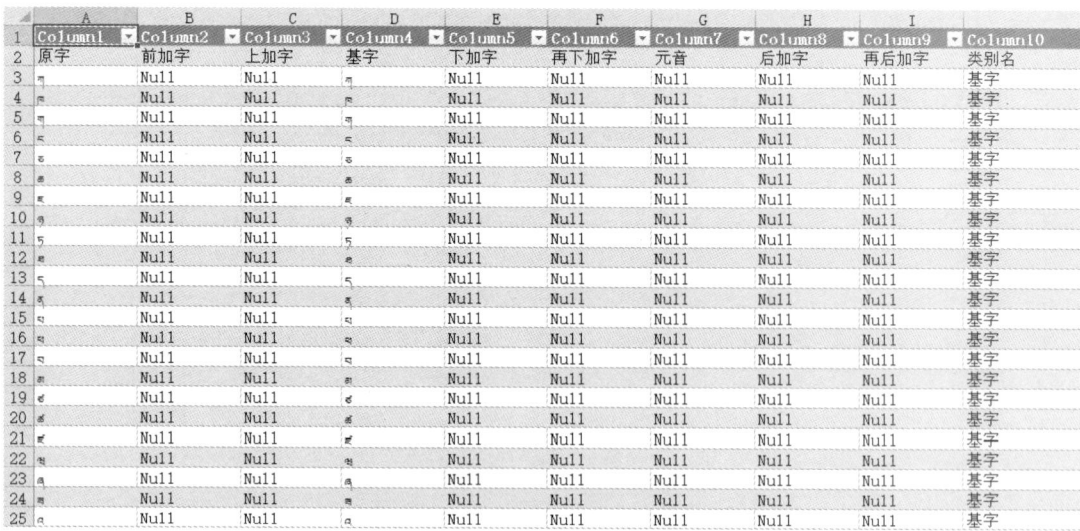

图 4-11　更改后成功显示

4.6　算法分析

4.6.1　时间复杂度

（1）取文件内容的时间复杂度为 $O(n)$，其中 n 表示文件中音节的数量。

（2）对于每个音节，调用 cut 方法进行分析，cut 方法中含有循环，但循环次数最多不超过 8 次，因此时间复杂度为 $O(1)$。

（3）对于每个音节，都要将分析结果保存到 CSV 文件中，时间复杂度为 $O(n)$。因此，总的时间复杂度是 $O(n)$ 这个数量级的。

4.6.2 空间复杂度

本实验中的辅助空间主要在 cut 方法中进行定义，在 cut 方法中定义了 tibetan_Length、tibetan_Att、tibetan_Pile、first、i 等，而这些变量占用的内存不随问题规模的改变而改变。因此，总的空间复杂度为 $O(1)$。

综上，该代码的时间复杂度为 $O(n)$，空间复杂度为 $O(1)$。其中 n 表示问题规模，即文件中音节的数量。

第 2 篇　　藏文字符排序

1. 藏文排序问题描述

藏文的排序是指依据一定的规则确定藏文音节的排放次序。由于藏文的拼写不同于英文和汉字，即它是横向拼写和纵向拼写的非线性组合，所以藏文音节的排序变得比较复杂。藏文字符的排序不是以类似于英文等字符的先后次序从第一个字符开始比较，而是以基字等不同的构件作为比较的先后次序进行排序。这种藏文字符的序列是藏文编撰字典的序列，故也有人称之为藏文的字典序列，随着人们长期应用使得其成为默认的藏文字符序列。本篇利用计算机对一定数量的藏文音节进行各种排序算法研究，使其结果符合藏文字典序列，并对其排序效率进行分析。

2. 现代藏字的字典序列

藏文字典序是给藏文排序的一种较为科学的方法，是按照不同构件的优先顺序比较藏字各构件的字符来确定藏字的序列。藏文字典序也是人为规定的一种序列，是经过长期的使用被人们接受的一种藏文排序的序列。

经研究发现，由于藏文字典序是一种人为规定的序列，不同的字典对字的序列规定也有所差别。通过分析《藏汉大辞典》①等权威词典的排序情况，得到了藏字的字典序列有着分层循环的规律，其序列的层次如图1所示。

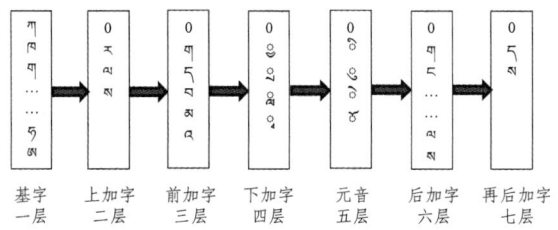

图 1　藏字字典序的层次图

最核心的层次即第一层，是基字层，这是构成每个藏字的基础和必不可少的构件；第二层到第七层分别是上加字、前加字、下加字（再下加字）、元音、后加字和再后加字，这些字符不是构成藏字必不可少的成分，即按照藏字的不同，这些构件是可以缺少的，图中用0表示该构件缺少。

现代藏字的字典序列是以基字为核心，与二至七层的字符分层组合，每一层又与其外层的字符依次组合，其中构件的辅音序列为藏文字母序。举例说明：字典序中的第一个字是 ཀ 与其他六个层的 0 组合；第二字是 ཀ 与第二至第五层的 0，第六层的 ག 组合；第七层再后加字必须加在后加字之后，也可以认为单一后加字是跟再后加字 0 组合的结果。以此类推，字典字符的序列应该为：ཀ ཀག ཀགས ཀང ཀངས……ཀས ཀི ཀིག ཀིགས……ཀིས ཀུ ཀུག ཀུགས……ཀུས ཀོ ཀོག ཀོགས……ཀོས ཀྲ ཀྲག ཀྲགས……ཀྲུག ཀྲུགས……ཀ ཀག ཀགས……འཁྲོ（如果有的话）ཁ……②

到目前为止，许多研究者在藏字排序方面做了许多工作，江荻等③构建了藏字排序的数学模型，依据模型为藏文字符进行赋值，按照字符对应的数值组合进行排序。边巴旺堆等人④提出了基于DUCET排序码的排序思想。这两种方法都首先需要将二维的藏文音节转换为一维的字符串，通过比较字符串实现音节的排序。

通过分析《藏汉大辞典》等词典的排序情况，得到藏字的字典序列是按照藏字的构件进行分层循环的规律，按照"藏文字典序的层次图"，以基字为主关键字，基字相同的情况下，依次比较上加字、前加字、下加字、再下加字、元音、后加字、再后加字。因此，构件如何识别和如何比较构件元素组成的字符串是藏文排序算法的两个关键问题。

---

① 张怡荪.藏汉大辞典[M].北京：民族出版社，1984.
② 高定国，珠杰.藏文信息处理的原理与应用[M].成都：西南交通大学出版社，2014.
③ 江荻，康才.书面藏语排序的数学模型及算法[J].中文信息学报，2004,4:524-529.
④ 边巴旺堆，卓嘎，董志诚，等.藏文排序优先级算法研究[J].中文信息学报，2015,1:191-196.

第 5 章　全藏字的插入排序

5.1　问题描述

插入排序是计算机排序的一种基本算法。本章把插入排序应用到现代藏字的排序中，编写程序对 18 785 个现代藏字全集进行排序，并对其排序效率进行分析。

5.2　问题分析

5.2.1　理论依据

1. 插入排序

插入排序的思想是将数据分为"已排序"和"待排序"两个部分，每次从"待排序"中取一个数据放到"已排序"中的正确位置，直到"待排序"中没有数据为止。

插入排序使用了增量方法：在排序子数组 A[1…j-1]中，将单个元素 A[j]插入子数组的适合位置，产生排好序的子数组 A[1…j]。程序在运行过程中将排好序的子数组从 A[1]逐步增加到 A[1…n]，而待排序的子数组从 A[2…n]逐步减少到 0。

2. 程序中的有关语法

程序运行时间的计算：System.currentTimeMillis()是 Java 中的一个方法，用于获取当前系统时间的毫秒数（从 1970 年 1 月 1 日 00:00:00GMT 开始的毫秒数），通常用于计算时间间隔或者记录时间戳。该方法返回一个 long 类型的值，表示当前时间与标准基准时间间隔的毫秒数。具体实现会依赖于底层操作系统的时间计时方式，通常使用系统时钟来计算时间。

5.2.2　算法思想

按照以上的理论依据，确定算法的思想如下：

（1）藏文音节排序通过构件分解比较实现，首先将输入文本逐行读取并存入字符串数组 strings，随后对数组中的每个音节按前加字→上加字→基字→下加字→元音→后加字→再后加字的构件顺序进行逐位比对。比较之前需要识别出藏字的每个构件并用一个 LinkedHashMap 进行保存。

（2）用插入排序的思想对数组中的数据进行排序。

根据插入排序的思想，从数组的第 2 个元素开始，将数组中的每一个元素按照大小插入已经排好序数组的合适位置，以达到排序的目的。初始化时，strings.length 个无序的记录存放在数组 strings 中，排序时需进行二重循环：每一次外循环完成一个记录的插入操作，内循环的功能则是确定当前记录的插入位置，其主要操作就是比较记录的关键字和移动记录。在算法中，将 temp 作为辅助单元，每次外循环开始时先把当前要插入的记录 strings[i]暂存其中，既作为记录关键字比较的一方，又标志了比较的边界，这样就可以避免每次比较时要判别是否已经比较完所有数组的数据，从而有效地控制内循环的结束。设置一个标志变量 j 用来比较 strings[j]和 temp 值，当 strings[j]大于 temp 时，将 strings[j]向后移动一位，直到找到满足 strings[j]小于等于 temp 或 j=0（temp 值为当前最小）时，内循环结束，将 temp 值放入该位置。

strings[j]和 temp 是藏文字符串，不能直接进行比较，因此内循环过程中比较 strings[j]和 temp 时遵循以下原则：

① 比较 strings[j]和 temp 的基字。若基字不相等，则比较结束，返回基字的比较结果，否则执行第②步。

② 比较上加字，即第 2 位。若上加字不相等，则比较结束，返回上加字的比较结果，否则执行第③步。

③ 比较前加字，即第 1 位。若前加字不相等，则比较结束，返回前加字的比较结果，否则执行第④步。

④ 比较下加字，即第 4 位。若下加字不相等，则比较结束，返回下加字的比较结果，否则执行第⑤步。

⑤ 比较再下加字，即第 5 位。若再下加字不相等，则比较结束，返回再下加字的比较结果，否则执行第⑥步。

⑥ 比较元音，即第 6 位。若元音不相等，则比较结束，返回元音的比较结果，否则执行第⑦步。

⑦ 比较后加字，即第 7 位。若后加字不相等，则比较结束，返回后加字的比较结果，否则执行第⑧步；

⑧ 比较再后加字，即第 8 位。返回再后加字的比较结果，比较结束。

（3）输出排序结果。

5.3 算法设计

5.3.1 存储空间

存储空间主要用来存放音节及构件，因此定义的存储空间如下：
String[] strings = new String[18785];//存储 18 785 个音节

5.3.2 流程图

（1）藏字的比较流程如图 5-1 所示。

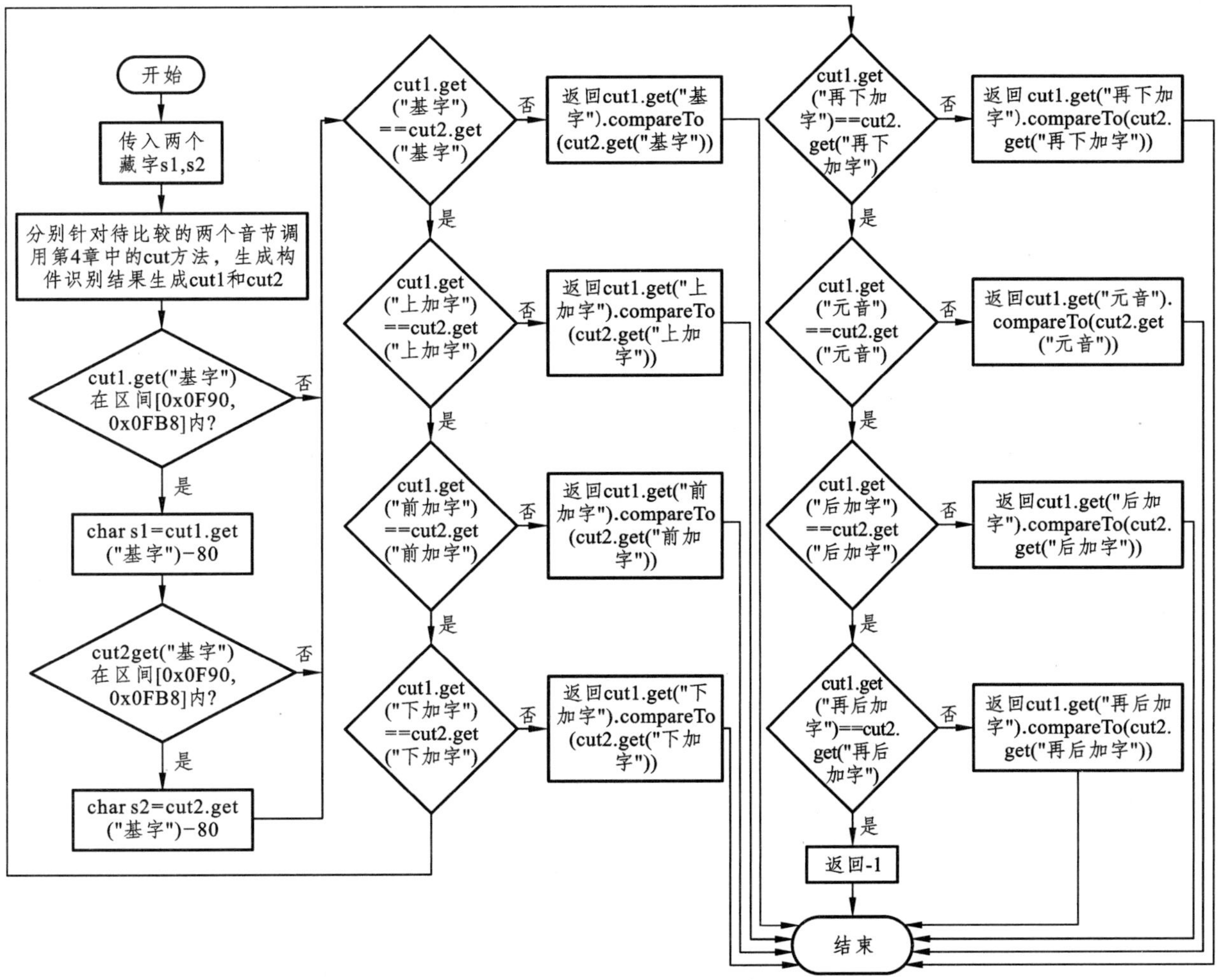

图 5-1 比较音节大小流程图

（2）插入排序流程如图 5-2 所示。

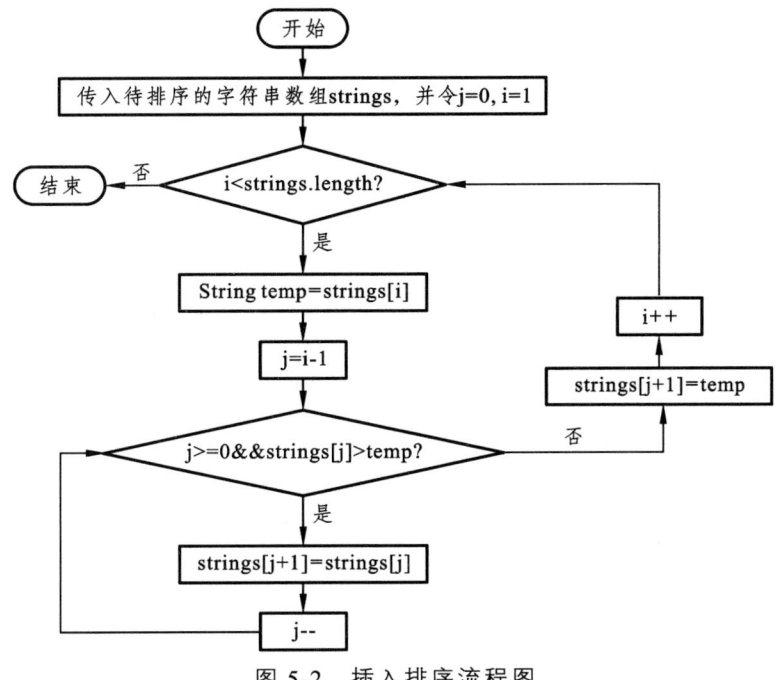

图 5-2 插入排序流程图

（3）主方法流程如图 5-3 所示。

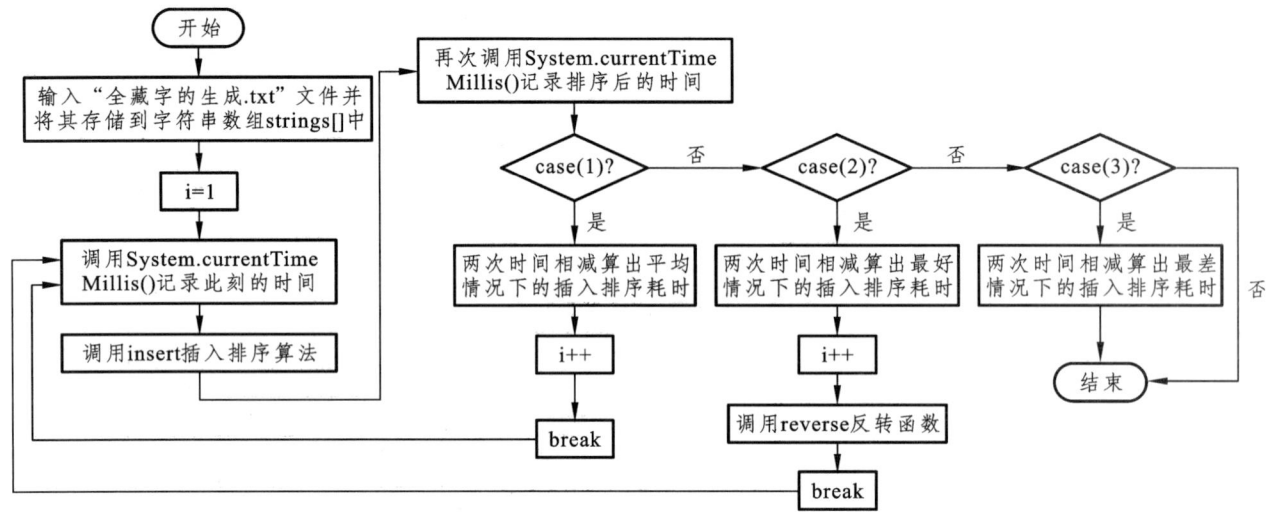

图 5-3　主方法流程图

5.3.3　伪代码

（1）插入排序算法的伪代码：

function insert(strings):
1　　　for i from 2 to length(strings):
2　　　　　temp = strings[i]
3　　　　　j = i - 1
4　　　　　while j > 0 and strings[j] >temp:
5　　　　　　　strings[j + 1] = strings[j]
6　　　　　　　j = j - 1
7　　　　　strings[j + 1] = temp

（2）比较 2 个藏文字符的伪代码

方法 1：boolean daYu(string s1,string s2)
1　　if(s1[2]==s2[2])   //比较基字
2　　　if(s1[1]==s2[1])   //基字相同的情况下，比较上加字
3　　　　if(s1[0]==s2[0])   //上加字相同的情况下，比较前加字
4　　　　　if(s1[3]==s2[3])   //前加字相同的情况下，比较下加字
5　　　　　　if(s1[4]==s2[4])   //下加字相同的情况下，比较再下加字
6　　　　　　　if(s1[5]==s2[5]) //再下加字相同的情况下，比较元音
7　　　　　　　　if(s1[6]==s2[6]) //元音相同的情况下，比较后加字
8　　　　　　　　　return(s1[7]>s2[7]); //后加字相同，比较再后加字
9　　　　　　　　else return(s1[6]>s2[6]);
10　　　　　　　else return(s1[5]>s2[5]);
11　　　　　　else return(s1[4]>s2[4]);
12　　　　　else return(s1[3]>s2[3]);

13   else return(s1[0]>s2[0]);
14   else return(s1[1]>s2[1]);
15   else return(s1[2]>s2[2]);

方法 2：
function daYu(string s1, string s2):
1   for i from 1 to min(length(s1), length(s2)): //依次比较字符串的每个构件
2   if s1[i] > s2[i]:
3   return true
4   else if s1[i] < s2[i]:
5   return false
6   if length(s1) > length(s2):   //如果构件相同，那么长度长的大
7   return true
8   else:
9   return false

5.4　程序实现

5.4.1　代　码

新建一个空白的 Java 程序，由于需要挨个比较藏字的每个构件，这里引入了第 4 章的 cut 方法将每个藏字按构件进行识别，从而方便后续的比较。具体代码如下：

```
package cn.edu.utibet;

import java.io.*;
import java.util.*;
import static cn.edu.utibet.chapter4.chapter4.cut;

//全藏字的插入排序
public class chapter5 {
    public static void main(String[] args) {

        //读入 18785 个全藏字
        try {
            BufferedReader br = new BufferedReader(new FileReader("D:\\javaResult\\chap3\\全藏字的生成.txt"));
            String[] strings = new String[18785];
            String line = "";
            int i = 0;
            while ((line = br.readLine()) != null) {
                strings[i] = line;
```

```java
                i++;
            }

            //计时
            long currentTimeMillis = System.currentTimeMillis();
            //排序
            insert(strings);
            long nowTime = System.currentTimeMillis();
            System.out.println("该排序算法一共耗时：" + (nowTime - currentTimeMillis) + "毫秒");

            //将排序后的结果写进 txt 文件
            BufferedWriter bufferedWriter = new BufferedWriter(new FileWriter(new File("D:\\javaResult\\chap5\\全藏字插入排序结果.txt")));
            for(String s:strings){
                bufferedWriter.write(s);
                bufferedWriter.newLine();
            }
            bufferedWriter.flush();
            bufferedWriter.close();

            //求最优情况下的耗时时间
            long currentTimeMillis1 = System.currentTimeMillis();
            insert(strings);
            long nowTime1 = System.currentTimeMillis();
            System.out.println("最优情况下的耗时时间为："+(nowTime1-currentTimeMillis1)+ "毫秒");

            //最差情况下的耗时时间
            reverse(strings);
            long currentTimeMillis2 = System.currentTimeMillis();
            insert(strings);
            long nowTime2 = System.currentTimeMillis();
            System.out.println("最坏情况下的耗时时间为:"+(nowTime2-currentTimeMillis2)+"毫秒");

        }catch (FileNotFoundException e) {
            e.printStackTrace();
        }catch (IOException e) {
            e.printStackTrace();
        }
    }

    //两个藏字比较
    public static boolean daYu(String s1, String s2) {
```

```java
LinkedHashMap<String, String> cut1 = cut(s1);
LinkedHashMap<String, String> cut2 = cut(s2);
int biJiZi = biJiZi(cut1, cut2);
if (biJiZi > 0) {
    return true;
}else if (biJiZi < 0) {
    return false;
}else {
    int shangJiaZi = shangJiaZi(cut1, cut2);
    if (shangJiaZi > 0) {
        return true;
    }else if (shangJiaZi < 0) {
        return false;
    }else {
        int qianJiaZi = qianJiaZi(cut1, cut2);
        if (qianJiaZi > 0) {
            return true;
        }else if (qianJiaZi < 0) {
            return false;
        }else {
            int xiaJiaZi = xiaJiaZi(cut1, cut2);
            if (xiaJiaZi > 0) {
                return true;
            }else if (xiaJiaZi < 0) {
                return false;
            }else {
                int zaiXiaJiaZi = zaiXiaJiaZi(cut1, cut2);
                if (zaiXiaJiaZi > 0) {
                    return true;
                }else if (zaiXiaJiaZi < 0) {
                    return false;
                }else {
                    int yuanYin = yuanYin(cut1, cut2);
                    if (yuanYin > 0) {
                        return true;
                    }else if (yuanYin < 0) {
                        return false;
                    }else {
                        int houJiaZi = houJiaZi(cut1, cut2);
                        if (houJiaZi > 0) {
                            return true;
                        }else if (houJiaZi < 0) {
```

```
                                    return false;
                                }else {
                                    int zaiHouJiaZi = zaiHouJiaZi(cut1, cut2);
                                    if (zaiHouJiaZi > 0) {
                                        return true;
                                    }else if (zaiHouJiaZi < 0) {
                                        return false;
                                    }else {
                                        return false;
                                    }
                                }
                            }
                        }
                    }
                }
            }
        }
    }
}

//第一层  基字
public static int biJiZi(LinkedHashMap<String, String> cut1, LinkedHashMap<String, String> cut2) {
    char s1 = cut1.get("基字").charAt(0);
    char s2 = cut2.get("基字").charAt(0);
    if(s1>=0x0F90&&s1<=0x0FBC){
        s1 = (char)(s1 - 80);
    }
    if(s2>=0x0F90&&s2<=0x0FB8){
        s2 = (char)(s2 - 80);
    }
    return String.valueOf(s1).compareTo(String.valueOf(s2));
}

//第二层  上加字
public static int shangJiaZi(LinkedHashMap<String, String> cut1, LinkedHashMap<String, String> cut2) {
    if (cut1.get("上加字") == null && (cut2.get("上加字")) != null) {
        return -1;
    } else if (cut1.get("上加字") != null && (cut2.get("上加字")) == null) {
        return 1;
    }else if (cut1.get("上加字") == null && (cut2.get("上加字")) == null) {
        //如果这两个字都没有上加字，比较下一层
        return 0;
```

```java
            } else {
                return cut1.get("上加字").compareTo(cut2.get("上加字"));
            }
        }

        //第三层  前加字
        public static int qianJiaZi(LinkedHashMap<String, String> cut1, LinkedHashMap<String, String> cut2) {
            if (cut1.get("前加字") == null && (cut2.get("前加字")) != null) {
                return -1;
            }else if (cut1.get("前加字") != null && (cut2.get("前加字")) == null) {
                return 1;
            }else if (cut1.get("前加字") == null && (cut2.get("前加字")) == null) {
                //如果这两个字都没有前加字，则比较下一层
                return 0;
            }else {
                return cut1.get("前加字").compareTo(cut2.get("前加字"));
            }
        }

        //第四层  下加字
        public static int xiaJiaZi(LinkedHashMap<String, String> cut1, LinkedHashMap<String, String> cut2) {
            if (cut1.get("下加字") == null && (cut2.get("下加字")) != null) {
                return -1;
            }else if (cut1.get("下加字") != null && (cut2.get("下加字")) == null) {
                return 1;
            }else if (cut1.get("下加字") == null && (cut2.get("下加字")) == null) {
                //如果这两个字都没有下加字，则比较下一层
                return 0;
            }else {
                return cut1.get("下加字").compareTo(cut2.get("下加字"));
            }
        }

        //第五层  再下加字
         public static int zaiXiaJiaZi(LinkedHashMap<String, String> cut1, LinkedHashMap<String, String> cut2) {
            if (cut1.get("再下加字") == null && (cut2.get("再下加字")) != null) {
                return -1;
            }else if (cut1.get("再下加字") != null && (cut2.get("再下加字")) == null) {
                return 1;
```

```java
        }else if (cut1.get("再下加字") == null && (cut2.get("再下加字")) == null) {
            //如果这两个字都没有再下加字,则比较下一层
            return 0;
        }else {
            return cut1.get("再下加字").compareTo(cut2.get("再下加字"));
        }
    }

    //第六层  元音
    public static int yuanYin(LinkedHashMap<String, String> cut1, LinkedHashMap<String, String> cut2) {
        if (cut1.get("元音") == null && (cut2.get("元音")) != null) {
            return -1;
        }else if (cut1.get("元音") != null && (cut2.get("元音")) == null) {
            return 1;
        }else if (cut1.get("元音") == null && (cut2.get("元音")) == null) {
            //如果这两个字都没有元音,则比较下一层
            return 0;
        }else {
            return cut1.get("元音").compareTo(cut2.get("元音"));
        }
    }

    //第七层  后加字
    public static int houJiaZi(LinkedHashMap<String,String>cut1,LinkedHashMap<String, String> cut2) {
        if (cut1.get("后加字") == null && (cut2.get("后加字")) != null) {
            return -1;
        }else if (cut1.get("后加字") != null && (cut2.get("后加字")) == null) {
            return 1;
        }else if (cut1.get("后加字") == null && (cut2.get("后加字")) == null) {
            //如果这两个字都没有后加字,则比较下一层
            return 0;
        }else {
            return cut1.get("后加字").compareTo(cut2.get("后加字"));
        }
    }

    //第八层  再后加字
    public static int zaiHouJiaZi(LinkedHashMap<String, String> cut1, LinkedHashMap<String, String> cut2) {
        if (cut1.get("再后加字") == null && (cut2.get("再后加字")) != null) {
```

```
            return -1;
        }else if (cut1.get("再后加字") != null && (cut2.get("再后加字")) == null) {
            return 1;
        }else if (cut1.get("再后加字") == null && (cut2.get("再后加字")) == null) {
            //如果这两个字都没有再后加字,则比较下一层
            return 0;
        }else {
            return cut1.get("再后加字").compareTo(cut2.get("再后加字"));
        }
    }

    public static void insert(String[] strings) {
        int j = 0;
        //循环的轮数 i=1,没有必要和自己比
        for (int i = 1; i < strings.length; i++) {
            //拿出需要排序的元素
            String temp = strings[i];
            //j--是为了向前扫描
            for (j = i - 1; j >= 0 && daYu(strings[j], temp); j--) {
                //满足循环时,每比较一次就把该元素向后移动一位
                strings[j + 1] = strings[j];
            }
            //j+1 是因为,最后一次循环后(j--)多减了一次
            strings[j + 1] = temp;
        }
    }

    public static void reverse(String[] strings) {
        String temp = "";
        for (int i = 0; i < strings.length / 2; i++) {
            temp = strings[i];
            strings[i] = strings[strings.length - i - 1];
            strings[strings.length - i - 1] = temp;
        }
    }
}
```

5.4.2 代码使用说明

运行时,请按照自己的计算机地址修改写入文件的地址:

BufferedReader br = new BufferedReader(new FileReader("D:\\javaResult\\chap3\\全藏字的生成.txt")); //输入读文件的路径

```
BufferedWriter bufferedWriter = new BufferedWriter(new FileWriter(new File("D:\\javaResult
\\chap5\\全藏字插入排序结果.txt ")));    //输出文件的路径
```

5.5 运行结果

按照以上程序，将 18 785 个现代藏字按照字典序进行排序，结果如图 5-4 所示。

图 5-4　运行结果

5.6 算法分析

5.6.1 时间复杂度分析

按照插入排序的思想，排序过程中主要是比较与移动两种操作，算法的时间复杂度就是比较和移动两个操作的时间决定的。

1. 最佳情况

待排序的数据本身就是有序的，是升序，只有比较操作而没有移动操作。比较的次数是 $n-1$ 次，时间的复杂度理论上就是 $O(n-1)$，排序的数据有 18 785 个，则理论上比较的次数是 18 784 次，即最佳的时间复杂度为 $O(n)$。

由程序返回的运行时间可知，一个 CUP 是 2.6 GHz 的计算机用了 15 ms。

2. 最坏的情况

待排序的数据本身是逆序，则：

比较的次数是 $1+2+3+\cdots+(n-1)=\dfrac{n}{2}(n-1)$

移动的次数是 $1+2+3+\cdots+(n-1)=\dfrac{n}{2}(n-1)$

总的插入排序的时间复杂度：$2 \times \dfrac{n}{2}(n-1) = n(n-1) = O(n^2)$

测试到一个 CUP 为 2.6 GHz 的计算机用了 112 056 ms。

3．平均情况

假如待排序的数据是第 j 个元素，平均来说 $A[1\cdots j\text{-}1]$ 中一半的元素小于 $A[j]$，一半的元素大于 $A[j]$，则比较的次数就是 $\dfrac{j-1}{2}+1$ 次，移动的次数就是 $\dfrac{j-1}{2}$ 次，处理第 j 个元素的时间复杂度就是 $\dfrac{j-1}{2}+1+\dfrac{j-1}{2}=j$。

处理 n 个元素就要用 $1+2+3+\cdots+n=\dfrac{n}{2}(n+1)=O(n^2)$

测试到一个 CUP 为 2.6GHz 的计算机用了 55 250 ms。

在本实验的插入排序中，由于藏文音节不能直接比较出大小，需要调用第 4 章的 cut 方法进行构件识别才能依次进行比较。因为 cut 方法的时间复杂度是 $O(1)$ 这个级别的，所以在本代码中插入排序的时间复杂度仍然为 $O(n^2)$。

5.6.2　空间复杂度分析

该算法的空间复杂度来源于代码中定义的局部变量，在 insert 方法中，只定义了一个变量 i 以及变量 j，它们的定义次数与问题规模无关，因此空间复杂度为 $O(1)$，即原地排序。

5.6.3　稳定性分析

在使用插入排序时，元素从无序部分移动到有序部分时，必须是不相等（大于或小于）时才会移动，相等时不处理，所以直接插入排序是稳定的。

第 6 章 全藏字的归并排序

6.1 问题描述

本章将归并排序的思想应用到现代藏字的排序中，编写程序对 18 785 个现代藏字进行排序，并对其排序效率进行分析。

6.2 问题分析

6.2.1 理论依据

归并排序是建立在归并操作上的一种有效的排序算法，该算法是分治法一个非常典型的应用。分治法的思想是[①]：将原问题分解为几个规模较小但类似于原问题的子问题，递归地求解这些子问题，然后再合并这些子问题的解来建立原问题的解。

分治模式在每层递归时都有 3 个步骤：

分解：把原问题划分为若干规模较小的子问题，这些子问题是原问题的规模较小的实例（决定了问题可以递归地解决）；

解决：递归地解决这些子问题，若子问题的规模足够小，则直接求解（递归结束的条件）；

合并：子问题的解合并得到原问题的解。

6.2.2 算法思想

按照分治法的理论设计的算法思想如下：

（1）首先从文本中读取全藏字集，将读取的音节存入字符串数组中。

（2）按照归并排序的方法对字符串数组中的数据进行排序。

归并排序是利用递归和分而治之的方法将数据序列划分为原规模的 n/2 的子表，再递归地对子表进行归并，对应分治法的 3 个步骤：

① 分解：每次按照 mid=(left+right)/2 取数组的中间位置，起始时 left=0,right= strings.length -1。

② 解决：分别对数组 strings[left…mid]和 strings[mid+1…right]进行归并排序 mergeSort(strings, left,right)。

③ 合并：将已排序的 A[left…mid]和 A[mid+1…right]合并成最终的有序组 merge(strings, left,mid,right)。

首先调用 mergeSort(strings,left,right)将待排序的数组划分为两个数组，然后递归调用 mergeSort(strings,left,right)将两个子数组划分为更小的数组，直到数组只有一个元素，最后将两个数组进行比较放到临时数组，用于存储排序结果。合并操作的过程如下：

① 新建一个临时数组，用于存储排序结果。

[①] Cormen T H, et al. 算法导论[M]. 殷建平, 等, 译.3 版. 北京：机械工业出版社，2015.

② 创建变量 i,j,k，其中 i 指向左侧子区间的第一个元素，j 指向右侧子区间的第一个元素，k 指向临时数组的第一个位置。

③ 当左右两个子区间都还有元素时进行比较，在进行藏文音节的比较时，需要调用第 5 章的 daYu 方法将其拆分为构件，依次进行比较。如果右侧子区间的元素小于左侧子区间的元素，则将左侧子区间的元素放入临时数组中，并将指针 i 和 k 分别向后移动一位，否则将右侧子区间的元素放入临时数组中，并将指针 j 和 k 分别向后移动一位。

④ 如果左侧子区间还有元素未被放入临时数组中，则将剩余的元素全部放入临时数组中，并将指针 i 和 k 分别向后移动一位，如果右侧子区间还有元素未被放入临时数组中，则将剩余的元素全部放入临时数组中，并将指针 j 和 k 分别向后移动一位。

⑤ 将临时数组中的元素复制回原数组：通过先递归的分解待排序数组，再合并排序后的数组就完成了归并排序的过程，从而实现归并排序。

（3）输出排序结果。

6.3 算法设计

6.3.1 存储空间

（1）存储空间主要用来存放音节，字符串数组定义如下：

```
String[] strings = new String[18785];
```

（2）临时空间：递归调用过程中，使用了一个长度为 right-left+1 的临时数组 temp，用于存储排序结果。具体定义如下：

```
String[] temp = new String[right - left + 1];
```

6.3.2 流程图

（1）归并排序流程图如图 6-1 所示。

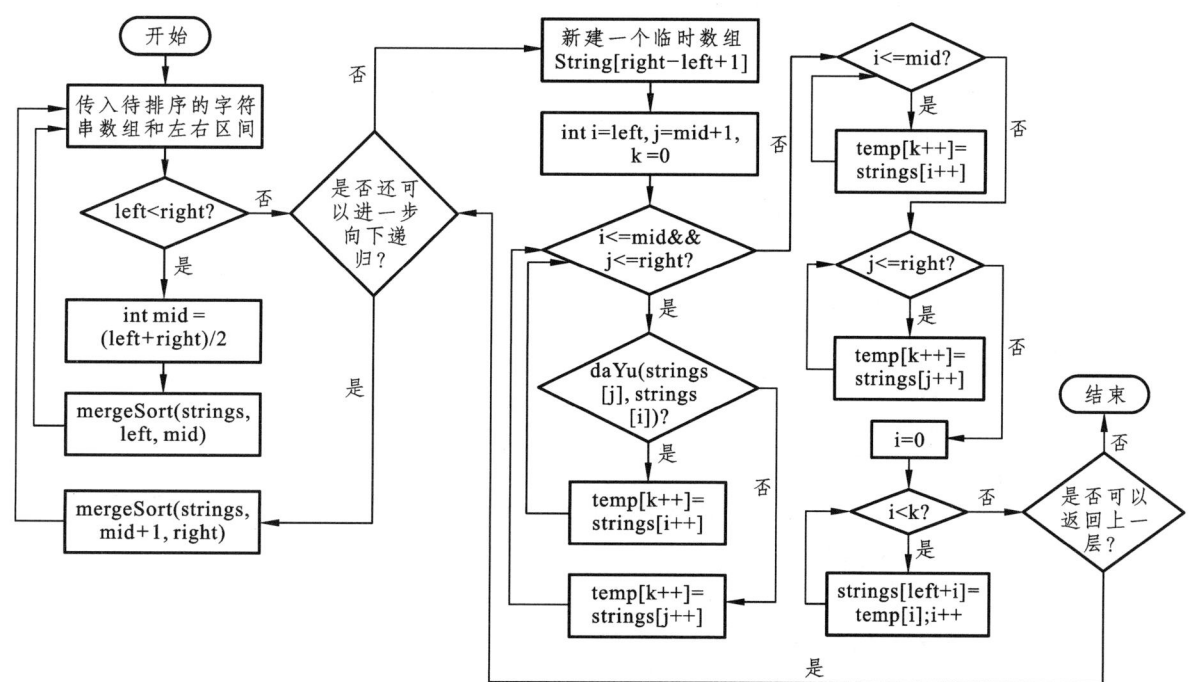

图 6-1 归并排序流程图

（2）比较音节大小的流程图参照图 5-1。
（3）主方法流程如图 6-2 所示。

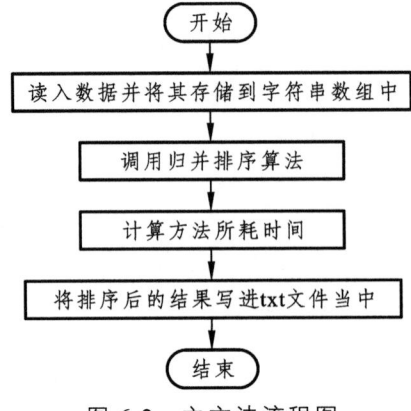

图 6-2　主方法流程图

6.3.3　伪代码

（1）归并排序算法的伪代码：

Fuction mergeSort(strings, left, right):
1　　if left < right:
2　　　　mid = (left + right) / 2
3　　　　mergeSort(strings, left, mid)
4　　　　mergeSort(strings, mid + 1, right)
5　　　　temp = new String[right - left + 1]
6　　　　i = left, j = mid + 1, k = 0
7　　　　while i <= mid and j <= right:
8　　　　　　if daYu(strings[j], strings[i]):
9　　　　　　　　temp[k++] = strings[i++]
10　　　　　　else:
11　　　　　　　　temp[k++] = strings[j++]
12　　　　while i <= mid:
13　　　　　　temp[k++] = strings[i++]
14　　　　while j <= right:
15　　　　　　temp[k++] = strings[j++]
16　　　　for i = 0 to k:
17　　　　　　strings[left + i] = temp[i]

（2）主方法的伪代码：

Fuction main():
1　　br = new BufferedReader(new FileReader("D:\\javaResult\\chap3\\全藏字的生成.txt "))
2　　strings = new String[18785]
3　　i = 0
4　　while (line = br.readLine()) != null:
5　　　　strings[i] = line

```
6        i++
7    mergeSort(strings, 0, strings.length - 1)
8    bufferedWriter = new BufferedWriter(new FileWriter(new File("D:\\javaResult\\chap6\\全藏字
归并排序结果.txt ")))
9    for s in strings:
10       bufferedWriter.write(s)
```

6.4 程序实现

6.4.1 代　码

新建一个空的 Java 文件，添加如下代码：

```
package cn.edu.utibet;

import java.io.*;
import static cn.edu.utibet.chapter5.daYu;

public class chapter6 {
    public static void main(String[] args) {
        try {
            BufferedReader br=new BufferedReader(new FileReader("D:\\javaResult\\chap3\\全藏字的生成.txt"));
            String[] strings = new String[18785];
            String line = "";
            int i = 0;
            while ((line = br.readLine()) != null) {
                strings[i] = line;
                i++;
            }
            //计时
            long currentTimeMillis = System.currentTimeMillis();
            //排序
            mergeSort(strings,0,strings.length-1);
            long nowTime = System.currentTimeMillis();
            System.out.println("该排序算法一共耗时：" + (nowTime - currentTimeMillis) + "毫秒");
            //排序后对排序结果进行展示
            System.out.println("排序后的数组：");
            printString(strings);
            BufferedWriter bufferedWriter = new BufferedWriter(new FileWriter(new File("D:\\javaResult\\chap6\\全藏字归并排序结果.txt ")));
            for(String s:strings){
```

```java
                bufferedWriter.write(s);
                bufferedWriter.newLine();
            }
            bufferedWriter.flush();
            bufferedWriter.close();
        }catch (FileNotFoundException e) {
            e.printStackTrace();
        }catch (IOException e) {
            e.printStackTrace();
        }
    }

    public static void mergeSort(String[] strings, int left, int right) {
        if (left < right) {
            // 当前区间长度大于 1 时继续划分
            int mid = (left + right) / 2;
            mergeSort(strings, left, mid);
            mergeSort(strings, mid + 1, right);
            // 将当前区间划分为两个子区间且分别对左右子区间进行归并排序
            String[] temp = new String[right - left + 1];    // 新建一个临时数组，用于存储排序结果

            int i = left, j = mid + 1, k = 0;
            while (i <= mid && j <= right) {
                // 当左右两个子区间都还有元素时进行比较
                if (daYu(strings[j],strings[i]) ) {
                    temp[k++] = strings[i++];
                }else {
                    temp[k++] = strings[j++];
                }
            }
            // 如果右侧子区间的元素大于左侧子区间的元素，将左侧子区间的元素放入临时数组中，并将
    指针 i 和 k 分别向后移动一位，否则将右侧子区间的元素放入临时数组中，并将指针 j 和 k 分别向
    后移动一位
            while (i <= mid) {
                temp[k++] = strings[i++];
            }
            while (j <= right) {
                temp[k++] = strings[j++];
            }
            // 如果左侧子区间还有元素未被放入临时数组中，则将剩余的元素全部放入临时数组中，并将
    指针 i 和 k 分别向后移动一位，如果右侧子区间还有元素未被放入临时数组中则将剩余的元素全部
    放入临时数组中，并将指针 j 和 k 分别向后移动一位
```

```java
            for (i = 0; i < k; i++) {
                // 将临时数组中的元素复制回原数组
                strings[left + i] = temp[i];
            }
        }
    }

    // 打印数组
    public static void printString(String strings[]) {
        for (int i = 0; i < strings.length; i++) {
            if (i % 25 == 0 && i != 0) {
                System.out.println(strings[i]);
            } else {
                System.out.print(strings[i] + "\t");
            }
        }
        System.out.println();
    }
}
```

说明：daYu()方法代码同第5章"全藏字的插入排序"中 daYu()的代码。

6.4.2 代码使用说明

（1）程序运行时，控制台显示算法耗时以及将排序后的结果打印在控制台，如图 6-3 所示。

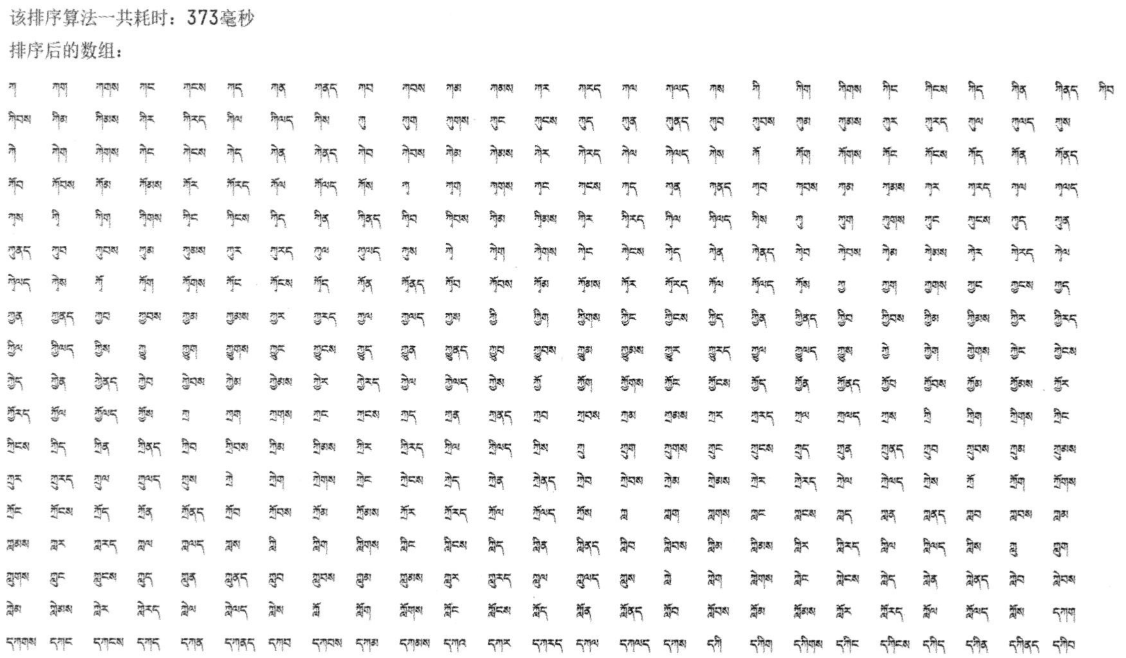

图 6-3 运行结果截图

（2）运行时，请按照自己的计算机地址修改写入文件的地址：

BufferedReader br = new BufferedReader(new FileReader("D:\\javaResult\\chap3\\全藏字的生成.txt"));
//读入文件的路径
BufferedWriter bufferedWriter = new BufferedWriter(new FileWriter(new File("D:\\javaResult\\chap6 \\全藏字归并排序结果.txt ")));   //输出文件的路径

6.5　运行结果

以上程序将 18 785 个现代藏字按字典序排序的结果如图 6-4 所示。

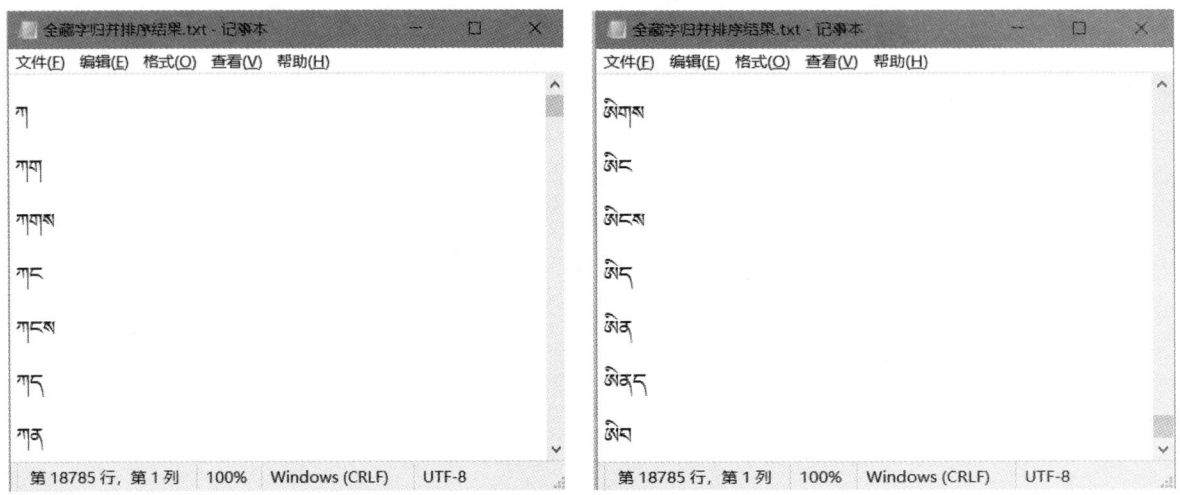

图 6-4　运行结果

6.6　算法分析

6.6.1　时间复杂度分析

该算法采用了分治法来解决，分治法的时间复杂度为

$$T(n)=\begin{cases}\theta(1) & 若 n\leqslant c \\ aT\left(\dfrac{n}{b}\right)+D(n)+C(n) & 其他\end{cases}$$

在归并算法中，三个过程的时间如下：
分解：通过 $\mathrm{mid}=(\mathrm{left}+\mathrm{right})/2$ 计算数组的中间位置，时间是 $D(n)=\theta(1)$。
解决：递归地解决 $n/2$ 规模的子问题，时间是 $2T(n/2)$。
合并：合并 n 个元素，时间是 $C(n)=\theta(n)$。
当算法中含有对其自身的递归调用时，其运行时间可以用递归方程来表示。合并排序算法的时间复杂度为

$$T(n)=\begin{cases}\theta(1) & 如果\ n=1 \\ 2T(n/2)+\theta(n) & 如果\ n>1\end{cases}$$

用递归数来解，递归树的高度为

$$\lg n + 1$$

每层代价为 cn，总代价为

$$\mathrm{cn}\log_2^n + 1 = \mathrm{cn}\log_2^n + \mathrm{cn} = \theta\left(n\log_2^n\right)$$

在本代码中，待排序数组的长度为 18 785，由于藏文音节不能直接比较出大小，需要调用第 4 章的 cut 方法进行拆分，然后依次进行比较，而 cut 方法的时间复杂度为 $O(1)$，因此在本代码中归并排序的时间复杂度仍然为 $O\left(n\log_2^n\right)$ 级别。

6.6.2 空间复杂度分析

（1）存储空间：算法中使用的藏字全集音节数量为 18 785。因此，需要的存储空间大约为 18 785(String)，即 $O(n)$。

（2）临时空间：递归调用过程中，使用了一个长度为 right-left+1 的临时数组 temp，用于存储排序结果。而问题规模为 n 的算法递归次数为 $\log_2^n$，因此该代码的空间复杂度为 $O\left(\log_2^n\right)$ 级别。

6.6.3 稳定性分析

归并排序是一种稳定的排序算法，因为在排序过程中，相同元素之间的顺序不会发生改变。而在本代码中，当两个元素的大小相等时，程序选择将前面的元素放在临时数组中，因此该代码实现的归并排序也是稳定的。

综上所述，基于全藏字的归并排序算法的时间复杂度为 $O\left(n\log_2^n\right)$，空间复杂度为 $O\left(\log_2^n\right)$，并且是一种稳定的排序算法。

第 7 章 全藏字的堆排序

7.1 问题描述

本章将堆排序的思想应用到现代藏字的排序中,编写程序对 18 785 个现代藏字进行排序,并分析其排序效率。

7.2 问题分析

7.2.1 理论依据

1. 堆

"堆"是一种数据结构[①],各个结点之间的逻辑关系类似于一棵完全二叉树,所以堆可以以数组的形式顺序存储在计算机中。表示堆的数组 A 包含两个属性:A.length 给出数组元素的总数;A.heap-size 表示存储在数组中的堆元素个数。二叉堆满足以下两个特性:

(1)父结点的键值总是大于或等于(小于或等于)任何一个子结点的键值。

二叉堆有两种:最大堆和最小堆。

最大堆的性质是指除了根结点以外的所有结点 i 都要满足 A[parent(i)]>=A[i],堆的最大元素存放在根结点中。

最小堆的性质是指除了根结点以外的所有结点 i 都要满足 A[parent(i)]<=A[i],堆的最小元素存放在根结点中。

(2)每个结点的左子树和右子树都是一个二叉堆(最大堆或最小堆)。

如果堆元素的下标从 1 开始,则很容易得到结点 i 的根结点和左右孩子的下标。

parent(i)=[i/2];

left(i)=2*i;

right(i)=2*i+1;

若堆元素的下标从 0 开始,则

parent(i)=[(i-1)/2];

left(i)=2*i+1;

right(i)=2*(i+1);

用数组来表示堆,i 结点的父结点下标就为(i-1)/2,左右子结点下标分别为(2*i+1)和(2*i+2)。

一个堆中结点的高度定义为该结点到叶结点最长简单路径边上的数目;堆的高度定义为根结点的高度。一个包含 n 个元素的堆可以看作一棵完全二叉树,那么堆的高度是 $\Theta(\log n)$。

[①] Cormen T H, et al.算法导论[M].殷建平,等,译.3 版.北京:机械工业出版社,2015.

1）维护堆的性质

MAX-HEAPIFY 是用于维护最大堆的性质。MAX-HEAPIFY 通过让 A[i]的值在最大堆中"逐级下降",从而使得下标 i 为根结点的子树重新遵循最大堆的性质。

该算法每一步都是从 A[i], RIGHT[i], LEFT[i]三者中选出最大值。如果 A[i]是最大值,则算法结束,否则,将 A[i]与最大值 A[j]（j= RIGHT[i] 或 j= LEFT[i]）交换,从而使 i 及其孩子满足最大堆的性质。然后针对 j 再次调用 MAX-HEAPIFY 直到叶子结点为止。

MAX-HEAPIFY(A,i)
1　l=LEFT(i)
2　r=RIGHT(i)
3　**if** l<=A.heap-size and A[l]>A[i]
4　　largest=l
5　**else** largest=i
6　**if** r<=A.heap-size and A[r]>A[largest]
7　　largest=r
8　**if** largest!=i
9　　exchange A[i]<->A[largest]
10　　MAX-HEAPIFY(A, largest)

MAX-HEAPIFY 复杂度是 $O(h) = O(\lg n)$。

2）建堆

建堆方法是 BUILD-MAX-HEAP,该算法把一个大小为 n 的数组转换为最大堆。建堆的过程:对直接顺序存储的堆元素从最后一个内部结点开始,也就是从下标为(size-2)/2 的结点开始,向前调用 MAX-HEAPIFY 依次调整堆元素使其满足堆的性质,从而完成最大堆的建立。

BUILD-MAX-HEAP(A)
1　A.heap-size=A.length
2　**for** i= A.length / 2 downto 1
3　　MAX-HEAPIFY（A,i）

在 BUILD-MAX-HEAP 中,需要调用 n 次 MAX-HEAPIFY 过程,所以算法的时间复杂度为 $O(n\lg n)$。这不是一个紧致的上界,因为 MAX-HEAPIFY 的时间跟高度 h 有关,h 的范围是$[0,\lg n]$,而且高度为 h 的元素个数最多为 $n/2^{h+1}$。所以,实际上 BUILD-MAX-HEAP 的时间复杂度为 $O(n)$。

3）堆排序

利用最大堆进行排序算法 HEAPSORT 的基本思想是:

首先利用 BUILD-MAX-HEAP 算法将一个包括 n 个元素数组转换为最大堆,此时该数组的最大元素就是 A[0],所以交换 A[0]和 A[n-1]。堆的长度减 1,将数组 A[0…n-2]看成新的堆,该堆中除了根结点之外,其他左右子树依然满足最大堆的性质,只是根结点因为发生了交换可能不满足最大堆性质,所以,对根结点调用 MAX-HEAPIFY 即可。重复以上这个过程直到堆的大小变为 1 为止。

HEAPSORT(A)
1　BUILD-MAX-HEAP(A)
2　**for** i=A.length down to 2
3　　exchange A[1] with A[i]
4　　A.heap-size=A.heap-size-1
5　　MAX-HEAPIFY(A,1)

该算法的时间复杂度为 $O(n\lg n)$。

2. 基于 Java Swing 的窗体开发

1）Swing 概述

Swing 是纯 Java 实现的，不依赖于本地平台的 GUI，因此可以在所有平台上都保持相同的界面外观。独立于本地平台的 Swing 组件被称为轻量级组件，而依赖本地平台的 AWT（抽象窗口工具集）组件被称为重量级组件。

Swing 的优势：

（1）Swing 组件是不再依赖本地平台的 GUI（图形用户界面），不需要采用各种平台的交集，因此 Swing 提供了大量的图形界面组件，远远超出 AWT 所提供的图形界面组件。

（2）Swing 组件在各种平台上运行都可以保证相同的图形界面外观。Swing 组件让 Java 图形界面程序真正实现了"一次写入，随时随地运行"。

2）Swing 基本组件的用法

表 7-1 列出了 Swing 常用基本组件，图 7-1 所示为 Swing 组件继承体系。

表 7-1　Swing 常用基本组件

组件	说明
JFrame	一个界面只有一个 JFrame 窗体组件，但可以有多个 JPanel
JPanel	面板组件，所有组件都可以放到面板中
Hspacer、Vspacer	控制组件间的水平间距、垂直间距
JscrollPane	滚动面板，可与 JTextPane 等组成可滚动的区域
JScrollBar	单向滚动条
JButton、JRadioButton、JCheckBox	按钮、单选按钮、多选按钮
JLabel	标签，显示固定文字
JTextField、JPasswordField、JFormattedTextField	单行文本编辑框
JTextArea	文本框
JTextPane、JEditPane	可以编辑和显示 html、rtf 和普通文本的富文本组件
JComboBox	可编辑下拉组件
JTable	表格
JList	列表
JTree	树结构，适合多级显示
JTabbedPane	选项卡面板
JSplitPane	分隔面板，用于两两分隔，多个分隔用它嵌套实现
JSpinner	单行输入框+上下选择器
JSlider	移动滑块，用来选值
JSeparator	分隔线
JProgressBar	进度条
JToolBar	可以在程序的主窗口之外浮动或是拖拽,里面可以添加各种组件
JTabbedPane	选项卡面板

注：部分组件需要在 JDK7 版本以上。

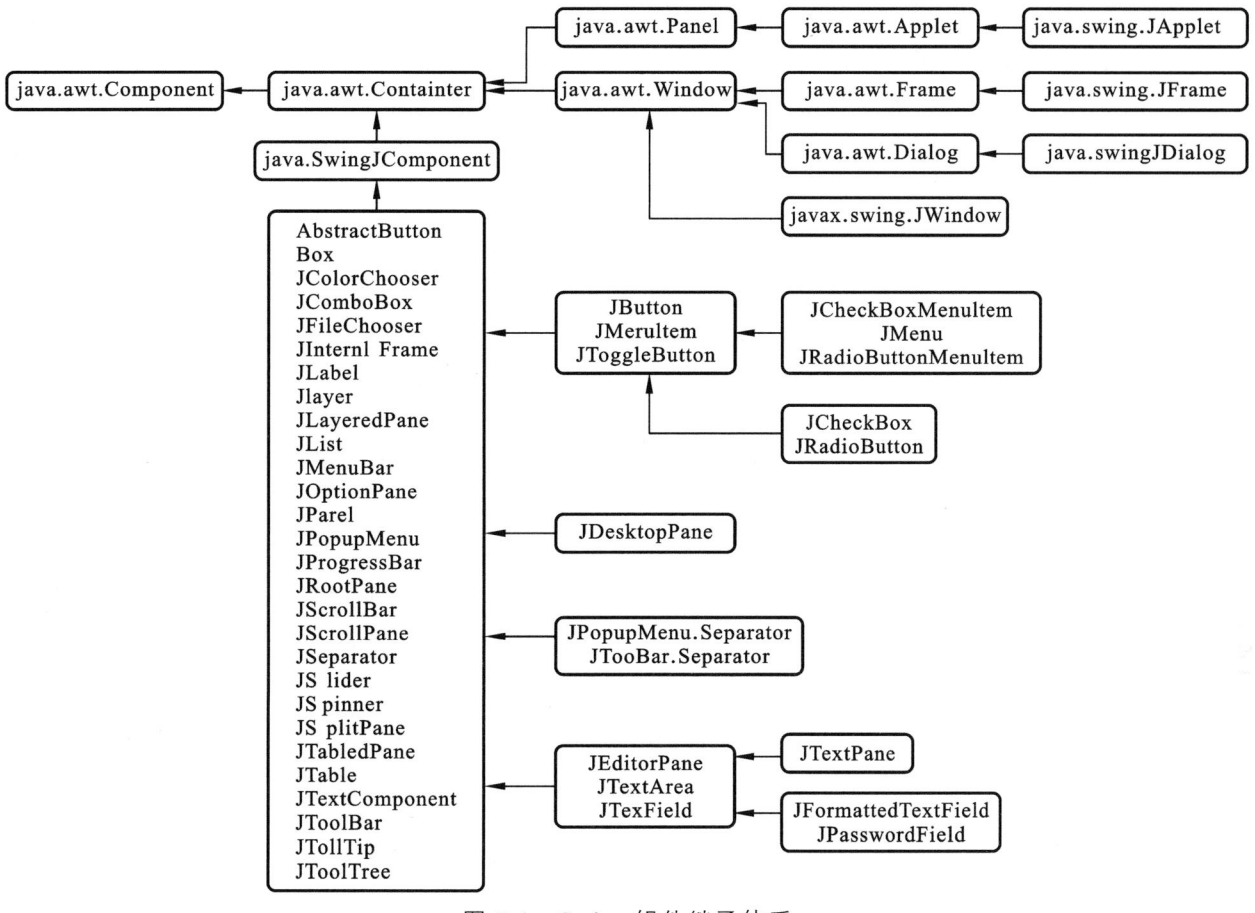

图 7-1 Swing 组件继承体系

3）布局管理器

布局管理器主要负责管理组件在容器中的排列方式。Java 为了实现跨平台的特性将容器中的所有组件交给布局管理器来管理，每个布局管理器对应一种布局策略。常用布局管理器分类如表 7-2 所示。

表 7-2 布局管理器

布局管理器名称	说明
BorderLayout	边界布局。它把容器内的空间划分为东、西、南、北、中五个区域
CardLayout	卡片布局。它把容器中的每个组件看作一张卡片，多个组件共享同一个显示空间，不过一个时刻只能显示一个组件
FlowLayout	流式布局。组件按从左到右，从上到下的顺序逐次排序
GridLayout	网格布局。它以矩形网格形式对容器的组件进行布局
GridBagLayout	网格包布局。这是最灵活、最复杂的布局管理器类。它不需要组件的尺寸一致，允许组件扩展到多行多列。每个 GridBagLayout 对象都维护了一组动态的矩形网格单元，每个组件占一个或多个单元
GroupLayout	分组布局。把多个组件按区域划分到不同的 Group，再根据各个 Group 相对于水平轴和垂直轴的排列方式来管理
SpringLayout	该布局管理器是通过定义组件边缘之间的距离来对组件在容器之中组件的布局进行管理而工作的

4）事件监听器接口

Java 中，事件处理者也称为监听器，监听器时刻监听着事件源上所发生的事件类型，一旦该事件类型与自己所负责处理的事件类型一致，就马上进行处理。事件处理者如果能够处理某种类型的事件，就必须实现与该事件类型相对应的接口，每个事件类都有一个与之对应的接口，部分监听接口如表 7-3 所示。

表 7-3 事件、监听器接口和事件处理方法

事件类	事件类型	监听接口	事件处理方法
ActionEvent	动作事件	ActionListener	void actionPerformed(ActionEvent e)
FocusEvent	焦点事件	FocusListener	void focusGained(FocusEvent e) void focusLost(FocusEvent e)
KeyEvent	键盘事件	KeyListener	void keyPressed(KeyEvent e) void keyReleased(KeyEvent e) void keyTyped(KeyEvent e)
MouseEvent	鼠标事件	MouseListener	void mouseClicked(MouseEvent e) void mousePressed(MouseEvent e) void mouseEntered(MouseEvent e) void mouseExited(MouseEvent e) void mouseReleased(MouseEvent e)
WindowEvent	窗体事件	WindowListener	void windowActivated(WindowEvent e) void windowDeactivated(WindowEvent e) void windowClosed(WindowEvent e) void windowClosing(WindowEvent e) void windowIconified(WindowEvent e) void windowDeiconified(WindowEvent e) void windowOpened(WindowEvent e)
ItemEvent	项目状态事件	ItemListener	itemStateChanged(ItemEvent e)

7.2.2 算法思想

在堆排序中，最关键的是对堆的构建和调整，这里使用了递归的方式来实现。构建最大堆时，从最后一个非叶子结点开始往前遍历，对每个结点进行堆调整；调整堆时，从当前结点开始，将其与左右子结点中的最大结点进行比较，若当前结点不是最大结点，则将其与最大结点交换，并对交换后的子堆进行递归调整。这样，每次取出堆顶元素后，只需对堆顶元素所在的子堆进行调整即可。

按照上述理论设计的算法思想如下：

（1）首先从文本中读取全藏字集，将读取的音节存入字符串数组 String[] strings 中。

（2）按照堆排序的思想对字符串数组中的数据进行排序。

① 将待排序的数组构建成一个最大堆，即满足所有结点的值都大于等于其子结点的值。

② 然后，依次将最大堆的堆顶元素（即数组的最大值）取出并放到数组的末尾。

③ 每次取出堆顶元素后，调用 max_Heapify 对剩余的堆进行调整，使其仍然满足最大堆的性质。

④ 重复以上步骤，直到将所有元素都取出并放到数组的末尾，此时数组即为有序的。

其中有以下几个关键方法：

① public void build_Max_Heap(int n)：将初始数组构建成最大堆的形式。

② public static void max_Heapify(String strings[], int n, int i)：排序过程中的一些交换操作会破坏最大堆的性质，需要调用 max_Heapify() 来维护，它是维护最大堆性质的关键。

③ public void heapSort(String strings[])：对数据进行排序。

（3）输出排序结果。

7.3 算法设计

7.3.1 存储空间

存储空间主要用来存放音节，字符串数组定义如下：

String[] strings = new String[18785];

7.3.2 流程图

build_Max_Heap 算法流程图如图 7-2 所示，heapSort 算法流程如图 7-3 所示，max_Heapify 算法流程如图 7-4 所示。

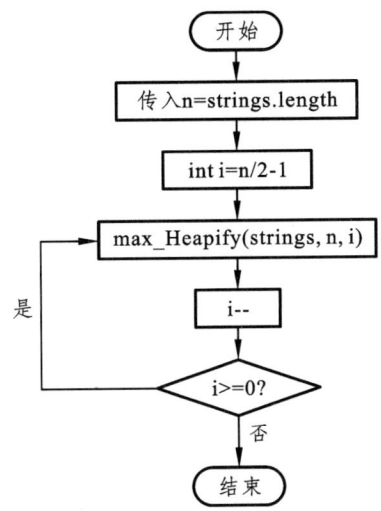

图 7-2 build_Max_Heap 算法流程图

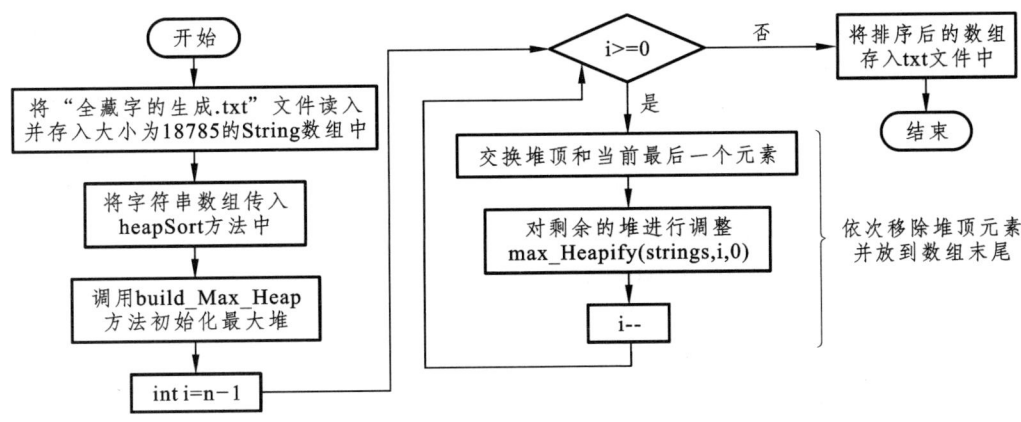

图 7-3 heapSort 算法流程图

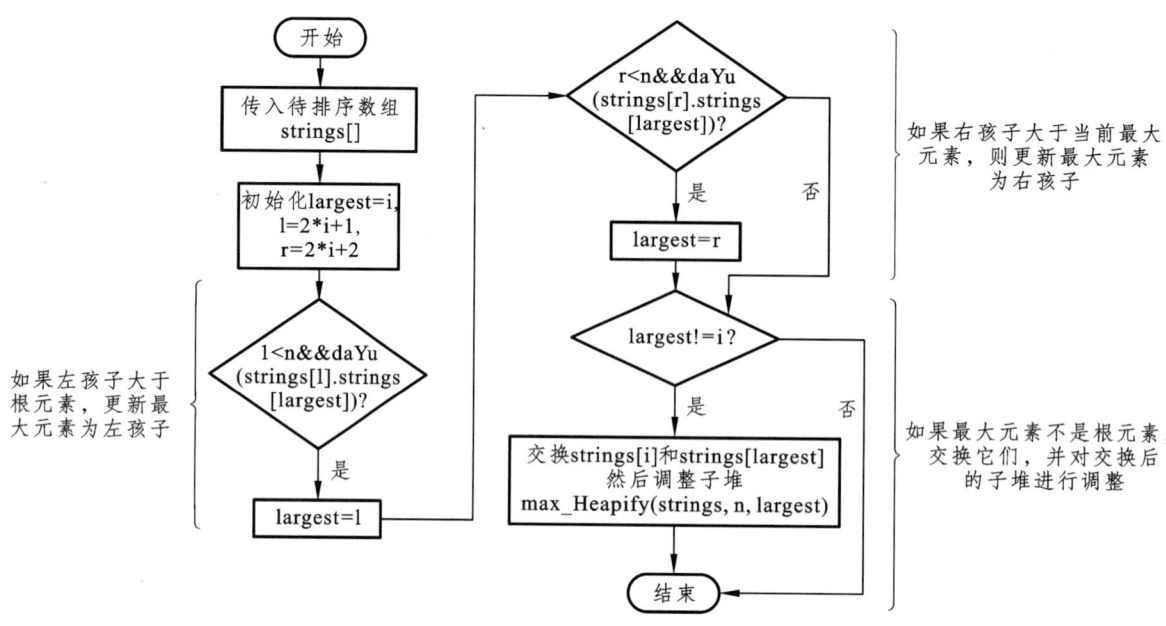

图 7-4 max_Heapify 算法流程图

7.3.3 伪代码

（1）构建最大堆的伪代码：
Function build_Max_Heap(n):
1   for i from n/2 - 1 down to 0:
2   max_Heapify(array, n, i)

（2）维护堆根性质算法的伪代码：
function max_Heapify(array, n, i):
1   largest = i
2   left = 2 * i + 1
3   right = 2 * i + 2
4
5   // 找到最大值
6   if left < n and array[left] > array[largest]:
7   largest = left
8   if right < n and array[right] > array[largest]:
9   largest = right
10
11   // 如果最大值不是当前结点，交换值并递归调整堆
12   if largest != i:
13   swap(array[i], array[largest])
14   max_Heapify(array, n, largest)

（3）堆排序的伪代码：
function heapSort(array):
1   n = array.length

```
2      // 构建最大堆
3      build_Max_Heap(n)
4      // 依次取出堆顶元素并调整堆
5      for i from n-1 down to 0:
6          // 将堆顶元素与当前最后一个元素交换
7          swap(array[0], array[i])
8          // 调整堆
9          max_Heapify(array, i, 0)
```

7.4 程序实现

7.4.1 代 码

本次实验添加了窗体部分用于交互,因此代码部分分为算法部分及窗体部分,两部分放在同一包下,方便进行导入。具体实现如下:

1. 算法部分实现

在包下新建一个名为"chapter7"的 Java 文件,并向其中添加如下代码:

```java
package cn.edu.utibet.chapter7;

import javax.swing.*;
import java.io.*;
import static cn.edu.utibet.chapter5.daYu;

//堆排序
public class chapter7 {
    public static String[] open(File file){
        BufferedReader br = null;
        String[] strings = new String[18785];
        try {
            br = new BufferedReader(new FileReader(file));
            String line = "";
            int i = 0;
            while ((line = br.readLine()) != null) {
                strings[i] = line;
                i++;
            }
        } catch (FileNotFoundException e) {
            e.printStackTrace();
        }catch (IOException e) {
            e.printStackTrace();
```

```java
                    JOptionPane.showMessageDialog(null, "无法打开文件: " + e.getMessage(), "错误",
JOptionPane.ERROR_MESSAGE);
        }
        return strings;
    }

    public static void save(String[] strings,File path){
        BufferedWriter bufferedWriter = null;
        try {
            bufferedWriter = new BufferedWriter(new FileWriter(path));
            for(String s:strings){
                bufferedWriter.write(s);
                bufferedWriter.newLine();
            }
            bufferedWriter.flush();
            bufferedWriter.close();
        }catch (IOException e) {
            e.printStackTrace();
        }
    }

    // 调整以 i 为根的子堆,使其满足最大堆的性质
    public static void max_Heapify(String strings[], int n, int i) {
        int largest = i; // 初始化最大元素为根元素
        int left = 2 * i + 1; // 左孩子的索引
        int right = 2 * i + 2; // 右孩子的索引

        // 如果左孩子大于根元素,更新最大元素为左孩子
        if (left < n && daYu(strings[left],strings[largest]))
            largest = left;

        // 如果右孩子大于当前最大元素,更新最大元素为右孩子
        if (right < n && daYu(strings[right],strings[largest]))
            largest = right;

        // 如果最大元素不是根元素,交换它们,并对交换后的子堆进行调整
        if (largest != i) {
            String swap = strings[i];
            strings[i] = strings[largest];
            strings[largest] = swap;
            max_Heapify(strings, n, largest);
        }
    }
}
```

2. 窗体部分实现

（1）准备工作：设置 GUI 代码生成的位置为 source code，打开"File"→"Settings"→"Editor"→"GUI Designer"并设置，具体如图 7-5 所示。

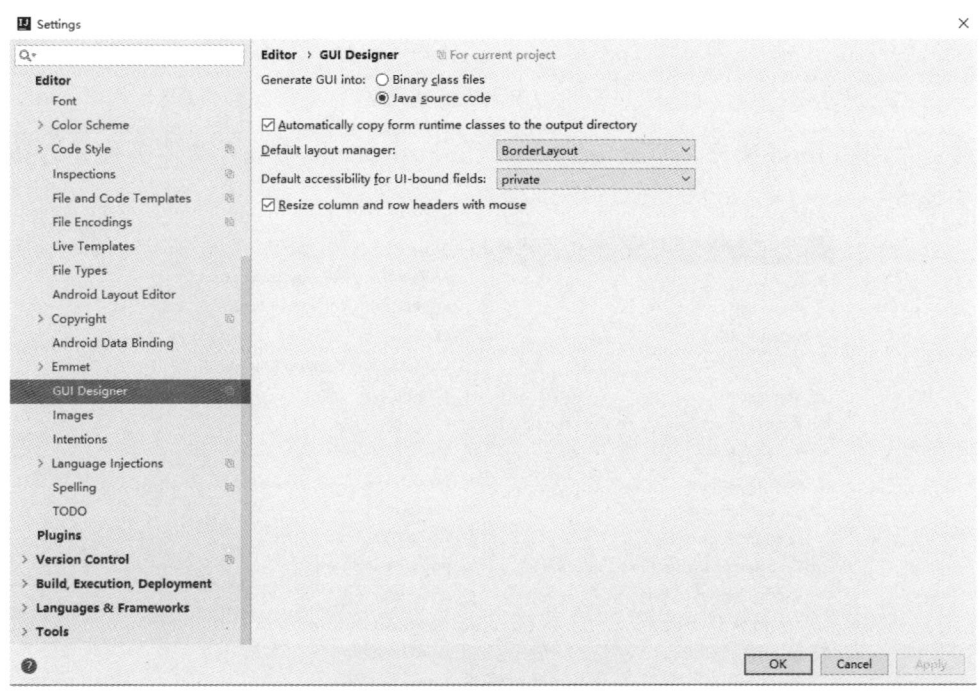

图 7-5　设置 GUI Designer

（2）引入自动生成的 GUI 源码需要的依赖/jar 包，在本实验中为 forms_rt-7.0.3.jar 的 jar 包。引入 jar 包需要将 jar 包添加至 library。具体操作如图 7-6 和图 7-7 所示。

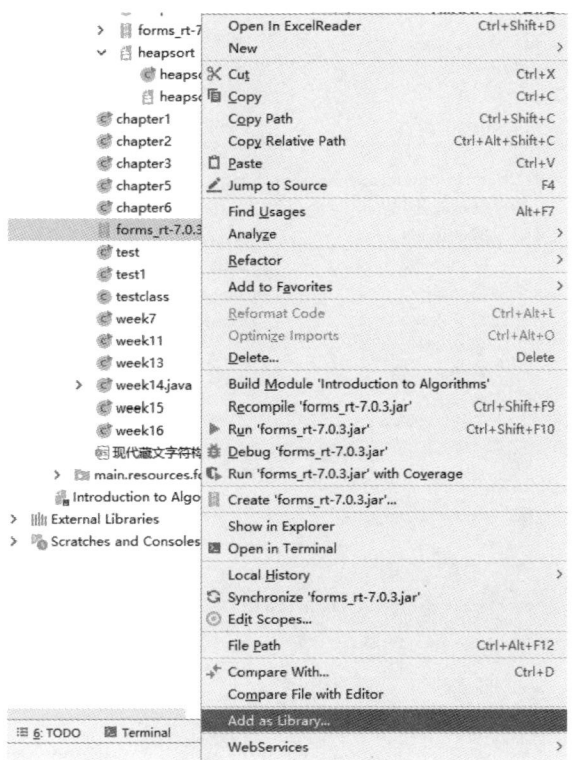

图 7-6　Add as Library

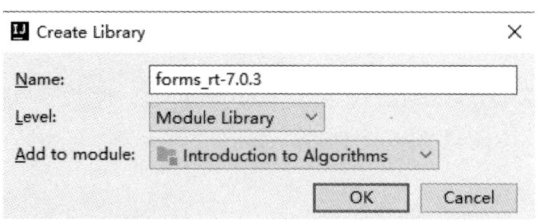

图 7-7 Create Library

（3）新建一个 GUI form 文件，如图 7-8 所示。在 Form name 中输入窗体名称并选择该窗体的布局，如图 7-9 所示。

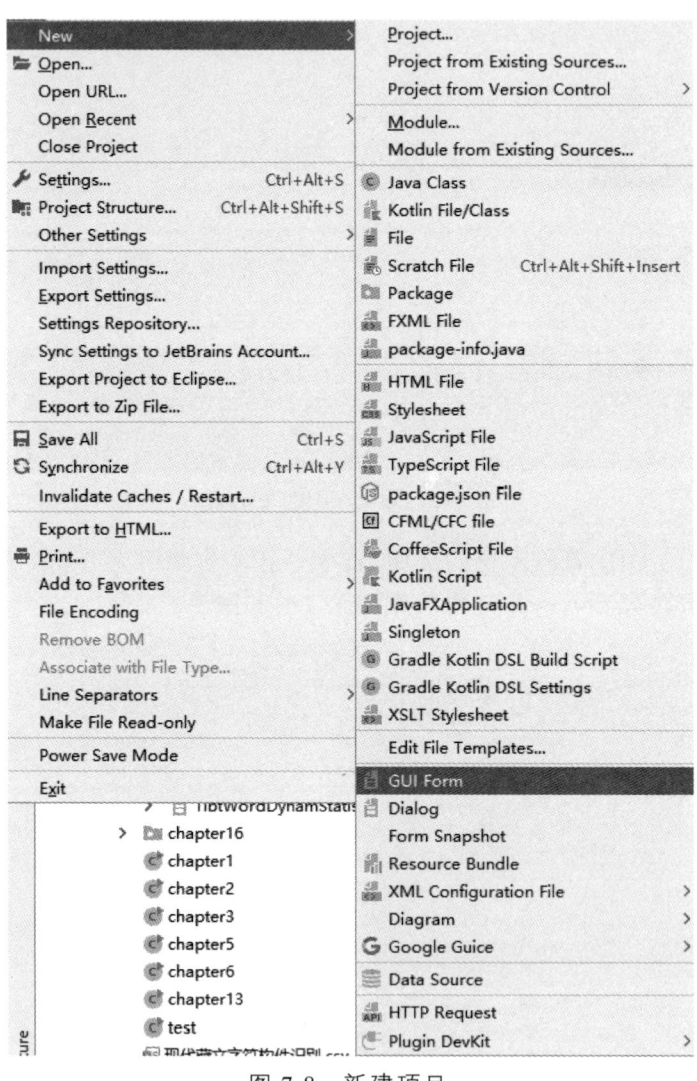

图 7-8 新建项目

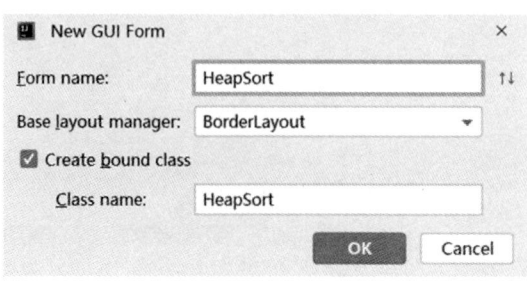

图 7-9 新建 GUI Form

（4）创建 GUI form 文件后会出现一个 HeapSort.java 文件和一个 HeapSort.form 文件。如图 7-10 所示，中间是一个预览界面，右边是组件框包含 Java Swing 中的各种常用组件，可以直接将组件拖拽进中间的预览界面来进行 UI（用户界面）设计，左边是窗体中包含的组件。注意：在添加组件后需要给 From 中的组件 JPanel 起一个字段名，否则后续在生成 main 方法时会报错。下方是被选中组件的各种属性，可以通过调整该属性框中的属性来代替代码设置，如图 7-10 和图 7-11 所示。

图 7-10　GUI Form 展示

```
public class HeapSort {
    private javax.swing.JPanel JPanel;
    private JButton 打开Button;
    private JButton 退出Button;
    private JButton 保存Button;
    private JButton 排序Button;
    private JProgressBar JProgressBar;
    private javax.swing.JLabel JLabel;
    private JTextArea TextArea;
    private javax.swing.JScrollPane JScrollPane;
```

图 7-11　自动生成对应组件的成员变量

（5）在设计好界面后还需要对组件添加事件监听，如图 7-12 和图 7-13 所示。

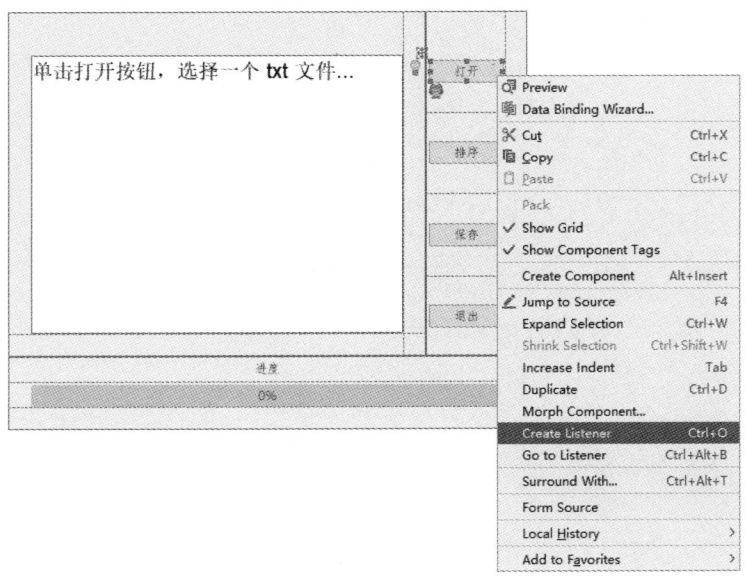

图 7-12　添加监听

图 7-13　选择不同类型的事件监听

以上操作在对应的 .java 文件中自动添加了监听器。之后需要重写 public void actionPerformed (ActionEvent e) 方法，在其中完成需要的业务逻辑。在这里分别对 4 个按钮添加了监听。具体代码如下：

① 添加 "打开" 按钮行为事件监听的代码：

```java
打开 Button.addActionListener(new ActionListener() {
    @Override
    public void actionPerformed(ActionEvent e) {
        SwingWorker<Void, Integer> worker = new SwingWorker<Void, Integer>() {
            // 创建文件选择器对象
            JFileChooser fileChooser = new JFileChooser();
            // 弹出文件选择器对话框
            int result = fileChooser.showOpenDialog(null);

            @Override
            protected Void doInBackground() throws Exception {
                // 在后台线程中运行算法
                // 如果用户单击"打开"按钮
                if (result == JFileChooser.APPROVE_OPTION) {
                    // 获取用户选择的文件
                    File selectedFile = fileChooser.getSelectedFile();
                    strings = open(selectedFile);
                    TextArea.setText("成功打开 " + selectedFile.getName() + " 文件");
                    /*TextArea.append("\n 文件内容如下：");*/
                    /*for (String s : strings) {
                        TextArea.append("\n" + s);
                    }*/
                }
                return null;
            }
        };
```

```
            // 启动 SwingWorker 对象
            worker.execute();
        }
    });
```

②添加"排序"按钮行为事件监听的代码：

```
排序 Button.addActionListener(new ActionListener() {
    @Override
    public void actionPerformed(ActionEvent e) {
        // 创建 SwingWorker 对象
        SwingWorker<Void, Integer> worker = new SwingWorker<Void, Integer>() {
            @Override
            protected Void doInBackground() throws Exception {
                // 在后台线程中运行算法
                //计时
                long currentTimeMillis = System.currentTimeMillis();
                heapSort(strings);
                long nowTime = System.currentTimeMillis();
                // 将排序时间显示在文本域中
                TextArea.setText("排序完成，排序时间为：" + (nowTime - currentTimeMillis) + "毫秒");

                return null;
            }

            public void heapSort(String strings[]) {
                int n = strings.length;
                build_Max_Heap(n);
                // 依次移除堆顶元素并放到数组末尾
                for (int i = n - 1; i >= 0; i--) {
                    // 交换堆顶和当前最后一个元素
                    String temp = strings[0];
                    strings[0] = strings[i];
                    strings[i] = temp;
                    // 对剩余的堆进行调整
                    max_Heapify(strings, i, 0);
                }
                // 在算法运行过程中，更新进度条
                for (int i = 0; i < n; i++) {
                    // 计算进度百分比
                    int progress = (int) (((double) i / n) * 100);
                    // 发布进度百分比
                    publish(progress);
                    JProgressBar.setValue(progress);
```

```
                    }
                    publish(100);
                    JProgressBar.setValue(100);
                }

                public void build_Max_Heap(int n) {
                    // 构建最大堆
                    for (int i = n / 2 - 1; i >= 0; i--)
                        max_Heapify(strings, n, i);
                }
            };
            // 启动 SwingWorker 对象
            worker.execute();
        }
    });
```

③添加"保存"按钮行为事件监听的代码：

```
保存 Button.addActionListener(new ActionListener() {
    @Override
    public void actionPerformed(ActionEvent e) {
        // 创建文件选择器对象
        JFileChooser fileChooser = new JFileChooser();
        // 设置文件选择器的默认目录
        fileChooser.setCurrentDirectory(new File("."));
        // 显示"另存为"对话框
        int result = fileChooser.showSaveDialog(null);
        // 如果用户单击"保存"按钮
        if (result == JFileChooser.APPROVE_OPTION) {
            // 获取用户选择的文件
            File selectedFile = fileChooser.getSelectedFile();
            // 检查文件名是否合法
            if (!selectedFile.getName().endsWith(".txt")) {
                selectedFile = new File(selectedFile.getAbsolutePath() + ".txt");
            }
            // 保存排序结果到文件中
            save(strings, selectedFile);
        }
    }
});
```

④添加"退出"按钮行为事件监听的代码：

```
退出 Button.addActionListener(new ActionListener() {
    @Override
    public void actionPerformed(ActionEvent e) {
```

```
            System.exit(0);
        }
    });
```

（6）生成 main 方法：将光标放到类上，按 Alt+Insert 键，点击 Form main()生成 main 方法，如图 7-14 所示。

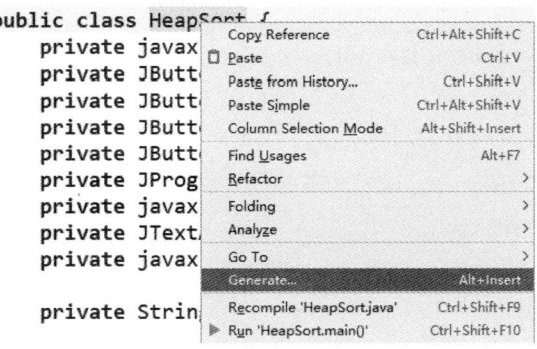

图 7-14　选择不同类型的事件监听

生成的主方法代码：

```
public static void main(String[] args) {
    JFrame frame = new JFrame("heapsort");
    frame.setSize(500, 400);
    frame.setLocationRelativeTo(null);    // 将窗体放置在屏幕中央
    frame.setVisible(true);
    frame.setContentPane(new heapsort().JPanel);
    frame.setDefaultCloseOperation(JFrame.EXIT_ON_CLOSE);
    //frame.pack();
    frame.setVisible(true);
}
```

（7）运行 main 方法，IDEA 自动生成 GUI 对应源码：

```
private void createUIComponents() {
    // TODO: place custom component creation code here
}


{
// GUI initializer generated by IntelliJ IDEA GUI Designer
// >>> IMPORTANT!! <<<
// DO NOT EDIT OR ADD ANY CODE HERE!
    $$$setupUI$$$();
}

/**
 * Method generated by IntelliJ IDEA GUI Designer
 * >>> IMPORTANT!! <<<
```

```
 * DO NOT edit this method OR call it in your code!
 *
 * @noinspection ALL
 */
private void $$$setupUI$$$() {
    JPanel = new JPanel();
    JPanel.setLayout(new BorderLayout(0, 0));
    final javax.swing.JPanel panel1 = new JPanel();
    panel1.setLayout(new GridLayoutManager(4, 1, new Insets(20, 0, 0, 20), -1, -1));
    JPanel.add(panel1, BorderLayout.EAST);
    打开 Button = new JButton();
    Font 打开 ButtonFont = this.$$$getFont$$$("FangSong", -1, -1, 打开 Button.getFont());
    if (打开 ButtonFont != null) 打开 Button.setFont(打开 ButtonFont);
    打开 Button.setText("打开");
    panel1.add(打开 Button, new GridConstraints(0, 0, 1, 1, GridConstraints.ANCHOR_CENTER, GridConstraints.FILL_HORIZONTAL, GridConstraints.SIZEPOLICY_CAN_SHRINK | GridConstraints.SIZEPOLICY_CAN_GROW, GridConstraints.SIZEPOLICY_FIXED, null, null, null, 0, false));
    排序 Button = new JButton();
    Font 排序 ButtonFont = this.$$$getFont$$$("FangSong", -1, -1, 排序 Button.getFont());
    if (排序 ButtonFont != null) 排序 Button.setFont(排序 ButtonFont);
    排序 Button.setText("排序");
    panel1.add(排序 Button, new GridConstraints(1, 0, 1, 1, GridConstraints.ANCHOR_CENTER, GridConstraints.FILL_HORIZONTAL, GridConstraints.SIZEPOLICY_CAN_SHRINK | GridConstraints.SIZEPOLICY_CAN_GROW, GridConstraints.SIZEPOLICY_FIXED, null, null, null, 0, false));
    退出 Button = new JButton();
    Font 退出 ButtonFont = this.$$$getFont$$$("FangSong", -1, -1, 退出 Button.getFont());
    if (退出 ButtonFont != null) 退出 Button.setFont(退出 ButtonFont);
    退出 Button.setText("退出");
    panel1.add(退出 Button, new GridConstraints(3, 0, 1, 1, GridConstraints.ANCHOR_CENTER, GridConstraints.FILL_HORIZONTAL, GridConstraints.SIZEPOLICY_CAN_SHRINK | GridConstraints.SIZEPOLICY_CAN_GROW, GridConstraints.SIZEPOLICY_FIXED, null, null, null, 0, false));
    保存 Button = new JButton();
    Font 保存 ButtonFont = this.$$$getFont$$$("FangSong", -1, -1, 保存 Button.getFont());
    if (保存 ButtonFont != null) 保存 Button.setFont(保存 ButtonFont);
    保存 Button.setText("保存");
    panel1.add(保存 Button, new GridConstraints(2, 0, 1, 1, GridConstraints.ANCHOR_CENTER, GridConstraints.FILL_HORIZONTAL, GridConstraints.SIZEPOLICY_CAN_SHRINK | GridConstraints.SIZEPOLICY_CAN_GROW, GridConstraints.SIZEPOLICY_FIXED, null, null, null, 0, false));
    final javax.swing.JPanel panel2 = new JPanel();
    panel2.setLayout(new GridLayoutManager(2, 1, new Insets(0, 20, 20, 20), -1, -1));
    JPanel.add(panel2, BorderLayout.SOUTH);
```

```java
        JProgressBar = new JProgressBar();
        JProgressBar.setForeground(new Color(-15892472));
        JProgressBar.setIndeterminate(false);
        JProgressBar.setStringPainted(true);
        panel2.add(JProgressBar, new GridConstraints(1, 0, 1, 1, GridConstraints.ANCHOR_CENTER, GridConstraints.FILL_HORIZONTAL, GridConstraints.SIZEPOLICY_WANT_GROW, GridConstraints.SIZEPOLICY_FIXED, null, null, null, 0, false));
        JLabel = new JLabel();
        Font JLabelFont = this.$$$getFont$$$("FangSong", -1, -1, JLabel.getFont());
        if (JLabelFont != null) JLabel.setFont(JLabelFont);
        JLabel.setHorizontalAlignment(0);
        JLabel.setHorizontalTextPosition(0);
        JLabel.setText("进度");
        panel2.add(JLabel, new GridConstraints(0, 0, 1, 1, GridConstraints.ANCHOR_CENTER, GridConstraints.FILL_NONE, GridConstraints.SIZEPOLICY_FIXED, GridConstraints.SIZEPOLICY_FIXED, null, null, null, 0, false));
        final javax.swing.JPanel panel3 = new JPanel();
        panel3.setLayout(new GridLayoutManager(1, 1, new Insets(40, 20, 20, 20), -1, -1));
        JPanel.add(panel3, BorderLayout.CENTER);
        JScrollPane = new JScrollPane();
        panel3.add(JScrollPane, new GridConstraints(0, 0, 1, 1, GridConstraints.ANCHOR_CENTER, GridConstraints.FILL_BOTH, GridConstraints.SIZEPOLICY_CAN_SHRINK | GridConstraints.SIZEPOLICY_WANT_GROW, GridConstraints.SIZEPOLICY_CAN_SHRINK | GridConstraints.SIZEPOLICY_WANT_GROW, null, null, null, 0, false));
        TextArea = new JTextArea();
        Font TextAreaFont = this.$$$getFont$$$("Qomolangma-Title", -1, 20, TextArea.getFont());
        if (TextAreaFont != null) TextArea.setFont(TextAreaFont);
        TextArea.setLineWrap(false);
        TextArea.setText("单击打开按钮，选择一个 txt 文件...");
        JScrollPane.setViewportView(TextArea);
    }

    /**
     * @noinspection ALL
     */
    private Font $$$getFont$$$(String fontName, int style, int size, Font currentFont) {
        if (currentFont == null) return null;
        String resultName;
        if (fontName == null) {
            resultName = currentFont.getName();
        } else {
```

```
            Font testFont = new Font(fontName, Font.PLAIN, 10);
            if (testFont.canDisplay('a') && testFont.canDisplay('1')) {
                resultName = fontName;
            }else {
                resultName = currentFont.getName();
            }
        }
        Font font = new Font(resultName, style >= 0 ? style : currentFont.getStyle(), size >= 0 ? size : currentFont.getSize());
        boolean  isMac =System.getProperty("os.name","").toLowerCase(Locale.ENGLISH).startsWith("mac");
        Font fontWithFallback = isMac ? new Font(font.getFamily(), font.getStyle(), font.getSize()) : new StyleContext().getFont(font.getFamily(), font.getStyle(), font.getSize());
        return fontWithFallback instanceof FontUIResource ? fontWithFallback : new FontUIResource(fontWithFallback);
    }

    /**
     * @noinspection ALL
     */
    public JComponent $$$getRootComponent$$$() {
        return JPanel;
    }
```

注意：无法修改生成的 GUI 代码，因为 GUI Designer 会根据 Form 窗体中的内容自动生成代码，覆盖手动修改的内容。

7.4.2　代码使用说明

（1）运行程序结果如图 7-15 所示。

图 7-15　程序界面

（2）点击【打开】按钮，找到文件所在位置，如图 7-16 所示，选择需要排序的文件，然后点击【打开】按钮即可打开待排序的文件，如图 7-17 所示。

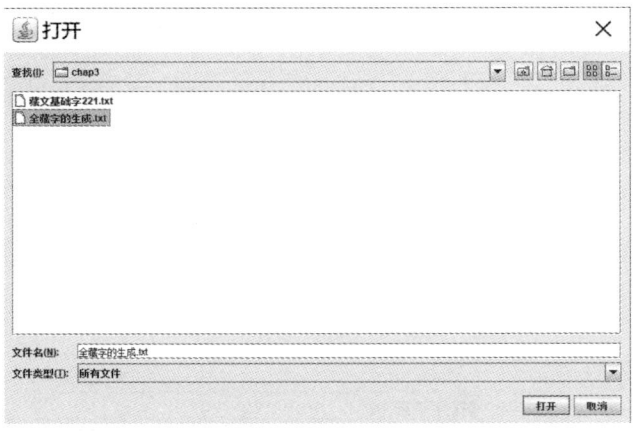

图 7-16 "打开"对话框

图 7-17 "打开"结果展示

（3）点击【排序】按钮则开始排序，排序结束后显示排序所用时间，如图 7-18 所示。

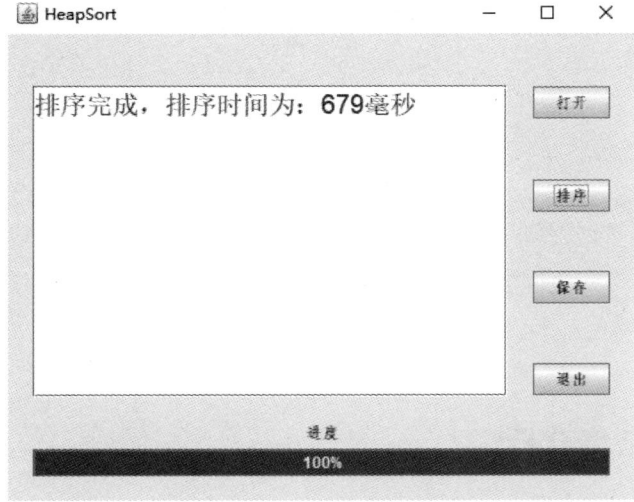

图 7-18 "排序"界面

（4）点击【保存】按钮弹出"另存为"对话框，选择存储位置，填写文件名后点击【保存】按钮即可保存排序结果，如图 7-19 所示。

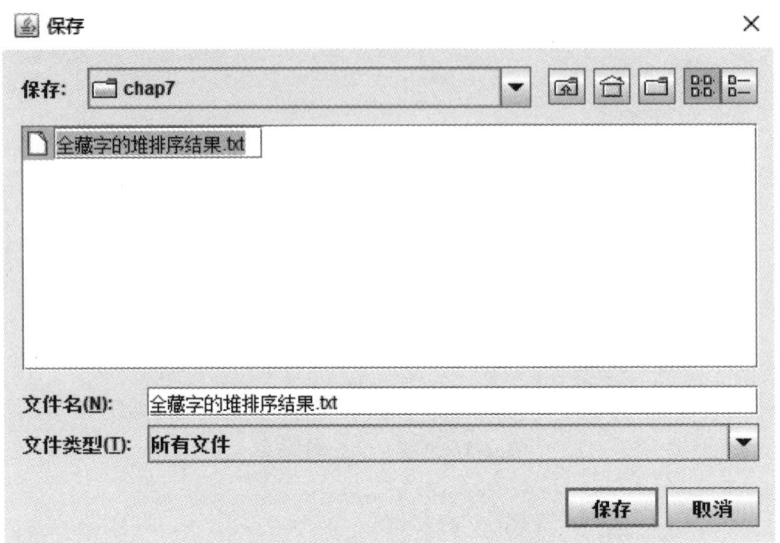

图 7-19　"另存为"对话框

7.5　运行结果

按照以上程序，对 18 785 个现代藏字按照字典序进行排序，结果如图 7-20 所示。

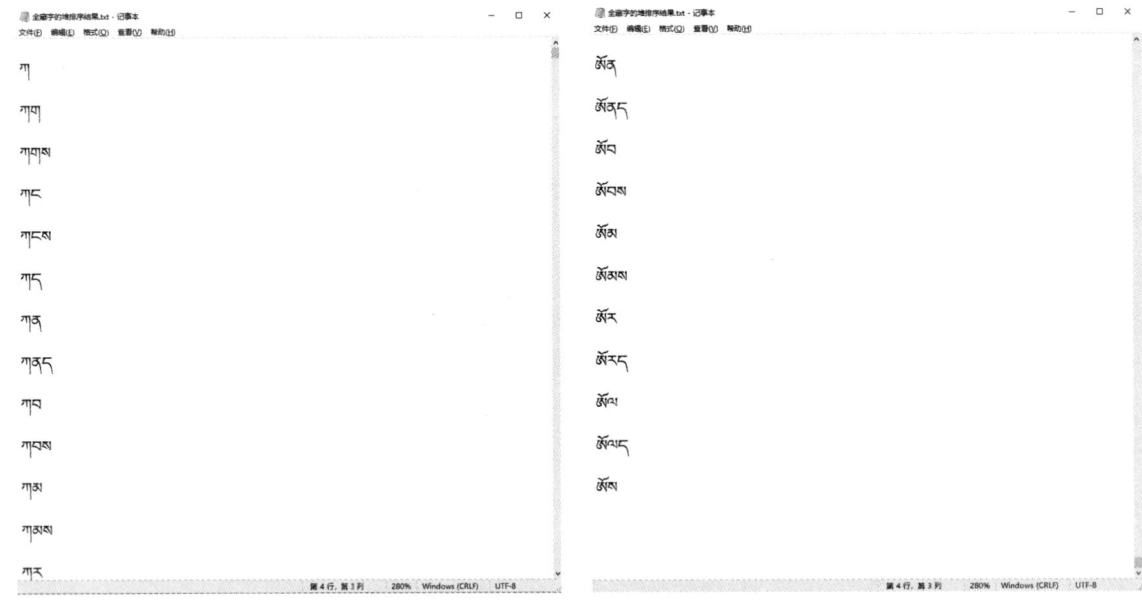

图 7-20　运行结果

7.6　算法分析

7.6.1　时间复杂度分析

堆排序方法对记录数较少的文件效果一般，但对记录较多（n 较大）的文件还是很有效的。堆排序的运行时间主要耗费在建堆、反复调用"维护堆的性质"的算法上。其中，构建最大堆的时间复杂度为 $O(n)$，重复取出堆顶元素并调整堆的时间复杂度为 $O(n\log_2^n)$。

而具体到本实验中，由于藏文音节不能直接比较出大小，需要调用第 5 章的 daYu 方法进行拆分，然后依次进行比较，而 daYu 方法的时间复杂度为 $O(n)$，因此在本代码中 Max_Heapify 方法的时间复杂度仍然为 $O(n\log_2^n)$ 级别，总的堆排序的时间复杂度为 $O(n\log_2^n)$。

7.6.2 空间复杂度分析

堆排序最大的优点在于仅需一个数据大小的交换用的辅助存储空间。

（1）数据存储空间：算法中使用的藏字全集音节数量为 18 785。因此，需要的存储空间为 18 785 个 String 的大小，即 $O(n)$。

（2）辅助存储空间（临时空间）：在本算法中，主要的辅助存储空间取决 Max_Heapify 方法，而在 Max_Heapify 方法中定义了三个变量 lagest、left、right，且 Max_Heapify 方法中存在对自身的递归调用，因此上述三个变量会被多次递归定义，定义的次数取决于该堆的高度。由堆的性质可知，堆排序的空间复杂度为 $O(\log_2^n)$。

7.6.3 堆排序总体性能分析

插入排序额外空间只需要常数个临时变量，空间复杂度为 $O(1)$，但最坏和平均时间复杂度都是 $O(n^2)$。归并排序的时间复杂度是 $O(n\log_2^n)$，但需要 $O(n)$ 空间。堆排序集两者的优点于一体，时间复杂度是 $O(n\log_2^n)$，空间上仅需一个数据大小的辅助存储空间 $O(1)$。

第 8 章　藏文字符的快速排序

8.1　问题描述

排序算法多种多样，为了比较各排序算法的性能，本章将快速排序的思想应用到现代藏文字符的排序中，编写程序从文本中读取藏文及其他数据，再按照藏文音节、词等更大的单位作为排序对象实现对藏文文本的排序。

8.2　问题分析

8.2.1　理论依据

本章待排序的文本内容是一本藏汉词典，如图 8-1 所示。该数据每一行是一个藏文词条及解释。一个词条由两部分组成，第一部分是藏文词条，藏字之间通过"·"隔开；第二部分是藏文词条的解释部分，由汉文或汉藏及特殊符号组成。藏文词条和解释部分之间用制表符隔开。前几章是以全藏字符集的单独藏字进行排序的，而针对藏文词条等较大单位的排序以藏字的排序为基础，其基本思想为：逐个比较排序藏文词条中每一个藏字的大小，如果第一个藏字相同，则比较第二个，直到确定出大小或词条结束。

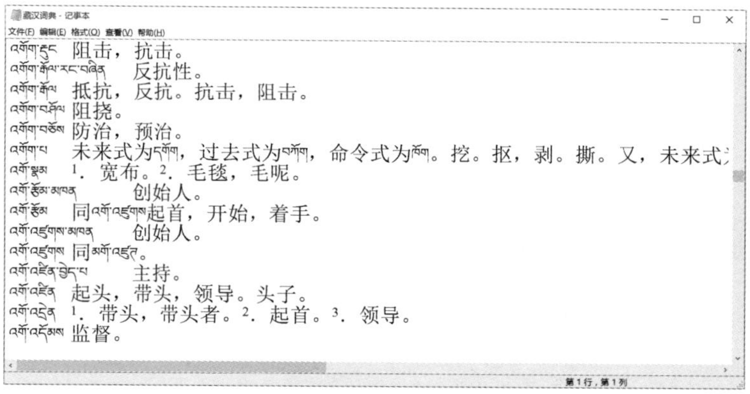

图 8-1　待排序的藏文词典

8.2.2　算法思想

1. 快速排序

快速排序是一种基于分治模式的排序方法。对一个典型的子数组 A[p…r]进行排序的 3 个步骤为：

分解：数组 A[p…r]被划分为两个子数组 A[p…q-1]和 A[q+1…r]，使得 A[q]大于等于 A[p…q-1]中的每个元素，并且小于 A[q+1…r]中的每个元素。该划分过程中计算划分点下标 q。

解决：通过递归调用快速排序，对子数组进行排序。

合并：因为两个子数组是就地排序的，不需要进行合并操作。

2. 快速排序应用在藏文排序上的思想

在本次实验中，将快速排序的思想应用在藏文排序上，用代码实现一个基于快速排序算法的排序应用程序。具体的算法思想：

（1）用户通过界面选择一个文件并点击"打开"按钮，程序读取文件内容，并将内容显示在界面的文本区域中。

（2）用户点击"排序"按钮，程序对读取的文件内容进行快速排序。

（3）快速排序算法的实现部分在 quickSort 方法中，使用递归的方式进行排序。

（4）在快速排序算法中，选择一个枢轴元素（也可以称为基准元素，通常是数组的中间元素），将数组划分为两个子数组，其中一个子数组的元素小于枢轴，另一个子数组的元素大于枢轴。

（5）对于划分后的子数组，递归地应用相同的划分过程，直到子数组的长度为 1 或 0，即达到基本情况。

（6）在快速排序的递归过程中，通过不断选择枢轴元素，划分子数组，然后递归地对划分后的子数组进行排序，最终实现对整个数组的排序。

（7）在排序过程中，通过在界面上显示进度条和排序时间，提供了交互和反馈给用户的功能。

（8）用户可以点击"保存"按钮，选择保存路径，将排序结果保存到文件中。

（9）用户可以点击"退出"按钮，退出程序。

8.3 算法设计

8.3.1 存储空间

本次实验主要定义了一个 LinkedHashMap 用来存放藏文词组及其解释部分，还定义了一个 String[] 数组用于存放藏文来进行排序。在排序时只使用 String 数组中的藏文进行排序，而在保存排序结果时需要写入藏文及解释，因此在读入藏文词典后先将每一行的内容根据"\t"进行分割，分割出来的两部分放入 LinkedHashMap 中形成映射关系方便后续的查找，而藏文部分则存入 String[] 数组中用于排序，具体的定义代码如下：

```
static Set<String> set = new HashSet<>();//定义一个 set 集合用于临时存储藏文
static LinkedHashMap<String,String> hashMap = new LinkedHashMap<>();

public static String[] open(File file){
    String[] strings = new String[set.size()];
    try {
        BufferedReader br = new BufferedReader(new InputStreamReader(new FileInputStream(file), "UTF-16"));
        String line = "";
        while ((line = br.readLine()) != null) {
            String[] split = line.split("\t");
            set.add(split[0]);
            hashMap.put(split[0], split[1]);
        }
        String[] stringss = new String[set.size()];     //存储藏文词组
        int i = 0;
        for (String s : set) {
            stringss[i] = s;
            i++;
        }
```

```
        return stringss;
    }catch (IOException e) {
        e.printStackTrace();
    }
    return strings;
}
```

8.3.2 流程图

（1）主方法流程如图 8-2 所示。

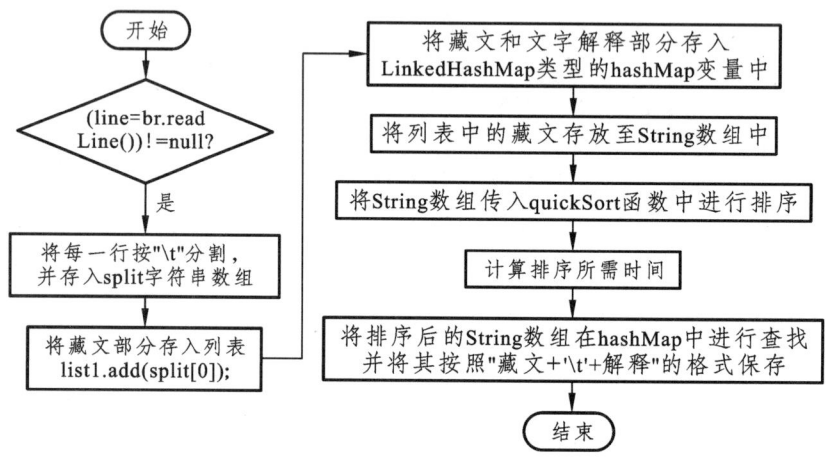

图 8-2　主方法流程图

（2）图 8-3 所示为快速排序算法流程图，其中图 8-3（b）为 quickSort 方法的分区实现部分。

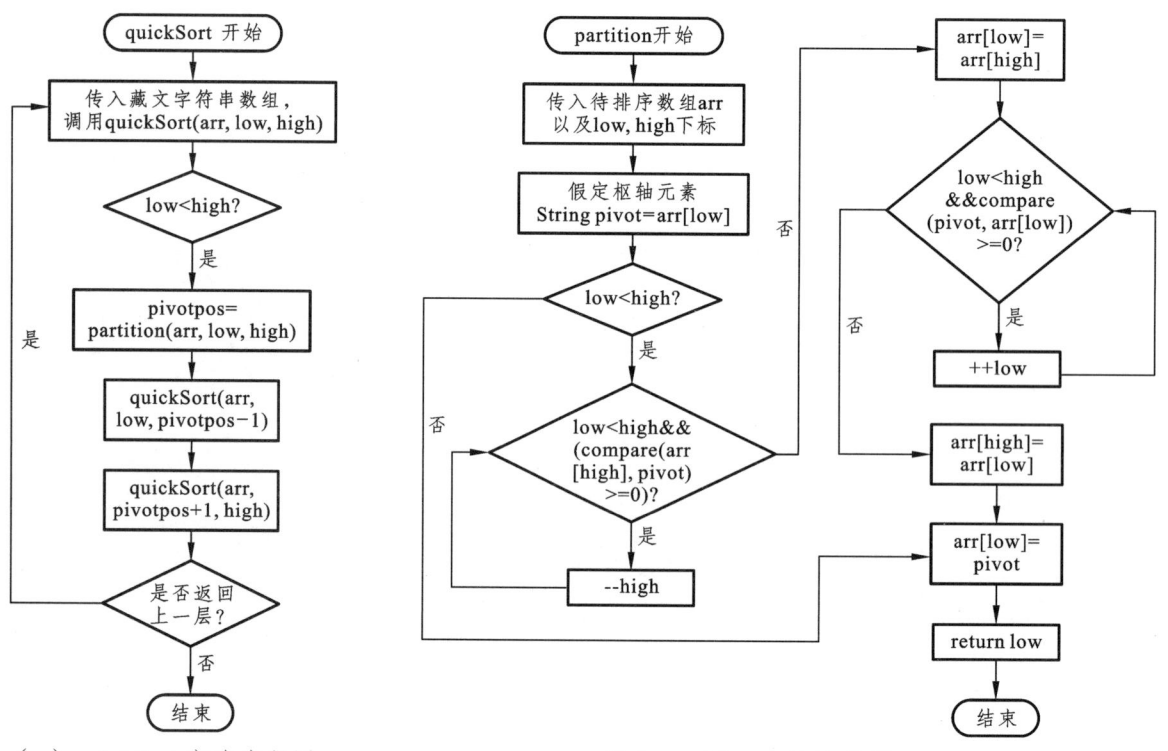

（a）quickSort 方法流程图　　　　　（b）partition 方法流程图

图 8-3　快速排序方法流程图

（3）藏文词组的比较流程图如图 8-4 所示。

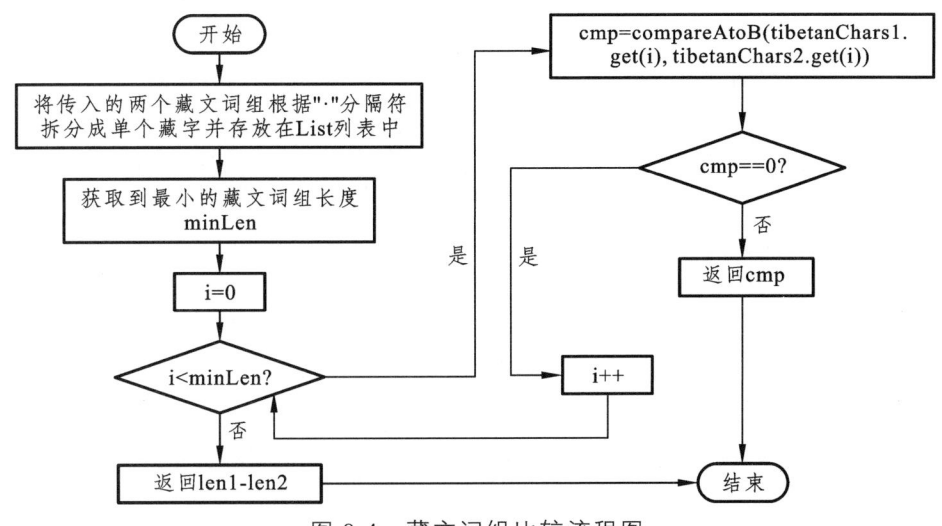

图 8-4　藏文词组比较流程图

8.3.3　伪代码

（1）快速排序算法的伪代码：

quickSort(arr,low,high)　　　//快速排序方法
1　　if low<high
2　　　　pivotpos = Partition(arr,low,high);　　//分段调用，求 q 的值
3　　　　quickSort(arr,low,pivotpos-1);　　//前半段递归调用快速排序
4　　　　quickSort(arr,pivotpos+1,high);　　//后半段递归调用快速排序

（2）划分算法的伪代码：

partition(arr,low,high)　　　//分段方法
1　　pivot = arr[low];　　//假设最左边的数为基准
3　　while low<high：　　//循环进行左右边的值与基准进行比较，然后进行 change
4　　　　while low<high && arr[high]>=pivot:　　//循环找到右边比基准小的值，然后放到左边
5　　　　　　--high
6　　　　arr[low] = arr[high]
7　　　　while low<high && pivot>=arr[low]:　　//循环找到左边比基准大的值，然后放到右边
8　　　　　　++low
9　　　　arr[high] = arr[low]
10　　arr[low] = pivot　　　//最后 low 和 high 重合,将基准放在中间
11　　return low　　　　//返回基准的下标

8.4　程序实现

8.4.1　代　　码

本次实验分为算法部分和窗体部分。具体实现如下：

1. 算法部分实现

在包下新建一个名为"chapter8"的 Java 文件，并向其中添加如下代码：

```java
package cn.edu.utibet.chapter8;

import java.io.*;
import java.util.*;
import static cn.edu.utibet.chapter4.chapter4.cut;

//快速排序
public class chapter8 {
    static Set<String> set = new HashSet<>();
    static LinkedHashMap<String,String> hashMap = new LinkedHashMap<>();

    public static String[] open(File file){
        String[] strings = new String[set.size()];
        try {
            BufferedReader br = new BufferedReader(new InputStreamReader(new FileInputStream (file), "UTF-16"));
            String line = "";
            while ((line = br.readLine()) != null) {
                String[] split = line.split("\t");
                set.add(split[0]);
                hashMap.put(split[0], split[1]);
            }
            String[] stringss = new String[set.size()];
            int i = 0;
            for (String s : set) {
                stringss[i] = s;
                i++;
            }
            return stringss;
        }catch (IOException e) {
            e.printStackTrace();
        }
        return strings;
    }

    public static int partition(String[] arr, int low, int high) {
        String pivot = arr[low];
        while (low < high) {
            //起初，一定要从右边指针开始，因为arr[low]的值已经扔给了pivot，arr[low]
```

```java
            while (low < high &&(compare(arr[high],pivot)>=0)) {
                --high;
            }
            arr[low] = arr[high];

            while (low < high && compare(pivot,arr[low])>=0) {
                ++low;
            }
            arr[high] = arr[low];
        }
        //此时 low==high,return high 也一样
        arr[low] = pivot;
        return low;
    }

    public static List<String> splitTibetanWord(String s) {
        String[] tibetanChars = s.split("·");
        return Arrays.asList(tibetanChars);
    }


    //如果 String1 >= String2 则返回 true 否则返回 false
    public static int compare(String word1, String word2) {
        List<String> tibetanChars1 = splitTibetanWord(word1);
        List<String> tibetanChars2 = splitTibetanWord(word2);
        int len1 = tibetanChars1.size();
        int len2 = tibetanChars2.size();
        int minLen = Math.min(len1, len2);
        for (int i = 0; i < minLen; i++) {
            //int cmp = tibetanChars1.get(i).compareAToB(tibetanChars2.get(i));
            int cmp = compareAToB(tibetanChars1.get(i), tibetanChars2.get(i));
            if (cmp != 0) {
                return cmp;
            }
        }
        return len1 - len2;
    }

    public static int compareAToB(String A,String B){
        try{
            LinkedHashMap<String, String> cut1 = cut(A);
            LinkedHashMap<String, String> cut2 = cut(B);
```

```java
            int biJizi = biJiZi(cut1, cut2);
            if(biJizi!=0){
                return biJizi;
            }else {
                int shangJiaZi = shangJiaZi(cut1, cut2);
                if(shangJiaZi!=0){
                    return shangJiaZi;
                }else {
                    int qianJiaZi = qianJiaZi(cut1, cut2);
                    if(qianJiaZi!=0){
                        return qianJiaZi;
                    }else {
                        int xiaJiaZi = xiaJiaZi(cut1, cut2);
                        if(xiaJiaZi!=0){
                            return xiaJiaZi;
                        }else {
                            int zaiXiaJiaZi = zaiXiaJiaZi(cut1, cut2);
                            if(zaiXiaJiaZi!=0){
                                return zaiXiaJiaZi;
                            }else {
                                int yuanYin = yuanYin(cut1, cut2);
                                if(yuanYin!=0){
                                    return yuanYin;
                                }else {
                                    int houJiaZi = houJiaZi(cut1, cut2);
                                    if(houJiaZi!=0){
                                        return houJiaZi;
                                    }else {
                                        int zaiHouJiaZi = zaiHouJiaZi(cut1, cut2);
                                        if(zaiHouJiaZi!=0){
                                            return zaiHouJiaZi;
                                        }else {
                                          return 0;
                                        }
                                    }
                                }
                            }
                        }
                    }
                }
            }
```

```
        }catch (Exception e){
            System.out.println(A+"\t"+B);
            e.printStackTrace();
            System.exit(0);
        }
        return -1;
    }

    //第一层  基字
    public static int biJiZi(LinkedHashMap<String, String> cut1, LinkedHashMap<String, String> cut2)
    {
        char s1 = cut1.get("基字").charAt(0);
        char s2 = cut2.get("基字").charAt(0);
        if(s1>=0x0F90&&s1<=0x0FBC){
            s1 = (char)(s1 - 80);
        }
        if(s2>=0x0F90&&s2<=0x0FB8){
            s2 = (char)(s2 - 80);
        }
        return String.valueOf(s1).compareTo(String.valueOf(s2));
    }


    //第二层  上加字
    public static int shangJiaZi(LinkedHashMap<String,String> cut1,LinkedHashMap<String,String> cut2)
    {
        if (cut1.get("上加字") == null && (cut2.get("上加字")) != null) {
            return -1;
        } else if (cut1.get("上加字") != null && (cut2.get("上加字")) == null) {
            return 1;
        } else if (cut1.get("上加字") == null && (cut2.get("上加字")) == null) {
            //如果这两个字都没有上加字,则比下一层
            return 0;
        } else {
            return cut1.get("上加字").compareTo(cut2.get("上加字"));
        }
    }


    //第三层  前加字
    public static int qianJiaZi(LinkedHashMap<String,String> cut1, LinkedHashMap<String,String> cut2)
    {
        if (cut1.get("前加字") == null && (cut2.get("前加字")) != null) {
```

```
            return -1;
        }else if (cut1.get("前加字") != null && (cut2.get("前加字")) == null) {
            return 1;
        }else if (cut1.get("前加字") == null && (cut2.get("前加字")) == null) {
            //如果这两个字都没有前加字，则比下一层
            return 0;
        }else {
            return cut1.get("前加字").compareTo(cut2.get("前加字"));
        }
    }

    //第四层  下加字
    public static int xiaJiaZi(LinkedHashMap<String,String> cut1,LinkedHashMap<String,String> cut2)
    {
        if (cut1.get("下加字") == null && (cut2.get("下加字")) != null) {
            return -1;
        }else if (cut1.get("下加字") != null && (cut2.get("下加字")) == null) {
            return 1;
        }else if (cut1.get("下加字") == null && (cut2.get("下加字")) == null) {
            //如果这两个字都没有下加字，则比下一层
            return 0;
        }else {
            return cut1.get("下加字").compareTo(cut2.get("下加字"));
        }
    }

    //第五层  再下加字
    public static int zaiXiaJiaZi(LinkedHashMap<String,String> cut1,LinkedHashMap<String,String> cut2){
        if (cut1.get("再下加字") == null && (cut2.get("再下加字")) != null) {
            return -1;
        }else if (cut1.get("再下加字") != null && (cut2.get("再下加字")) == null) {
            return 1;
        }else if (cut1.get("再下加字") == null && (cut2.get("再下加字")) == null) {
            //如果这两个字都没有再下加字，则比下一层
            return 0;
        }else {
            return cut1.get("再下加字").compareTo(cut2.get("再下加字"));
        }
    }
```

```java
//第六层  元音
public  static  int  yuanYin(LinkedHashMap<String,String>  cut1,LinkedHashMap<String,String> cut2){
    if (cut1.get("元音") == null && (cut2.get("元音")) != null) {
        return -1;
    }else if (cut1.get("元音") != null && (cut2.get("元音")) == null) {
        return 1;
    }else if (cut1.get("元音") == null && (cut2.get("元音")) == null) {
        //如果这两个字都没有元音，则比下一层
        return 0;
    }else {
        return cut1.get("元音").compareTo(cut2.get("元音"));
    }
}


//第七层  后加字
public static int houJiaZi(LinkedHashMap<String, String> cut1, LinkedHashMap<String, String> cut2) {
    if (cut1.get("后加字") == null && (cut2.get("后加字")) != null) {
        return -1;
    }else if (cut1.get("后加字") != null && (cut2.get("后加字")) == null) {
        return 1;
    }else if (cut1.get("后加字") == null && (cut2.get("后加字")) == null) {
        //如果这两个字都没有后加字，则比下一层
        return 0;
    }else {
        return cut1.get("后加字").compareTo(cut2.get("后加字"));
    }
}


//第八层  再后加字
public static int zaiHouJiaZi(LinkedHashMap<String, String> cut1, LinkedHashMap<String, String> cut2) {
    if (cut1.get("再后加字") == null && (cut2.get("再后加字")) != null) {
        return -1;
    }else if (cut1.get("再后加字") != null && (cut2.get("再后加字")) == null) {
        return 1;
    }else if (cut1.get("再后加字") == null && (cut2.get("再后加字")) == null) {
        //如果这两个字都没有再后加字，则比下一层
        return 0;
    }else {
```

```java
            return cut1.get("再后加字").compareTo(cut2.get("再后加字"));
        }
    }


    public static void save(String[] strings,File path){
        BufferedWriter bufferedWriter = null;
        try {
            bufferedWriter = new BufferedWriter(new FileWriter(path));
            for (String s : strings) {
                for (Map.Entry<String, String> entry : hashMap.entrySet()) {
                    if(s.equals(entry.getKey())){
                        bufferedWriter.write(entry.getKey()+"\t"+entry.getValue());
                        bufferedWriter.newLine();
                    }
                }
            }
            bufferedWriter.flush();
            bufferedWriter.close();
        }catch (IOException e) {
            e.printStackTrace();
        }
    }
}
```

2. 窗体部分实现

（1）新建一个名为 QuickSort 的"GUI form 文件"。

（2）拖拽组件进行 UI 设计，如图 8-5 所示。

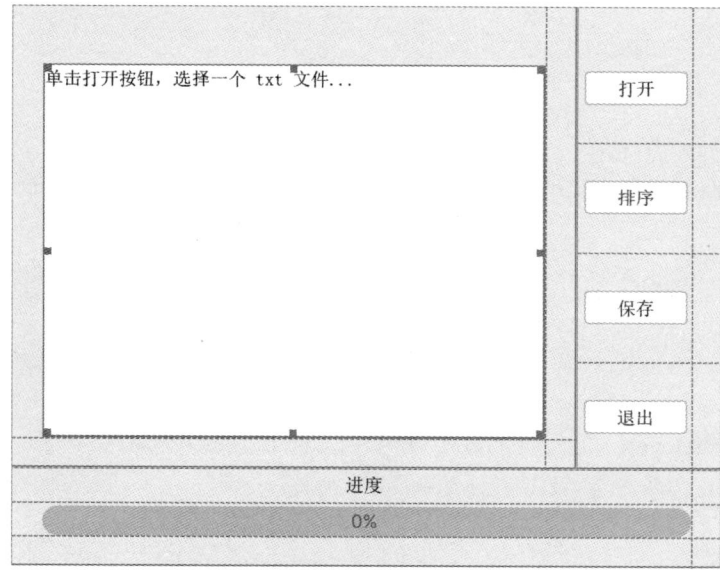

图 8-5　GUI Form

（3）添加事件监听，如图 8-6 所示。

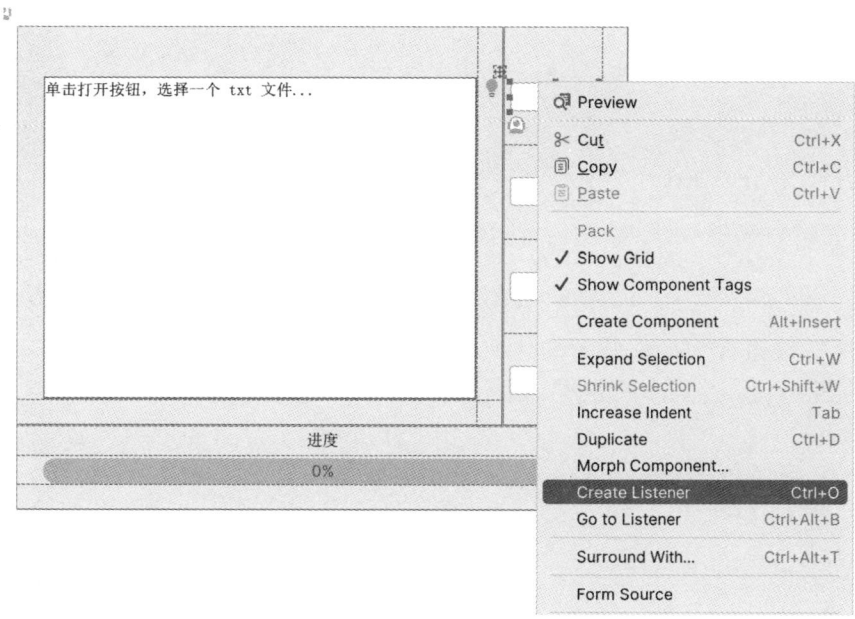

图 8-6　添加监听

在添加的监听器中重写 public void actionPerformed(ActionEvent e)方法。在这里分别对 4 个按钮添加了监听。具体代码如下：

①添加"打开"按钮行为事件监听的代码：

```
打开 Button.addActionListener(new ActionListener() {
    @Override
    public void actionPerformed(ActionEvent e) {
        SwingWorker<Void, Integer> worker = new SwingWorker<Void, Integer>() {
            // 创建文件选择器对象
            JFileChooser fileChooser = new JFileChooser();
            // 弹出文件选择器对话框
            int result = fileChooser.showOpenDialog(null);

            @Override
            protected Void doInBackground() throws Exception {
                // 在后台线程中运行算法
                // 如果用户单击"打开"按钮
                if (result == JFileChooser.APPROVE_OPTION) {
                    // 获取用户选择的文件
                    File selectedFile = fileChooser.getSelectedFile();
                    strings = open(selectedFile);
                    JTextArea.setText("\n 成功打开  " + selectedFile.getName() + " 文件");
                    JTextArea.append("\n 文件内容如下：");
                    for (Map.Entry<String, String> entry : hashMap.entrySet()) {
                        JTextArea.append("\n" + entry.getKey() + "\t" + entry.getValue());
```

```
                    }
                }
                return null;
            }
        };
        // 启动 SwingWorker 对象
        worker.execute();
    }
});
```

②添加"排序"按钮行为事件监听的代码：

```
排序 Button.addActionListener(new ActionListener() {
    @Override
    public void actionPerformed(ActionEvent e) {
        // 创建 SwingWorker 对象
        SwingWorker<Void, Integer> worker = new SwingWorker<Void, Integer>() {
            @Override
            protected Void doInBackground() throws Exception {
                // 在后台线程中运行算法
                //计时
                long currentTimeMillis = System.currentTimeMillis();
                quickSort(strings, 0, list1.size() - 1);
                long nowTime = System.currentTimeMillis();
                // 将排序时间显示在文本域中
                // 在 UI 线程中更新文本域
                SwingUtilities.invokeLater(() -> {
                    JTextArea.setText("\n 排序完成，排序时间为："+(nowTime-currentTimeMillis)+ "毫秒");
                    publish(100);
                });
                return null;
            }

            /**
             * @param chunks
             */
            @Override
            protected void process(java.util.List<Integer> chunks) {
                // 在 UI 线程中更新进度条的状态
                for (Integer progress : chunks) {
                    int value = progress.intValue();
                    SwingUtilities.invokeLater(() -> {
                        progressBar1.setValue(value);
                    });
```

```java
                }
            }

            public void quickSort(String[] arr, int low, int high){
                if (low < high) {
                    JTextArea.setText("\n 正在排序中...");
                    // 计算排序进度的百分比
                    int progress = (int) (((double)(low) / (arr.length - 1)) * 100);
                    // 发布进度百分比
                    publish(progress);
                    int pivotpos = partition(arr, low, high);
                    quickSort(arr, low, pivotpos - 1);
                    quickSort(arr, pivotpos + 1, high);
                }
            }
        };
        // 启动 SwingWorker 对象
        worker.execute();
    }
});
```

③添加"保存"按钮行为事件监听的代码：

```java
保存 Button.addActionListener(new ActionListener() {
    @Override
    public void actionPerformed(ActionEvent e) {
        // 创建文件选择器对象
        JFileChooser fileChooser = new JFileChooser();
        // 设置文件选择器的默认目录
        fileChooser.setCurrentDirectory(new File("."));
        // 显示"另存为"对话框
        int result = fileChooser.showSaveDialog(null);
        // 如果用户单击"保存"按钮
        if (result == JFileChooser.APPROVE_OPTION) {
            // 获取用户选择的文件
            File selectedFile = fileChooser.getSelectedFile();
            // 检查文件名是否合法
            if (!selectedFile.getName().endsWith(".txt")) {
                selectedFile = new File(selectedFile.getAbsolutePath() + ".txt");
            }
            // 保存排序结果到文件中
            save(strings, selectedFile);
        }
    }
});
```

④添加"退出"按钮行为事件监听的代码：

```
退出 Button.addActionListener(new ActionListener() {
    @Override
    public void actionPerformed(ActionEvent e) {
        System.exit(0);
    }
});
```

（4）生成 main 方法：将光标放到类上，按 Alt+Insert 键，点击 Form main()生成 main 方法，如图 8-7 所示。

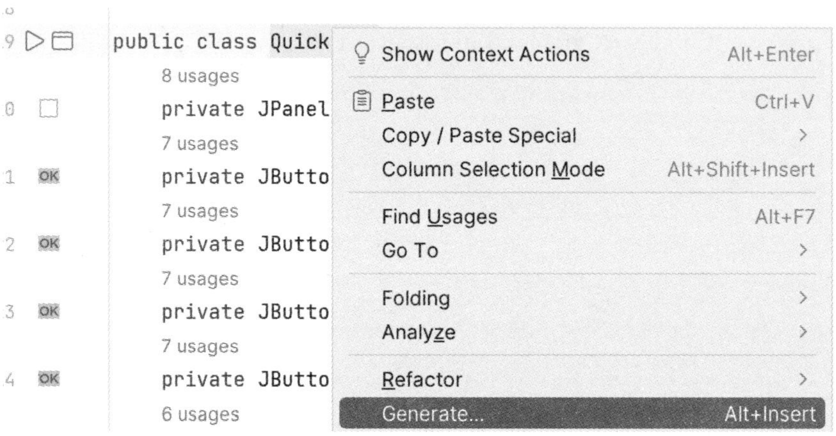

图 8-7　生成 main 方法

生成的主方法代码：

```
public static void main(String[] args) {
    JFrame frame = new JFrame("QuickSort");
    frame.setSize(500, 400);
    frame.setLocationRelativeTo(null);    // 将窗体放置在屏幕中央
    frame.setContentPane(new QuickSort().panel1);
    frame.setDefaultCloseOperation(JFrame.EXIT_ON_CLOSE);
    frame.setVisible(true);
}
```

（5）运行 main 方法，IDEA 自动生成 GUI 对应源码：

```
{
    // GUI initializer generated by IntelliJ IDEA GUI Designer
    // >>> IMPORTANT!! <<<
    // DO NOT EDIT OR ADD ANY CODE HERE!
    $$$setupUI$$$();
}

/**
```

```
 * Method generated by IntelliJ IDEA GUI Designer
 * >>> IMPORTANT!! <<<
 * DO NOT edit this method OR call it in your code!
 *
 * @noinspection ALL
 */
private void $$$setupUI$$$() {
    panel1 = new JPanel();
    panel1.setLayout(new BorderLayout(0, 0));
    final JPanel panel2 = new JPanel();
    panel2.setLayout(new GridLayoutManager(4, 1, new Insets(20, 0, 0, 20), -1, -1));
    panel1.add(panel2, BorderLayout.EAST);
    打开 Button = new JButton();
    Font 打开 ButtonFont = this.$$$getFont$$$("FangSong", -1, -1, 打开 Button.getFont());
    if (打开 ButtonFont != null) 打开 Button.setFont(打开 ButtonFont);
    打开 Button.setText("打开");
    panel2.add(打开 Button, new GridConstraints(0, 0, 1, 1, GridConstraints.ANCHOR_CENTER, GridConstraints.FILL_HORIZONTAL, GridConstraints.SIZEPOLICY_CAN_SHRINK | GridConstraints.SIZEPOLICY_CAN_GROW, GridConstraints.SIZEPOLICY_FIXED, null, null, null, 0, false));
    退出 Button = new JButton();
    Font 退出 ButtonFont = this.$$$getFont$$$("FangSong", -1, -1, 退出 Button.getFont());
    if (退出 ButtonFont != null) 退出 Button.setFont(退出 ButtonFont);
    退出 Button.setText("退出");
    panel2.add(退出 Button, new GridConstraints(3, 0, 1, 1, GridConstraints.ANCHOR_CENTER, GridConstraints.FILL_HORIZONTAL, GridConstraints.SIZEPOLICY_CAN_SHRINK | GridConstraints.SIZEPOLICY_CAN_GROW, GridConstraints.SIZEPOLICY_FIXED, null, null, null, 0, false));
    保存 Button = new JButton();
    Font 保存 ButtonFont = this.$$$getFont$$$("FangSong",-1, -1, 保存 Button.getFont());
    if (保存 ButtonFont != null) 保存 Button.setFont(保存 ButtonFont);
    保存 Button.setText("保存");
    panel2.add(保存 Button, new GridConstraints(2, 0, 1, 1, GridConstraints.ANCHOR_CENTER, GridConstraints.FILL_HORIZONTAL, GridConstraints.SIZEPOLICY_CAN_SHRINK | GridConstraints.SIZEPOLICY_CAN_GROW, GridConstraints.SIZEPOLICY_FIXED, null, null, null, 0, false));
    排序 Button = new JButton();
    Font 排序 ButtonFont = this.$$$getFont$$$("FangSong", -1, -1, 排序 Button.getFont());
    if (排序 ButtonFont != null) 排序 Button.setFont(排序 ButtonFont);
    排序 Button.setText("排序");
    panel2.add(排序 Button, new GridConstraints(1, 0, 1, 1, GridConstraints.ANCHOR_CENTER, GridConstraints.FILL_HORIZONTAL, GridConstraints.SIZEPOLICY_CAN_SHRINK | GridConstraints.SIZEPOLICY_CAN_GROW, GridConstraints.SIZEPOLICY_FIXED, null, null, null, 0, false));
```

```java
        final JPanel panel3 = new JPanel();
        panel3.setLayout(new GridLayoutManager(2, 1, new Insets(0, 20, 20, 20), -1, -1));
        panel1.add(panel3, BorderLayout.SOUTH);
        progressBar1 = new JProgressBar();
        progressBar1.setForeground(new Color(-15892472));
        progressBar1.setStringPainted(true);
        panel3.add(progressBar1, new GridConstraints(1, 0, 1, 1, GridConstraints.ANCHOR_CENTER, GridConstraints.FILL_HORIZONTAL, GridConstraints.SIZEPOLICY_WANT_GROW, GridConstraints.SIZEPOLICY_FIXED, null, null, null, 0, false));
        JLabel = new JLabel();
        Font JLabelFont = this.$$$getFont$$$("FangSong", -1, -1, JLabel.getFont());
        if (JLabelFont != null) JLabel.setFont(JLabelFont);
        JLabel.setText("进度");
        panel3.add(JLabel, new GridConstraints(0, 0, 1, 1, GridConstraints.ANCHOR_CENTER, GridConstraints.FILL_NONE, GridConstraints.SIZEPOLICY_FIXED, GridConstraints.SIZEPOLICY_FIXED, null, null, null, 0, false));
        final JPanel panel4 = new JPanel();
        panel4.setLayout(new GridLayoutManager(1, 1, new Insets(40, 20, 20, 20), -1, -1));
        panel1.add(panel4, BorderLayout.CENTER);
        JScrollPane = new JScrollPane();
        panel4.add(JScrollPane, new GridConstraints(0, 0, 1, 1, GridConstraints.ANCHOR_CENTER, GridConstraints.FILL_BOTH, GridConstraints.SIZEPOLICY_CAN_SHRINK | GridConstraints.SIZEPOLICY_WANT_GROW, GridConstraints.SIZEPOLICY_CAN_SHRINK | GridConstraints.SIZEPOLICY_WANT_GROW, null, null, null, 0, false));
        JTextArea = new JTextArea();
        Font JTextAreaFont = this.$$$getFont$$$("Microsoft Himalaya", -1, 20, JTextArea.getFont());
        if (JTextAreaFont != null) JTextArea.setFont(JTextAreaFont);
        JTextArea.setText("单击打开按钮，选择一个 txt 文件...");
        JScrollPane.setViewportView(JTextArea);
    }

    /**
     * @noinspection ALL
     */
    private Font $$$getFont$$$(String fontName, int style, int size, Font currentFont) {
        if (currentFont == null) return null;
        String resultName;
        if (fontName == null) {
            resultName = currentFont.getName();
        } else {
```

```
        Font testFont = new Font(fontName, Font.PLAIN, 10);
        if (testFont.canDisplay('a') && testFont.canDisplay('1')) {
            resultName = fontName;
        }else {
            resultName = currentFont.getName();
        }
    }
    Font font =new Font(resultName,style >= 0 ? style : currentFont.getStyle(), size >= 0 ? size : currentFont.getSize());
    boolean isMac = System.getProperty("os.name","").toLowerCase(Locale.ENGLISH).startsWith("mac");
    Font fontWithFallback = isMac ? new Font(font.getFamily(), font.getStyle(), font.getSize()) : new StyleContext().getFont(font.getFamily(), font.getStyle(), font.getSize());
    return fontWithFallback instanceof FontUIResource ? fontWithFallback : new FontUIResource(fontWithFallback);
}

/**
 * @noinspection ALL
 */
public JComponent $$$getRootComponent$$$() {
    return panel1;
}
}
```

8.4.2 代码使用说明

运行程序，用【打开】按钮打开对话框，在对话框中选择待排序的 txt 文件，文件加载完成后，单击【排序】按钮，即可开始排序。排序完成后，点击【保存】选择保存位置，为文件命名进行保存，如图 8-8 所示。

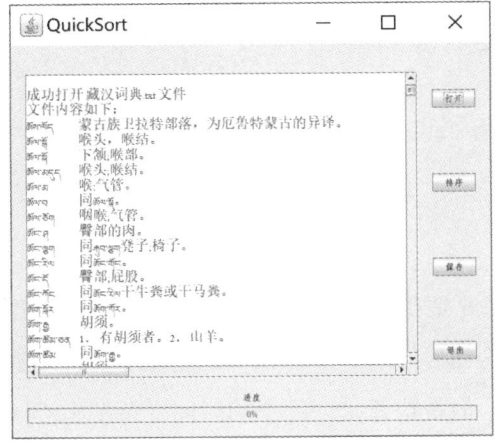
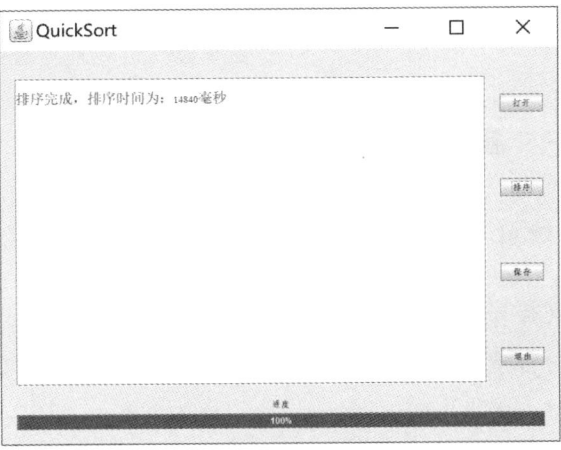

图 8-8 运行界面

8.5 运行结果

8.5.1 运行结果说明

运用以上程序，对 25 241 行藏文按照字典序进行排序，结果如图 8-9 所示。

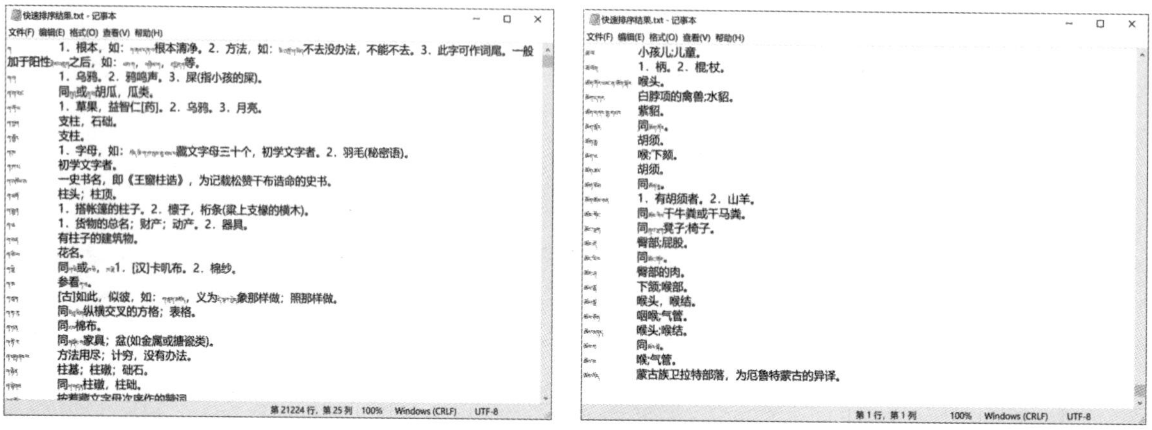

图 8-9 运行结果

8.5.2 讨 论

本程序按照现代藏文字符生成的全藏字研究了藏文字符构件的拆分，其中不包括黏着词，但实际词条中有很多黏着词，所以实际运用时首先对黏着词进行特殊处理，不然黏着词排序放置的位置不正确，如图 8-10 所示。

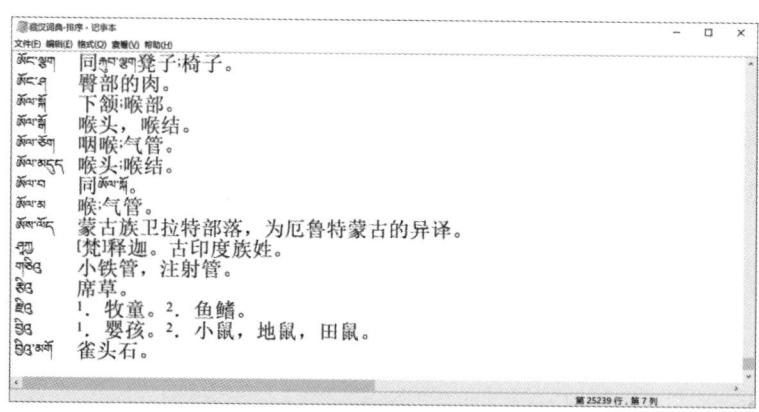

图 8-10 没处理黏着词导致的排序错误

8.6 算法分析

8.6.1 时间复杂度分析

快速排序的平均时间复杂度为 $T(n)=O(n\log_2^n)$，其中 n 是待排序元素的数量。在最好的情况下，即每次划分都能均匀地将数组分为两半，时间复杂度可以达到 $O(n\log_2^n)$。在最坏的情况下，即每次划分都选择了最大或最小的元素作为枢轴，时间复杂度为 $O(n^2)$。但是快速排序的平均时间复杂度为 $O(n\log_2^n)$，这是因为在平均情况下每个元素都可以被划分为两个子数组，而且每次划分的规模都会减半。

在本代码的快速排序中,由于藏文词组不能直接比较出大小,需要将词组按照"·"拆解成单个藏文音节,然后依次进行比较。而在藏文音节的比较中需要调用第 4 章的 cut 方法进行拆分,按构件依次进行比较。因为 compare 方法的时间复杂度是 $O(1)$ 这个级别的,而其中包含的 cut 方法的时间复杂度也是 $O(1)$ 这个级别的,所以在本代码中插入排序的时间复杂度并未改变,仍为 $O(n\log_2^n)$。

8.6.2 空间复杂度分析

快速排序算法的空间复杂度主要取决于递归调用的栈空间。在最坏的情况下,即每次划分都选择了最大或最小的元素作为枢轴,递归调用的栈空间深度为 $O(n)$。在平均情况下,递归调用的栈空间深度为 $O(\log_2^n)$。因此,快速排序的空间复杂度为 $O(\log_2^n) \sim O(n)$,取决于具体的实现方式和输入数据的特点。

8.6.3 稳定性

快速排序算法是不稳定的排序算法。在快速排序的划分过程中,相等的元素可能会被交换位置,这可能导致相等元素的相对顺序发生改变。因此,快速排序不能保持相等元素的相对顺序不变,所以它是一个不稳定的排序算法。

排序算法分析

排序是计算机的基本操作,插入排序、归并排序、堆排序和快速排序是 4 种常用的排序算法。为了更好地理解和掌握排序算法,把 4 种常用排序算法应用到具体的实例中并进行研究,阐述了每种算法的基本思想,详细分析了每种排序算法实现的过程。在此基础上统计了每种算法操作的实际运行时间,分析每种算法的时间复杂度和稳定性,对排序算法进行总结。

1. 算法的时空分析

本篇实现 4 种常用的排序算法,并用 4 种算法对全藏字集进行排序,对比总结 4 种不同的排序算法运行时间的理论值和实际值,如表 1 所示。

表 1   4 种不同的排序算法运行时间的理论值和对全藏字集进行排序的测试值

算法分析		最坏情况运行时间	最好情况运行时间	平均情况运行时间	空间复杂度
插入排序	理论值	$O(n^2)$	$O(n)$	$O(n^2)$	$O(1)$
	测试值	111 754(ms)	24(ms)	73 502(ms)	
归并排序	理论值	$O(n\log_2^n)$	$O(n\log_2^n)$	$O(n\log_2^n)$	$O(\log_2^n)$
	测试值	637(ms)	434(ms)	515(ms)	
堆排序	理论值	$O(n\log_2^n)$	$O(n\log_2^n)$	$O(n\log_2^n)$	$O(\log_2^n)$
	测试值	707(ms)	668(ms)	672(ms)	
快速排序	理论值	$O(n^2)$	$O(n\log_2^n)$	$O(n\log_2^n)$	$O(\log_2^n)$
	测试值	27 238(ms)	11 084(ms)	18 374(ms)	

插入排序的时间复杂度与元素的比较、移动次数有关，而比较、移动的次数与待排序数组的初始顺序有关。当待排序数列有序时，比较 $n-1$ 次，没有移动操作，此时复杂度为 $O(n)$，当待排序数组逆序时，比较次数达到最大值。对于下标 i 处的元素，需要比较 $i-1$ 次。总的比较次数为 $1+2+3+\cdots+(n-1)$，故时间复杂度为 $O(n^2)$。

归并排序是一种分治法，由分解、求解和合并 3 个过程组成。分解是把一个待排序序列分解成两个序列，时间复杂度为 $O(1)$；求解是将一个规模为 n 的问题分成两个规模为 $\frac{n}{2}$ 的子问题，时间复杂度为 $2T\left(\frac{n}{2}\right)$；合并是把两个有序序列合为一个有序序列，时间复杂度为 $O(n)$。归并排序的时间复杂度表示为 $T(n)=2T\left(\frac{n}{2}\right)+O(n)$，因此归并排序的时间复杂度为 $O(n\log_2^n)$。

堆排序过程中建初始堆的时间复杂度为 $O(n)$，调整堆的时间复杂度为 $O(n\log_2^n)$，所以堆排序的时间复杂度为 $O(n\log_2^n)$。

快速排序的时间复杂度最坏的情况就是每一次取到的元素就是数组中最大或最小值，递归的深度近似 n，此时时间复杂度为 $O(n^2)$；最好的情况是每次取到的划分元素刚好能对序列进行二分，递归的深度近似 n 个结点的完全二叉树的高度 $\log_2^n$。此时的时间复杂度表示为 $T[n]=2T[n/2]+f(n)$；其中 $2T[n/2]$ 为平分后的子数组的时间复杂度，$f(n)$ 为平分这个数组所花销的时间，所以快速排序的平均时间复杂度是 $O(n\log_2^n)$。

在第 5~8 章的测试实验中，每一次排序都需要将藏文音节进行构件识别，但由于构建识别方法的时间复杂度为 $O(1)$，每种排序算法的时间复杂度不变。

2. 稳定性分析

插入排序算法在有序序列元素和待插入元素相等时，算法将待插入的元素放在后面，所以插入排序是稳定的。

归并排序算法在交换元素时，可以在相等的情况下做出不移动的限制，所以归并排序也是一种稳定的排序方法。

在一个长为 n 的序列，堆排序的过程是从第 $\frac{n}{2}$ 个结点开始和其子结点共 3 个值中选择最大值（大根堆）或者最小值（小根堆），这 3 个元素之间的选择不会破坏稳定性，但当为 $\frac{n}{2}-1,\frac{n}{2}-2,\cdots 1$ 等作为父结点调用维护堆根性质算法时，一个结点与另一个结点进行交换时有可能就会破坏稳定性。所以，堆排序不是稳定的排序算法。

快速排序有两个方向，当 a[i] <= a[center_index]时，左边的 i 下标一直往右移，其中 center_index 是中枢元素的数组下标，一般取为数组第 0 个元素；当 a[j] > a[center_index]时，右边的 j 下标一直往左移。如果 i 和 j 都不移动了，当 i<=j 时，交换 a[i]和 a[j]，重复上面的过程直到满足 i>j，交换 a[j]和 a[center_index]，完成一趟快速排序。在中枢元素和 a[j]交换时，很有可能打破前面元素的稳定性，所以快速排序是一个不稳定的排序算法，不稳定发生在中枢元素和 a[j]交换的时刻。

3. 总　结

通过比较各种排序算法可以知道：归并排序、堆排序、快速排序的时间复杂度都是 $O(n\log_2^n)$，插入排序的平均时间复杂度是 $O(n^2)$；归并排序、堆排序、快速排序的空间复杂度为 $O(\log_2^n)$，而插入排序的空间复杂度为 $O(1)$；在这 4 种算法当中插入排序和归并排序是稳定的，堆排序和快速排序则是不稳定的。

在实际的排序过程中，影响排序效率的因素较多，主要有记录序列的规模、记录关键字的分布状况及对稳定性是否有要求等。当待排序记录序列的规模较大时，应采用时间复杂度为 $O(n\log_2^n)$ 的归并排序、快速排序或堆排序。目前，在内部排序算法中，快速排序是基于比较的最好的一种排序方法。当待排序记录序列的关键字随机分布时，快速排序的平均时间最短，若对稳定性不作要求，则使用快速排序算法。若待排序记录序列可能出现按关键字基本有序（正序或反序）的情况，快速排序的时间性能不如堆排序和归并排序。当待排序记录序列规模较大时，归并排序所需时间比堆排序少，但它所需的辅助存储空间最多，若对稳定性不作要求，则采用堆排序法；若内存空间允许且要求稳定，则采用归并排序法。另外，归并排序有一定数量的数据移动，可与插入排序结合，先获得一定长度的序列，然后再合并，其效率会有所提高。

因此，在进行排序操作时，用户应当根据不同的情况选择不同的排序算法，从而达到高效的目的。

第 3 篇　　藏文字符查找

第 9 章 藏文编码转换

9.1 问题描述

藏文信息处理技术在发展过程中产生了不同的编码方案,即同一个藏文字符在不同的编码方案中有不同的编码。《信息技术 信息交换用藏文编码字符集 基本集》(GB 16959—1997)(简称为藏文基本集)以藏字中的每一个字符作为编码的对象,编码流的顺序规定为藏文的书写顺序,也就是藏字在键盘上的输入顺序。基本集采用国际标准,把藏文当作完全的拼音性文字来处理,其编码数量少,也是现在应用最广泛的藏文编码。但是在实际应用中,藏文字符的打印和显示都需要通过进行动态组合来完成,而这种动态组合的技术对软硬件的要求较高,加之实现难度较大,所以颁布基本集标准后,很长一段时间内无法按此标准实现藏文字符的处理,于是研究者就制定了《信息技术 藏文编码字符集 扩充集 A》(GB/T 20542—2006)和《信息技术 藏文编码字符集 扩充集 B》(GB/T 22238—2008)(两个一起简称为藏文扩充集)。扩充集与基本集最大的区别在于,它不是对每一个字符进行编码,而是对每一个纵向叠加的字符组合块进行编码,非纵向叠加的字符又用基本集的编码,使得藏文字符的处理从基本集的"二维平面"转化为"一维线性"。基本集的编码范围为 0F00~0FFF,扩充集的编码范围为 F300~F8FF。扩充集在社会上也使用了一段时间,所以也有很多基于扩充集的藏文文本。

在实际应用中,经常需要将两种不同编码的文档进行转换。实现基本集与扩充集编码转换的一个基本办法就是查找两个编码的对照表,将扩充集中叠加字符组合块与基本集的编码进行相互替换,从而达到编码转换的目的。本章编写程序实现藏文基本集和扩充集编码的相互转换。

9.2 问题分析

9.2.1 理论依据

1. 不同藏文编码间转换的原理

同一个藏文字符采用不同的编码方式时就会产生不同的编码。例如:ཀྱ 在基本集中的编码是 0F40 0F72,在扩充集 A 中的编码是 F305。所以,同一藏文字符在不同藏文编码之间有唯一的编码对照关系,如表 9-1 所示。编码转换就是把源藏文编码对应转换为目标藏文编码。

表 9-1 藏文扩 A 编码和基本集编码的对照关系[①]

序号	字丁	基本集	扩 A 编码
1	ཀྱ	0F68 0F80	F300
2	ཀྱ	0F68 0F74	F301

---

① 李永宏,何向真,艾金勇,等. 藏文编码方式及其相互转换[J]. 计算机应用,2009,29(7).

续表

序号	字丁	基本集	扩 A 编码
3		0F68 0F7A	F302
4		0F68 0F7C	F303
5		0F40 0F71	F304
6		0F40 0F72	F305
7		0F40 0F80	F306
8		0F40 0F74	F307
9		0F40 0F7A	F308
10		0F40 0F7C	F309

2．不同藏文编码间的转换方式

通过对不同藏文编码方式进行分析，可以总结出不同藏文编码间进行编码转换的方式如下：

1）一对一的替换

一些非标准藏文编码和扩充集的藏文编码把纵向叠加的组合块和非叠加的藏文字符都作为编码的对象。这些编码之间进行相应的转换时，要把源藏文编码中的一个编码转换为目标藏文编码中的一个编码。

2）一对多的替换

一些非标准藏文编码和扩充集的藏文编码把纵向叠加的组合块作为编码的对象，纵向组合字符不管有多少个字符都只有一个编码，但藏文基本集中把每个字符作为编码的对象，纵向组合有几个字符就会有几个编码，所以，将这类编码转换到藏文基本集编码，也就是将一个字丁分解成构件的过程。具体实现时，顺序读入每一个字丁的编码，查找该藏文字丁对应的基本集编码，进行一对多的转换。例如：藏文字符 由扩充集 A 转化为藏文基本集时，把它的编码从 F304 转换为 0F68（ ）和 0F7C（ ），如表 9-2 所示。

表 9-2 藏文扩 A 编码和基本集编码的实例说明

序号	扩 A 码	字丁	基本集编码
1	F300		0F68 + 0F72
2	F301		0F68 + 0F80
3	F302		0F68 + 0F74
4	F303		0F68 + 0F7A
5	F304		0F68 + 0F7C
⋮	⋮	⋮	⋮
10	F309		0F40 + 0F7A
⋮	⋮	⋮	⋮
50	F331		0F66 + 0F90 + 0F72
⋮	⋮	⋮	⋮
100	F363		0F42 + 0FB1 + 0F74
200	F3C7		0F45 + 0FAD + 0F72
1 000	F6E7		0F4B + 0FB1

3）多对一的替换

藏文基本集把每个字符作为编码的对象，纵向组合时有几个字符就会有几个编码。要把藏文基本集的编码转换为一些非标准藏文编码和扩充集等将纵向叠加作为整体进行编码的藏文编码时，需要把前导字符与组合用字符作为一个整体，把源编码中的前导字符和组合用字符的多个编码按照多对一的方式转换为目标编码中的一个组合字符。

4）不转换

扩充集中非叠加藏文字符仍然使用了基本集的字符，故不用转换。另外，藏文文本中的英文、汉文等非藏文字符也不用转换。

9.2.2 算法思想

首先将藏文测试文本读入，并将藏文字符对照表读入且用Hashmap集合存储使基本集和扩充集形成一一映射关系。在基本集转换为扩充集时，需要将基本集的所有叠加字符进行组合并将其转换为扩充集的一个编码，非叠加字符不用进行转换，因此，算法的一个关键问题就是如何识别出叠加字符。一般情况下，叠加部分的第一个字符是不确定的，但是从第二个字符开始到最后一个叠加字符可以通过编码来确定，这一部分字符的编码范围在 0F90～0FBC。在第4章现代藏字构件识别中给出了找前导字符和组合用字符的方法，采用该方法，本章将找前导字符、组合用字符和元音的部分组合在一起写成一个新的方法 isOverlay_Word(String s)，用于识别出叠加字符。除此之外，还要对藏文中的黏着字进行处理，否则在找叠加部分由于黏着字的存在会出现错误。藏文中的黏着字一般以后缀的形式出现，有以下几种："འི"，"འུ"，"འམ"，"འོ"。倘若一个藏文字符是以这几种字符结尾的，那么需将其进行特殊处理，本章判断黏着字的方法为 isTibetanAffix(String input)。

1. 基本集转扩充集

基本集转换为扩充集时，通过一个列表存储每个藏文音节中的叠加字符，具体方法如下：

第1步：将每一行待转换文本切分成单个藏字。

第2步：对每个藏字中的叠加部分进行判断并将该藏字的所有叠加字符放入一个列表中。

第3步：将叠加的部分进行组合，然后同字符转换表进行对照从而完成转换。

2. 扩充集转基本集

第1步：读一个字符。

第2步：如果当前字符编码范围不在 F300～F8FF，则其不需要转换，将其输出；如果当前字符编码范围在 F300～F8FF，则需要查表转换。查找成功，将其替换为对应的基本集编码并输出，查找失败，将其原样输出。

第3步：转到第1步直到文本结束。

9.3 算法设计

9.3.1 存储空间

1. 编码对照表的存储结构

首先加载基本集到扩充集的对照表，该表为 txt 格式，每行为一个基本集字符到扩充集的对照，基本集与扩充集之间用 '\t' 隔开；对照表的存储格式采用 LinkedHashMap 进行存储，这样可以使每个扩充集和基本集形成一一映射的关系，在转换时方便迅速查找，具体定义如下：

```java
public static LinkedHashMap read_CharacterContrastTable() {
    LinkedHashMap<String, String> linkedHashMap = new LinkedHashMap<>();
    BufferedReader br = null;            //读入全藏字
    try {
        br = new BufferedReader(new FileReader("D:\\javaResult\\chap9\\藏文扩充集与基本集的对照表.txt"));
        String line = "";
        while ((line = br.readLine()) != null) {
            String[] s = line.split("\t");
            String key = s[0];
            String value = s[1];
            linkedHashMap.put(key, value);
        }
    }catch (FileNotFoundException e) {
        e.printStackTrace();
    }catch (IOException e) {
        e.printStackTrace();
    }
    return linkedHashMap;
}
```

2. 文本存储空间

本实验的文本存储空间包括藏文基本集及藏文扩充集，在读入并进行存储时，考虑到进行转换时需要根据藏文分隔符将每个藏字分割开来再进行判断黏着字及找叠加等操作，因此本实验采用 String[] testTest 字符串数组进行存储，每读入一行便将其存入字符串数组中的一个变量中，最后返回一个字符串数组，这样方便后续处理时可以按行进行处理，具体的定义如下：

```java
public static String[] open(File file) {
    BufferedReader br = null;
    String[] strings = new String[0];    //定义该数组是为了在文件打开错误时具有返回值
    try {
        br = new BufferedReader(new InputStreamReader(new FileInputStream(file), "UTF-8"));
        String line = "";
        StringBuilder sb = new StringBuilder();
        while ((line = br.readLine()) != null) {
            sb.append(line + "\t");
        }
        String[] testTest = sb.toString().split("\t");
        return testTest;      //返回存储的藏文文本
    }catch (FileNotFoundException e) {
        e.printStackTrace();
    }catch (IOException e) {
        e.printStackTrace();
    }
    return strings;
}
```

9.3.2 流程图

（1）基本集转换为扩充集较为复杂，其流程如图 9-1 所示。

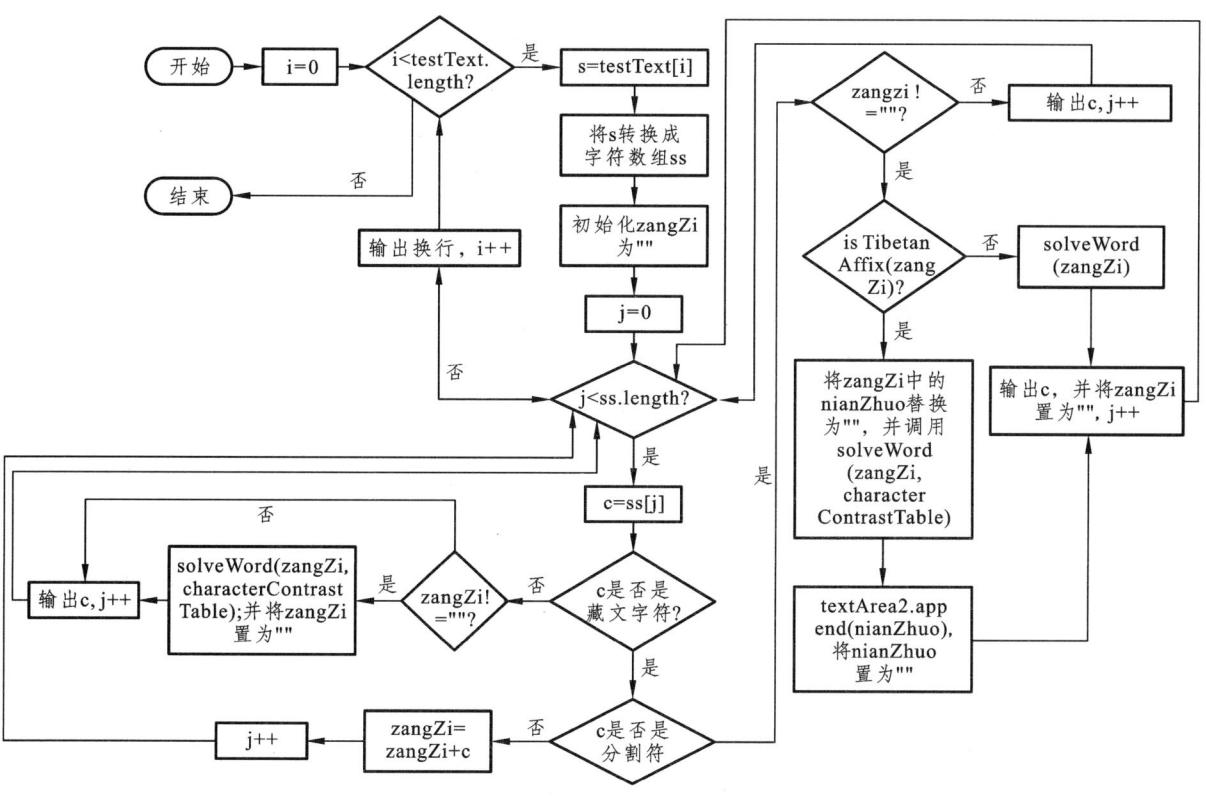

图 9-1　基本集转扩充集流程图

（2）扩充集转换为基本集流程如图 9-2 所示。

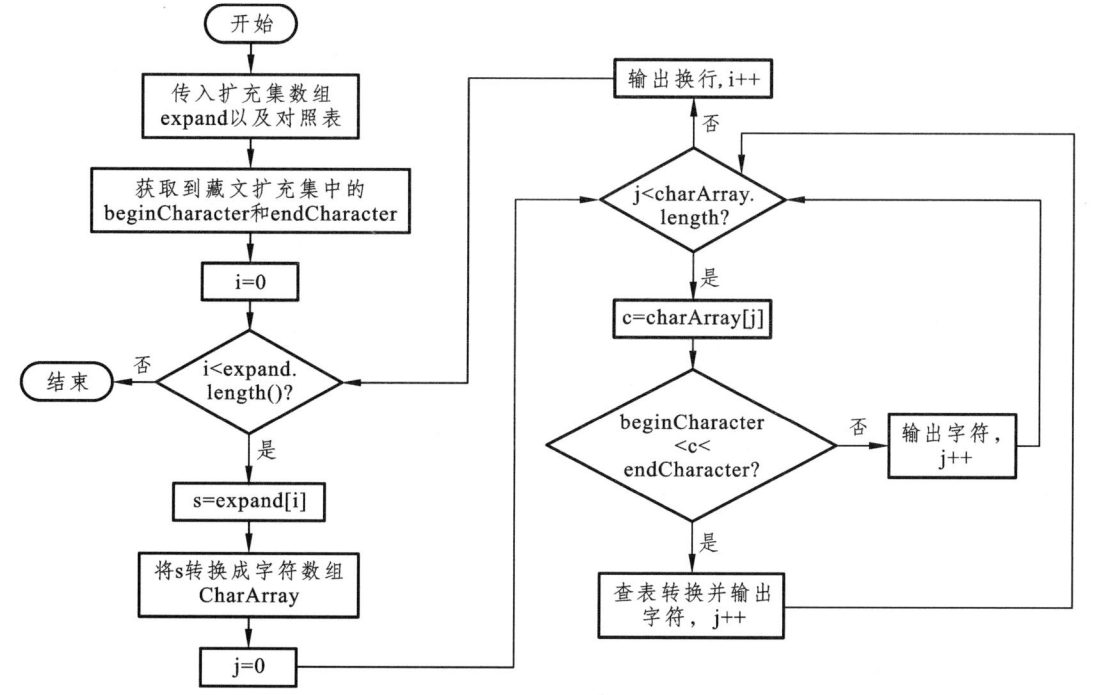

图 9-2　扩充集转基本集流程图

9.3.3 伪代码

基本集转扩充集的伪代码，即 basicToExtend 方法的伪代码如下：

```
basicToExtend(testText, characterContrastTable):
1   for s in testText:
2       ss = s.toCharArray() // 将 s 转换为字符数组
3       zangZi = "" // 初始化 zangZi 为空字符串
4       for c in ss:
5           if c is Tibetan character: // 判断 c 是否是藏文字符
6               if c in separate: // 判断 c 是否是分隔符
7                   if zangZi!= "": // 判断 zangZi 是否为空
8                       if zangZi isTibetanAffix: // 判断 zangZi 是否是黏着词
9                           zangZi = zangZi.replace(nianZhuo, "") // 去掉 zangZi 中的后缀
10                          solveWord(zangZi, CharacterContrastTable)
11                          // 调用 solveWord 方法对 zangZi 进行转换处理
12                          print(nianZhuo) // 打印后缀
13                          nianZhuo = "" // 重置 nianZhuo 为空字符串
14                      else:
15                          solveWord(zangZi, characterContrastTable)
16                      print(c) // 打印分隔符
17                      zangZi = "" // 重置 zangZi 为空字符串
18                  else:
19                      print(c) // 打印分隔符
20              else:
21                  zangZi = zangZi + c // 将 c 添加到 zangZi 中
22          else:
23              if zangZi!= "": // 判断 zangZi 是否为空
24                  solveWord(zangZi, characterContrastTable)
25                  zangZi = "" // 重置 zangZi 为空字符串
26              print(c) // 打印非藏文字符
27      print("\n") // 打印换行符
```

扩充集转基本集的伪代码，即 extendToBasic 方法的伪代码如下：

```
extendToBasic(expand, characterContrastTable):
1   beginCharacter = "F300" // 定义扩充集编码范围的开始字符
2   endCharacter = "F8FF" // 定义扩充集编码范围的结束字符
3   for s in expand:
4       charArray = s.toCharArray() // 将 s 转换为字符数组
5       for c in charArray:
6           if c is between beginCharacter and endCharacter:
7               // 判断 c 是否在扩充集编码范围内
8               // 查表转换
```

```
9           s1 = c.toHexString() // 将 c 转换为十六进制字符串
10          for entry in characterContrastTable: // 遍历对照表
11              key = entry.getKey() // 获取对照表中每一行的键，即扩充集编码
12              value = entry.getValue() // 获取对照表中每一行的值，即基本集编码
13              if s1 equals key: // 判断 s1 是否等于键
14                  values = value.toCharArray() // 将值转换为字符数组
15                  k = "" // 初始化 k 为空字符串
16                  for i=1 to values.length: // 遍历值中的每个字符
17                      k = k + values[i-1] // 将字符添加到 k 中
18                      if i%4 == 0:
19                          // 判断 i 是否能被 4 整除，即 k 是否是一个完整的基本集编码
20                          character = k.toCharacter() // 将 k 转换为基本集对应的藏文字符
21                          print(character) // 打印字符
22                          k = "" // 重置 k 为空字符串
23          else:
24              print(c) // 打印非扩充集字符
25      print("\n") // 打印换行符
```

9.4 程序实现

9.4.1 代 码

本次实验分为算法部分及窗体部分。具体实现如下：

1. 算法部分实现

在包下新建一个名为"chapter9"的 Java 文件，并向其中添加如下代码：

```
package cn.edu.utibet.chapter9;

import java.io.*;
import java.util.*;

import static cn.edu.utibet.chapter4.chapter4.cut;
public class chapter9 {
    static String nianZhuo = "";
    //读入藏文字符对照表，用字典存储形成一一映射关系
    public static LinkedHashMap read_CharacterContrastTable() {
        LinkedHashMap<String, String> linkedHashMap = new LinkedHashMap<>();
        BufferedReader br = null;             //读入全藏字
        try {
            br = new BufferedReader(new FileReader("D:\\javaResult\\chap9\\藏文扩充集与基本
```

集的对照表.txt"));

```java
            String line = "";
            while ((line = br.readLine()) != null) {
                String[] s = line.split("\t");
                String key = s[0];
                String value = s[1];
                linkedHashMap.put(key, value);
            }
        }catch (FileNotFoundException e) {
            e.printStackTrace();
        }catch (IOException e) {
            e.printStackTrace();
        }
        return linkedHashMap;
    }

    //90个藏文分隔符
    public static final char[] separate =
            {0x0F00, 0x0F01, 0x0F02, 0x0F03, 0x0F04, 0x0F06, 0x0F07, 0x0F08, 0x0F09,
            0x0F0A, 0x0F0B, 0x0F0C, 0x0F0D, 0x0F0E, 0x0F0F, 0x0F10, 0x0F11, 0x0F12,
            0x0F13, 0x0F14, 0x0F15, 0x0F16, 0x0F17, 0x0F18, 0x0F19, 0x0F1A, 0x0F1B,
            0x0F1C, 0x0F1D, 0x0F1E, 0x0F1F, 0x0F20, 0x0F21, 0x0F22, 0x0F23, 0x0F24,
            0x0F25, 0x0F26, 0x0F27, 0x0F28, 0x0F29, 0x0F2A, 0x0F2B, 0x0F2C, 0x0F2D,
            0x0F2E, 0x0F2F, 0x0F30, 0x0F31, 0x0F32, 0x0F33, 0x0F34, 0x0F35, 0x0F36,
            0x0F37, 0x0F38, 0x0F3A, 0x0F3B, 0x0F3C, 0x0F3D, 0x0F3E, 0x0F3F, 0x0FBE,
            0x0FBF, 0x0FC0, 0x0FC1, 0x0FC2, 0x0FC3, 0x0FC4, 0x0FC5, 0x0FC6, 0x0FC7,
            0x0FC8, 0x0FC9, 0x0FCA, 0x0FCB, 0x0FCC, 0x0FCE, 0x0FCF, 0x0FD0, 0x0FD1,
            0x0FD2, 0x0FD3, 0x0FD4, 0x0FD5, 0x0FD6, 0x0FD7, 0x0FD8, 0x0FD9, 0x0FDA};

    public static boolean in(char s, char[] strings) {
        for (char s0 : strings) {
            if (s0 == s) {
                return true;
            }
        }
        return false;
    }

    //判断叠加字符
    public static List<String> isOverlay_Word(String s) {
        List<String> list = new ArrayList<>();
        boolean first = true;
```

```java
        int i = 0;
        while (i < s.length()) {
            //判断前导字符以及组合用字符
            if (s.charAt(i) >= 0x0F8D && s.charAt(i) < 0x0FBD) {
                if (first) {
                    //遇到第一个组合用字符
                    list.add(String.valueOf(s.charAt(i - 1)));
                    first = false;
                    list.add(String.valueOf(s.charAt(i)));
                }else {
                    //除第一个组合用字符之外的其他组合用字符
                    list.add(String.valueOf(s.charAt(i)));
                }
            }
            i++;
        }
        LinkedHashMap<String, String> cut = cut(s);
        Iterator<Map.Entry<String, String>> iterator = cut.entrySet().iterator();
        while (iterator.hasNext()) {
            Map.Entry<String, String> entry = iterator.next();
            if (entry.getKey() == "元音" && entry.getValue() != null) {
                list.add(String.valueOf(entry.getValue()));
            }
        }
        return list;
    }

    //将叠加字符和扩展集编码表进行对比转换
    public static String transform_BasicalToExtend(List<String> list, LinkedHashMap characterContrastTable) {
        String basicalUnicode = "";
        for (String s : list) {
            int codePoint = s.charAt(0);
            String t = "0" + Integer.toHexString(codePoint);
            if (t.contains("f")) {
                String s1 = t.replaceAll("f", "F").replaceAll("b", "B").replaceAll("a", "A").replaceAll("d", "D").replaceAll("c", "C");
                basicalUnicode = basicalUnicode + s1;
            }
        }
        Iterator<Map.Entry<String,String>> iterator=characterContrastTable.entrySet().iterator();
        while (iterator.hasNext()) {
```

```java
                Map.Entry<String, String> entry = iterator.next();
                String key = entry.getKey();
                String value = entry.getValue();
                if (basicalUnicode.equals(value)) {
                    int codePoint = Integer.parseInt(key, 16);
                    String character = new String(new int[]{codePoint}, 0, 1);
                    return character;
                }
            }
            System.out.println(basicalUnicode+"您输入的叠加字符有误，在扩展集编码表中找不到，转换失败");
            return "";
        }

    public static boolean isTibetanAffix(String input) {
        // 定义一些常见的黏着词规则
        String[] suffixes = {"ཉི", "ུ", "འམ", "ོ"};
        // 检查词是否以后缀结尾
        for (String suffix : suffixes) {
            if (input.endsWith(suffix)) {
                nianZhuo = suffix;
                return true;
            }
        }
        // 如果以上都不是，则词不是黏着词
        return false;
    }

    public static String[] open(File file) {
        BufferedReader br = null;
        String[] strings = new String[0];
        try {
            br = new BufferedReader(new InputStreamReader(new FileInputStream(file),"UTF-8"));
            String line = "";
            StringBuilder sb = new StringBuilder();
            while ((line = br.readLine()) != null) {
                sb.append(line + "\t");
            }
            String[] testTest = sb.toString().split("\t");
            return testTest;
        }catch (FileNotFoundException e) {
            e.printStackTrace();
```

```
        } catch (IOException e) {
            e.printStackTrace();
        }
        return strings;
    }

    public static void save(String[] strings,File path){
        BufferedWriter bufferedWriter = null;
        try {
            bufferedWriter = new BufferedWriter(new FileWriter(path));
            for (String s : strings) {
                bufferedWriter.write(s);
                bufferedWriter.newLine();
            }
            bufferedWriter.flush();
            bufferedWriter.close();
        }catch (IOException e) {
            e.printStackTrace();
        }
    }
}
```

2．窗体部分实现

（1）新建一个"GUI form 文件"并将其命名为 Tibetan_character_conversion。

（2）拖拽组件进行 UI 设计，如图 9-3 所示。

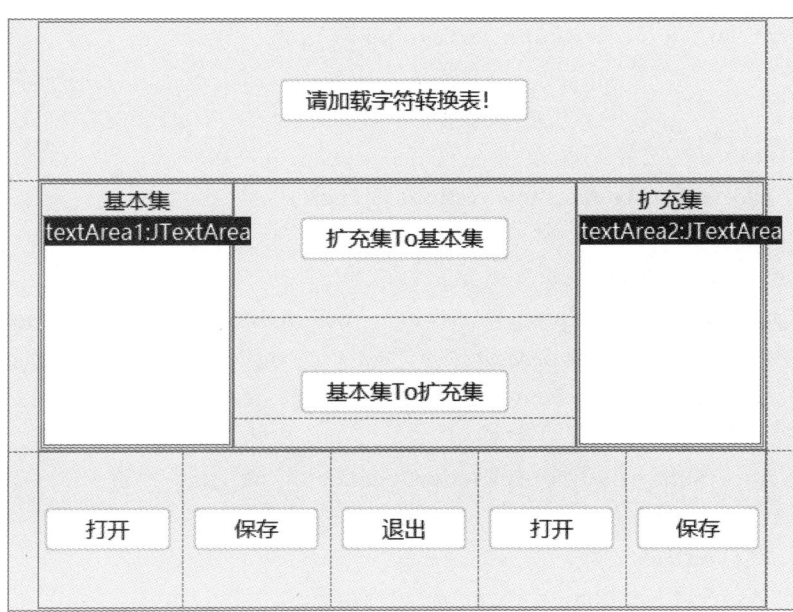

图 9-3　GUI Form

（3）添加事件监听如图 9-4 所示。

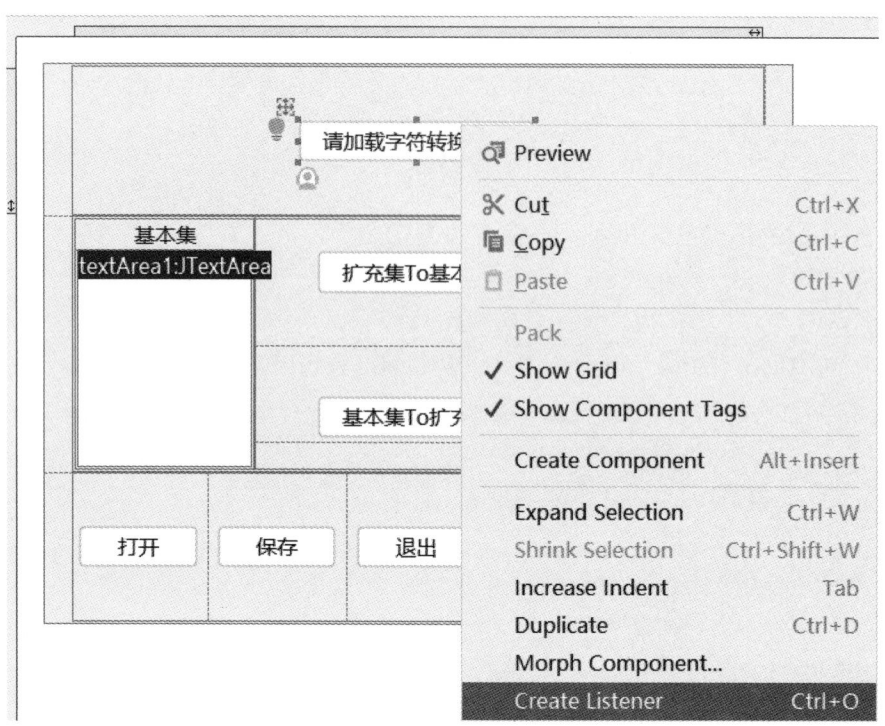

图 9-4　添加监听

在添加的监听器中重写 public void actionPerformed(ActionEvent e)方法。这里分别对 8 个按钮添加了监听。

①添加"OpenCharacterTableButton"按钮行为事件监听的代码：

```
OpenCharacterTableButton.addActionListener(new ActionListener() {
    @Override
    public void actionPerformed(ActionEvent e) {
        characterContrastTable = read_CharacterContrastTable();
        OpenCharacterTableButton.setText("加载完成！");
    }
});
```

②添加"打开 Button1"按钮行为事件监听的代码：

```
打开 Button1.addActionListener(new ActionListener() {
    @Override
    public void actionPerformed(ActionEvent e) {
        SwingWorker<Void, Integer> worker = new SwingWorker<Void, Integer>() {
            // 创建文件选择器对象
            JFileChooser fileChooser = new JFileChooser();
            // 弹出文件选择器对话框
            int result = fileChooser.showOpenDialog(null);

            @Override
            protected Void doInBackground() throws Exception {
                // 在后台线程中运行算法
```

```java
                    // 如果用户单击"打开"按钮
                    if (result == JFileChooser.APPROVE_OPTION) {
                        // 获取用户选择的文件
                        File selectedFile = fileChooser.getSelectedFile();
                        basic = open(selectedFile);
                        for (String s : basic) {
                            textArea1.append(s + "\n");
                        }
                    }
                    return null;
                }
            };
            // 启动 SwingWorker 对象
            worker.execute();
        }
    });
```

③添加"退出"按钮行为事件监听的代码：

```java
    退出 Button.addActionListener(new ActionListener(){
        @Override
        public void actionPerformed(ActionEvent e) {
            System.exit(0);
        }
    });
```

④添加"基本集 To 扩充集 Button"按钮行为事件监听的代码：

```java
基本集 To 扩充集 Button.addActionListener(new ActionListener() {
    @Override
    public void actionPerformed(ActionEvent e) {
        // 创建 SwingWorker 对象
        SwingWorker<Void, Integer> worker = new SwingWorker<Void, Integer>() {
            @Override
            protected Void doInBackground() throws Exception {
                // 在后台线程中运行算法
                basicToExtend(basic, characterContrastTable);
                return null;
            }

            public void basicToExtend(String[] testText, LinkedHashMap characterContrastTable) {
                for (String s : testText) {
                    char ss[] = s.toCharArray(); //利用 toCharArray 方法转换
                    String zangZi = "";
                    for (char c : ss) {
                        if (c >= 0x0F00 && c <= 0x0F47 || c >= 0x0F49 && c <= 0x0F6C || c >= 0x0F71 && c <= 0x0F97 || c >= 0x0F99 && c <= 0x0FBC || c >= 0x0FBE && c <= 0x0FCC || c >= 0x0FCE && c <= 0x0FDA) {
```

```java
                            if (in(c, separate)) {
                                //将前面的藏字存入统计表，将分隔符也存入统计表
                                if (zangZi != "") {
                                    if (isTibetanAffix(zangZi)) {//如果是黏着词
                                        zangZi = zangZi.replace(nianZhuo, "");
                                        solveWord(zangZi, characterContrastTable);
                                        textArea2.append(nianZhuo);
                                        nianZhuo = "";
                                    }else {
                                        solveWord(zangZi, characterContrastTable);
                                    }
                                    textArea2.append(String.valueOf(c));
                                    zangZi = "";
                                }else {
                                    textArea2.append(String.valueOf(c));
                                    //将该字符直接原样输出
                                }
                            }else {
                                zangZi = zangZi + String.valueOf(c);
                                continue;
                            }
                        }else {
                            if (zangZi != "") {
                                solveWord(zangZi, characterContrastTable);
                                zangZi = "";
                            }
                            textArea2.append(String.valueOf(c)); //将该字符直接原样输出
                        }
                    }
                    textArea2.append("\n");
                }
            }

            public void solveWord(String zangZi, LinkedHashMap characterContrastTable) {
                List<String> overlay_Word = isOverlay_Word(zangZi);
                if (overlay_Word.size()!= 0 && overlay_Word.size() != 1) {
                    char[] chars = zangZi.toCharArray();
                    for (char cc : chars) {
                        if (overlay_Word.contains(String.valueOf(cc)) {
                            if (overlay_Word.get(overlay_Word.size()- 1).equals(String.valueOf(cc))) {
                                //则这是叠加字列表中存放的最后一个叠加字了
                                String pile_BasicToExtend = transform_BasicalToExtend(overlay_Word, characterContrastTable);
                                textArea2.append(pile_BasicToExtend);
```

```
                    } else {
                        continue;
                    }
                } else {
                    textArea2.append(String.valueOf(cc));
                }
            }
        } else {
            textArea2.append(zangZi);
        }
    }
};
// 启动 SwingWorker 对象
worker.execute();
    }
});
```

⑤添加"打开 Button2"按钮行为事件监听的代码：

```
打开 Button2.addActionListener(new ActionListener(){
    @Override
    public void actionPerformed(ActionEvent e) {
        SwingWorker<Void, Integer> worker = new SwingWorker<Void, Integer>() {
            // 创建文件选择器对象
            JFileChooser fileChooser = new JFileChooser();
            // 弹出文件选择器对话框
            int result = fileChooser.showOpenDialog(null);

            @Override
            protected Void doInBackground() throws Exception {
                // 在后台线程中运行算法
                // 如果用户单击"打开"按钮
                if (result == JFileChooser.APPROVE_OPTION) {
                    // 获取用户选择的文件
                    File selectedFile = fileChooser.getSelectedFile();
                    expand = open(selectedFile);
                    for (String s : expand) {
                        textArea2.append(s + "\n");
                    }
                }
                return null;
            }
        };
        // 启动 SwingWorker 对象
        worker.execute();
    }
});
```

⑥添加"扩充集 To 基本集 Button"按钮行为事件监听的代码：

```java
扩充集 To 基本集 Button.addActionListener(new ActionListener(){
    @Override
    public void actionPerformed(ActionEvent e) {
        // 创建 SwingWorker 对象
        SwingWorker<Void, Integer> worker = new SwingWorker<Void, Integer>() {
            @Override
            protected Void doInBackground() throws Exception {
                // 在后台线程中运行算法
                extendToBasic(expand, characterContrastTable);
                return null;
            }

            public void extendToBasic(String[] Expand,LinkedHashMap characterContrastTable)
            {
                String begin = "F300";
                int codePoint = Integer.parseInt(begin, 16);
                String beginCharacter = new String(new int[]{codePoint}, 0, 1);
                String end = "F8FF";
                int codePoint2 = Integer.parseInt(end, 16);
                String endCharacter = new String(new int[]{codePoint2}, 0, 1);
                for (String s : Expand) {
                    char[] charArray = s.toCharArray();
                    for (char c : charArray) {
                        if (String.valueOf(c).compareTo(beginCharacter)>=0&&String.valueOf(c).compareTo(endCharacter) <= 0) {
                            //查表转换
                            int codePoint3 = c;
                            String t = Integer.toHexString(codePoint3);
                            String s1 = "";
                            if (t.contains("f")) {
                                s1 = t.replaceAll("f", "F").replaceAll("b", "B").replaceAll("a", "A").replaceAll("d", "D").replaceAll("c", "C").replaceAll("e", "E");}
                            Iterator<Map.Entry<String, String>> iterator = characterContrastTable.entrySet().iterator();
                            while (iterator.hasNext()) {
                                Map.Entry<String, String> entry = iterator.next();
                                String key = entry.getKey();
                                String value = entry.getValue();
                                if (s1.equals(key)) {
                                    char[] values = value.toCharArray();
                                    String k = "";
                                    for (int i = 1; i <= values.length; i++) {
```

```java
                                    k = k + values[i - 1];
                                    if (i % 4 == 0) {
                                        int codePoint4 = Integer.parseInt(k, 16);
                                        String character=new String(new int[]{codePoint4},0,1);
                                        textArea1.append(character);
                                        k = "";
                                    }
                                }
                            }
                        }
                    }else {
                      textArea1.append(String.valueOf(c));
                    }
                  }
                  textArea1.append("\n");
                }
              }
        };
        // 启动 SwingWorker 对象
        worker.execute();
    }
});
```

⑦添加"保存 Button2"按钮行为事件监听的代码：

```java
保存 Button2.addActionListener(new ActionListener(){
    @Override
    public void actionPerformed(ActionEvent e) {
        // 创建文件选择器对象
        JFileChooser fileChooser = new JFileChooser();
        // 设置文件选择器的默认目录
        fileChooser.setCurrentDirectory(new File("."));
        // 显示"另存为"对话框
        int result = fileChooser.showSaveDialog(null);
        // 如果用户单击"保存"按钮
        if (result == JFileChooser.APPROVE_OPTION) {
            // 获取用户选择的文件
            File selectedFile = fileChooser.getSelectedFile();
            // 检查文件名是否合法
            if (!selectedFile.getName().endsWith(".txt")) {
                selectedFile = new File(selectedFile.getAbsolutePath() + ".txt");
            }
            String text = textArea2.getText();
            String[] split = text.split("\n");
            // 保存排序结果到文件中
```

```
            save(split, selectedFile);
        }
    }
});
```

⑧添加"保存 Button1"按钮行为事件监听的代码：

```
保存 Button1.addActionListener(new ActionListener(){
    @Override
    public void actionPerformed(ActionEvent e) {
        // 创建文件选择器对象
        JFileChooser fileChooser = new JFileChooser();
        // 设置文件选择器的默认目录
        fileChooser.setCurrentDirectory(new File("."));
        // 显示"另存为"对话框
        int result = fileChooser.showSaveDialog(null);
        // 如果用户单击"保存"按钮
        if (result == JFileChooser.APPROVE_OPTION) {
            // 获取用户选择的文件
            File selectedFile = fileChooser.getSelectedFile();
            // 检查文件名是否合法
            if (!selectedFile.getName().endsWith(".txt")) {
                selectedFile = new File(selectedFile.getAbsolutePath() + ".txt");
            }
            String text = textArea1.getText();
            String[] split = text.split("\n");
            // 保存排序结果到文件中
            save(split, selectedFile);
        }
    }
});
```

（4）生成 main 方法：将光标放到类上，按 Alt+Insert 键，点击 Form main()生成 main 方法，如图 9-5 所示。

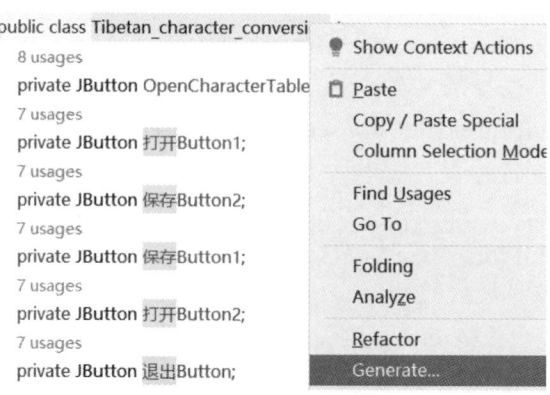

图 9-5　生成 main 方法

生成的主方法代码：

```java
public static void main(String[] args) {
    JFrame frame = new JFrame("Tibetan_character_conversion");
    frame.setContentPane(new Tibetan_character_conversion().JPane);
    frame.setSize(500, 400);
    frame.setLocationRelativeTo(null);    // 将窗体放置在屏幕中央
    frame.setDefaultCloseOperation(JFrame.EXIT_ON_CLOSE);
    frame.setVisible(true);
}
```

（5）运行 main 方法，IDEA 自动生成 GUI 对应源码：

```java
    {
// GUI initializer generated by IntelliJ IDEA GUI Designer
// >>> IMPORTANT!! <<<
// DO NOT EDIT OR ADD ANY CODE HERE!
        $$$setupUI$$$();
    }

/**
 * Method generated by IntelliJ IDEA GUI Designer
 * >>> IMPORTANT!! <<<
 * DO NOT edit this method OR call it in your code!
 *
 * @noinspection ALL
 */
private void $$$setupUI$$$() {
    JPane = new JPanel();
    JPane.setLayout(new GridLayoutManager(3, 1, new Insets(0, 20, 0, 20), -1, 0));
    final JPanel panel1 = new JPanel();
    panel1.setLayout(new GridLayoutManager(1, 1, new Insets(0, 0, 0, 0), -1, -1)); JPane.add(panel1, new GridConstraints(0, 0, 1, 1, GridConstraints.ANCHOR_CENTER, GridConstraints.FILL_BOTH, GridConstraints.SIZEPOLICY_CAN_SHRINK | GridConstraints.SIZEPOLICY_CAN_GROW, GridConstraints.SIZEPOLICY_CAN_SHRINK | GridConstraints.SIZEPOLICY_CAN_GROW, null, null, null, 0, false));
    OpenCharacterTableButton = new JButton();
    Font OpenCharacterTableButtonFont = this.$$$getFont$$$("FangSong", -1, -1, OpenCharacterTableButton.getFont());
    if (OpenCharacterTableButtonFont != null) OpenCharacterTableButton.setFont(OpenCharacterTableButtonFont);
    OpenCharacterTableButton.setText("请加载字符转换表！");
    panel1.add(OpenCharacterTableButton, new GridConstraints(0, 0, 1, 1, GridConstraints.ANCHOR_CENTER, GridConstraints.FILL_NONE, GridConstraints.SIZEPOLICY_CAN_SHRINK | GridConstraints.SIZEPOLICY_CAN_GROW, GridConstraints.SIZEPOLICY_FIXED, null, null, null, 0, false));
    final JPanel panel2 = new JPanel();
    panel2.setLayout(new GridLayoutManager(1, 5, new Insets(0, 0, 0, 0), -1, -1));
```

```
        JPane.add(panel2, new GridConstraints(2, 0, 1, 1, GridConstraints.ANCHOR_CENTER,
GridConstraints.FILL_BOTH, GridConstraints.SIZEPOLICY_CAN_SHRINK | GridConstraints. SIZEPOLICY_
CAN_GROW, GridConstraints.SIZEPOLICY_CAN_SHRINK | GridConstraints. SIZEPOLICY_CAN_GROW,
null, null, null, 0, false));
        打开 Button1 = new JButton();
        Font 打开 Button1Font = this.$$$getFont$$$("FangSong", -1, -1, 打开 Button1.getFont());
        if (打开 Button1Font != null) 打开 Button1.setFont(打开 Button1Font);
        打开 Button1.setText("打开");
        panel2.add(打开 Button1, new GridConstraints(0, 0, 1, 1, GridConstraints.ANCHOR_CENTER,
GridConstraints.FILL_HORIZONTAL, GridConstraints.SIZEPOLICY_CAN_SHRINK | GridConstraints.
SIZEPOLICY_CAN_GROW, GridConstraints.SIZEPOLICY_FIXED, null, null, null, 0, false));
        保存 Button2 = new JButton();
        Font 保存 Button2Font = this.$$$getFont$$$("FangSong", -1, -1, 保存 Button2.getFont());
        if (保存 Button2Font != null) 保存 Button2.setFont(保存 Button2Font);
        保存 Button2.setText("保存");
        panel2.add(保存 Button2, new GridConstraints(0, 4, 1, 1, GridConstraints.ANCHOR_CENTER,
GridConstraints.FILL_HORIZONTAL, GridConstraints.SIZEPOLICY_CAN_SHRINK | GridConstraints.
SIZEPOLICY_CAN_GROW, GridConstraints.SIZEPOLICY_FIXED, null, null, null, 0, false));
        保存 Button1 = new JButton();
        Font 保存 Button1Font = this.$$$getFont$$$("FangSong", -1, -1, 保存 Button1.getFont());
        if (保存 Button1Font != null) 保存 Button1.setFont(保存 Button1Font);
        保存 Button1.setText("保存");
        panel2.add(保存 Button1, new GridConstraints(0, 1, 1, 1, GridConstraints.ANCHOR_CENTER,
GridConstraints.FILL_HORIZONTAL, GridConstraints.SIZEPOLICY_CAN_SHRINK | GridConstraints.
SIZEPOLICY_CAN_GROW, GridConstraints.SIZEPOLICY_FIXED, null, null, null, 0, false));
        打开 Button2 = new JButton();
        Font 打开 Button2Font = this.$$$getFont$$$("FangSong", -1, -1, 打开 Button2.getFont());
        if (打开 Button2Font != null) 打开 Button2.setFont(打开 Button2Font);
        打开 Button2.setText("打开");
        panel2.add(打开 Button2, new GridConstraints(0, 3, 1, 1, GridConstraints.ANCHOR_CENTER,
GridConstraints.FILL_HORIZONTAL, GridConstraints.SIZEPOLICY_CAN_SHRINK | GridConstraints.
SIZEPOLICY_CAN_GROW, GridConstraints.SIZEPOLICY_FIXED, null, null, null, 0, false));
        退出 Button = new JButton();
        Font 退出 ButtonFont = this.$$$getFont$$$("FangSong", -1, -1, 退出 Button.getFont());
        if (退出 ButtonFont != null) 退出 Button.setFont(退出 ButtonFont);
        退出 Button.setText("退出");
        panel2.add(退出 Button, new GridConstraints(0, 2, 1, 1, GridConstraints.ANCHOR_CENTER,
GridConstraints.FILL_HORIZONTAL, GridConstraints.SIZEPOLICY_CAN_SHRINK | GridConstraints.
SIZEPOLICY_CAN_GROW, GridConstraints.SIZEPOLICY_FIXED, null, null, null, 0, false));
        final JPanel panel3 = new JPanel();
        panel3.setLayout(new GridLayoutManager(1, 3, new Insets(0, 0, 0, 0), 0, -1)); JPane.add(panel3,
new GridConstraints(1, 0, 1, 1, GridConstraints.ANCHOR_CENTER, GridConstraints.FILL_BOTH,
GridConstraints.SIZEPOLICY_CAN_SHRINK | GridConstraints. SIZEPOLICY_CAN_GROW, GridConstraints.
SIZEPOLICY_CAN_SHRINK | GridConstraints. SIZEPOLICY_CAN_GROW, null, null, null, 0, false));
```

```
        final JPanel panel4 = new JPanel();
        panel4.setLayout(new GridLayoutManager(2, 1, new Insets(0, 0, 0, 0), -1, 0)); panel3.add(panel4,
new GridConstraints(0, 0, 1, 1, GridConstraints.ANCHOR_CENTER, GridConstraints.FILL_BOTH,
GridConstraints.SIZEPOLICY_CAN_SHRINK | GridConstraints. SIZEPOLICY_CAN_GROW, GridConstraints.
SIZEPOLICY_CAN_SHRINK | GridConstraints.SIZEPOLICY_ CAN_GROW, null, null, null, 0, false));
        final JLabel label1 = new JLabel();
        Font label1Font = this.$$$getFont$$$("FangSong", -1, 14, label1.getFont());
        if (label1Font != null) label1.setFont(label1Font);
        label1.setText("基本集");
        panel4.add(label1, new GridConstraints(0, 0, 1, 1, GridConstraints.ANCHOR_CENTER,
GridConstraints.FILL_NONE, GridConstraints.SIZEPOLICY_FIXED, GridConstraints.SIZEPOLICY_
FIXED, null, null, null, 0, false));
        final JScrollPane scrollPane1 = new JScrollPane();
        Font scrollPane1Font = this.$$$getFont$$$(null, -1, -1, scrollPane1.getFont());
        if (scrollPane1Font != null) scrollPane1.setFont(scrollPane1Font);
        scrollPane1.setHorizontalScrollBarPolicy(30);
        scrollPane1.setVerticalScrollBarPolicy(20); panel4.add(scrollPane1, new GridConstraints(1, 0, 1,
1, GridConstraints.ANCHOR_CENTER, GridConstraints.FILL_BOTH, GridConstraints.SIZEPOLICY_CAN_
SHRINK | GridConstraints. SIZEPOLICY_WANT_GROW, GridConstraints.SIZEPOLICY_CAN_SHRINK |
GridConstraints. SIZEPOLICY_WANT_GROW, null, null, null, 0, false));
        textArea1 = new JTextArea();
        Font textArea1Font = this.$$$getFont$$$("Microsoft Himalaya", -1, 28, textArea1.getFont());
        if (textArea1Font != null) textArea1.setFont(textArea1Font);
        scrollPane1.setViewportView(textArea1);
        final JPanel panel5 = new JPanel();
        panel5.setLayout(new GridLayoutManager(2, 1, new Insets(0, 0, 0, 0), -1, 0)); panel3.add(panel5,
new GridConstraints(0, 2, 1, 1, GridConstraints.ANCHOR_CENTER, GridConstraints.FILL_BOTH,
GridConstraints.SIZEPOLICY_CAN_SHRINK | GridConstraints. SIZEPOLICY_CAN_GROW, GridConstraints.
SIZEPOLICY_CAN_SHRINK | GridConstraints. SIZEPOLICY_CAN_GROW, null, null, null, 0, false));
        final JLabel label2 = new JLabel();
        Font label2Font = this.$$$getFont$$$("FangSong", -1, 14, label2.getFont());
        if (label2Font != null) label2.setFont(label2Font);
        label2.setText("扩充集");
        panel5.add(label2, new GridConstraints(0, 0, 1, 1, GridConstraints.ANCHOR_CENTER,
GridConstraints.FILL_NONE, GridConstraints.SIZEPOLICY_FIXED, GridConstraints.SIZEPOLICY_
FIXED, null, null, null, 0, false));
        final JScrollPane scrollPane2 = new JScrollPane();
        Font scrollPane2Font = this.$$$getFont$$$(null, -1, -1, scrollPane2.getFont());
        if (scrollPane2Font != null) scrollPane2.setFont(scrollPane2Font); panel5.add(scrollPane2, new
GridConstraints(1, 0, 1, 1, GridConstraints.ANCHOR_CENTER, GridConstraints.FILL_BOTH,
GridConstraints.SIZEPOLICY_CAN_SHRINK | GridConstraints.SIZEPOLICY_WANT_GROW, GridConstraints.
SIZEPOLICY_CAN_SHRINK | GridConstraints.SIZEPOLICY_WANT_GROW, null, null, null, 0, false));
        textArea2 = new JTextArea();
        scrollPane2.setViewportView(textArea2);
```

```
        final JPanel panel6 = new JPanel();
        panel6.setLayout(new GridLayoutManager(2, 1, new Insets(20, 0, 20, 0), -1, -1));
panel3.add(panel6, new GridConstraints(0, 1, 1, 1, GridConstraints.ANCHOR_CENTER, GridConstraints.
FILL_BOTH, GridConstraints.SIZEPOLICY_CAN_SHRINK | GridConstraints. SIZEPOLICY_CAN_GROW,
GridConstraints.SIZEPOLICY_CAN_SHRINK | GridConstraints. SIZEPOLICY_CAN_GROW, null, null,
null, 0, false));
        扩充集To基本集Button = new JButton();
        Font 扩充集To基本集ButtonFont = this.$$$getFont$$$("FangSong", -1, -1, 扩充集To基本
集Button.getFont());
        if (扩充集To基本集ButtonFont != null) 扩充集To基本集Button.setFont(扩充集To基本集
ButtonFont);
        扩充集To基本集Button.setText("扩充集To基本集");
        panel6.add(扩充集To基本集Button, new GridConstraints(0, 0, 1, 1, GridConstraints.
ANCHOR_NORTH, GridConstraints.FILL_NONE, GridConstraints.SIZEPOLICY_CAN_SHRINK | GridConstraints.
SIZEPOLICY_CAN_GROW, GridConstraints.SIZEPOLICY_FIXED, null, null, null, 0, false));
        基本集To扩充集Button = new JButton();
        Font 基本集To扩充集ButtonFont = this.$$$getFont$$$("FangSong", -1, -1, 基本集To扩充
集Button.getFont());
        if (基本集To扩充集ButtonFont != null) 基本集To扩充集Button.setFont(基本集To扩充集
ButtonFont);
        基本集To扩充集Button.setText("基本集To扩充集");
        panel6.add(基本集To扩充集Button, new GridConstraints(1, 0, 1, 1, GridConstraints.
ANCHOR_SOUTH, GridConstraints.FILL_NONE, GridConstraints.SIZEPOLICY_CAN_ SHRINK |
GridConstraints.SIZEPOLICY_CAN_GROW, GridConstraints.SIZEPOLICY_FIXED, null, null, null, 0,
false));
    }

    /**
     * @noinspection ALL
     */
    private Font $$$getFont$$$(String fontName, int style, int size, Font currentFont) {
        if (currentFont == null) return null;
        String resultName;
        if (fontName == null) {
            resultName = currentFont.getName();
        } else {
            Font testFont = new Font(fontName, Font.PLAIN, 10);
            if (testFont.canDisplay('a') && testFont.canDisplay('1')) {
                resultName = fontName;
            }else {
                resultName = currentFont.getName();
            }
        }
        Font font = new Font(resultName, style >= 0 ? style : currentFont.getStyle(), size >= 0 ? size :
```

```
currentFont.getSize());
        boolean isMac = System.getProperty("os.name", "").toLowerCase(Locale.ENGLISH). startsWith("mac");
        Font fontWithFallback = isMac ? new Font(font.getFamily(), font.getStyle(), font.getSize()) : new StyleContext().getFont(font.getFamily(), font.getStyle(), font.getSize());
        return fontWithFallback instanceof FontUIResource ? fontWithFallback : new FontUIResource(fontWithFallback);
    }

    /**
     * @noinspection ALL
     */
    public JComponent $$$getRootComponent$$$() {
        return JPane;
    }
}
```

9.4.2 代码使用说明

程序运行时，首先加载对照表。本窗口分为左右两部分文本框，左边为"基本集"文本框，右边为"扩充集"文本框，待转文本编码就用该部分的"打开"按钮来打开文本，再点击中间的【扩充集 To 基本集】或【基本集 To 扩充集】按钮进行转换。最后点击需要存储的窗口下的【保存】按钮进行保存，如图 9-6 所示。

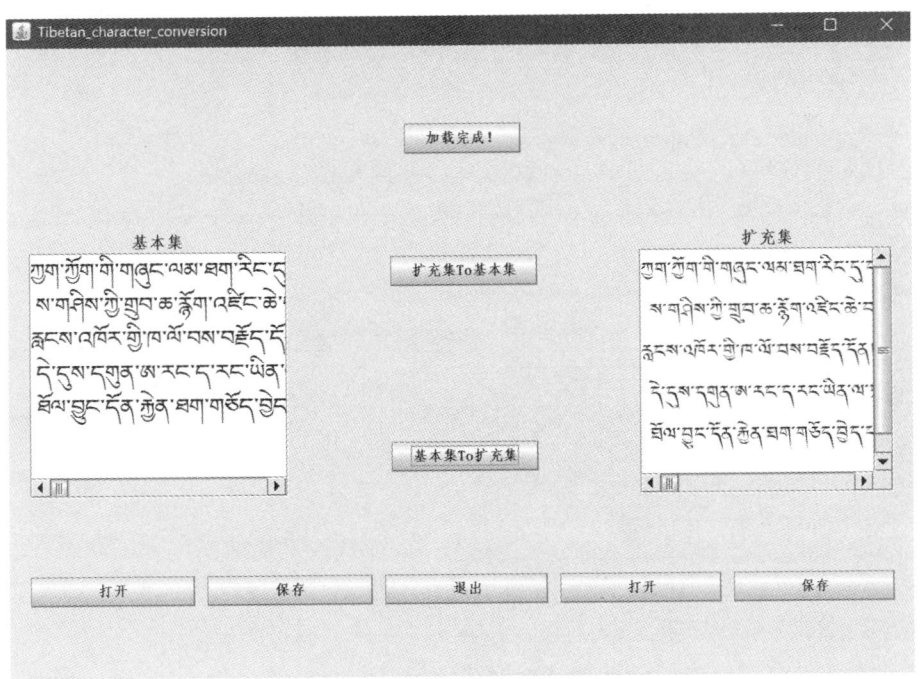

图 9-6　运行界面

9.5　运行结果

图 9-7 所示藏文基本集转换编码为藏文扩充集，结果如图 9-8 所示。

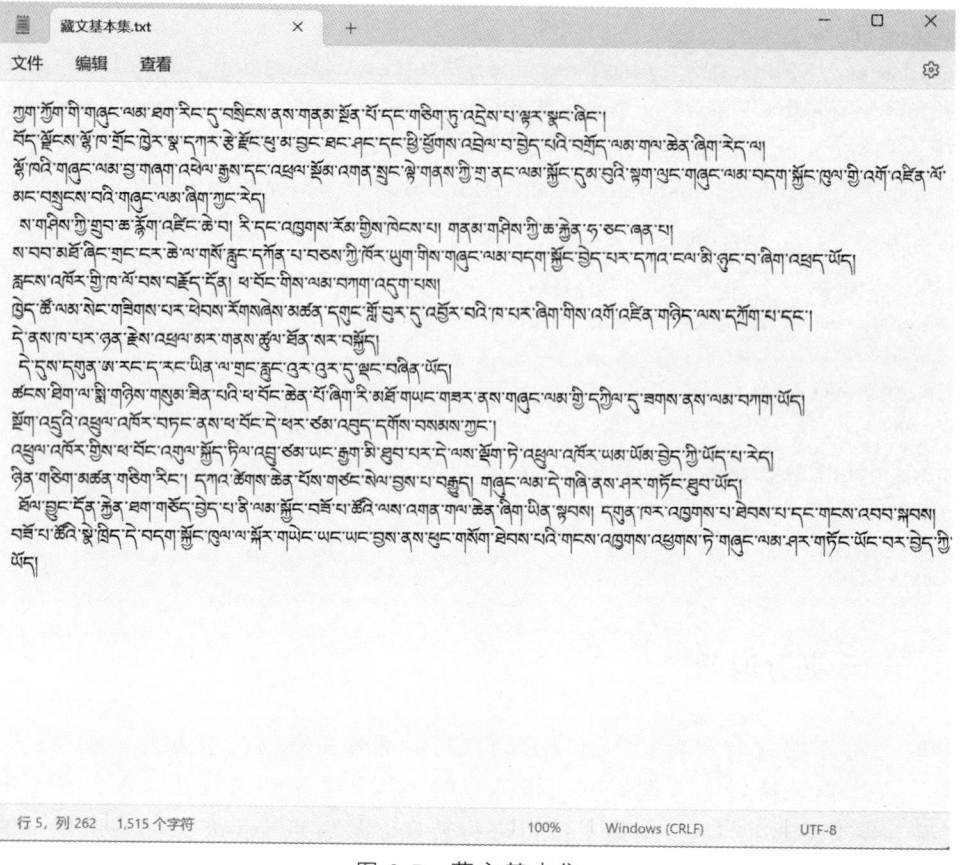

图 9-7　藏文基本集

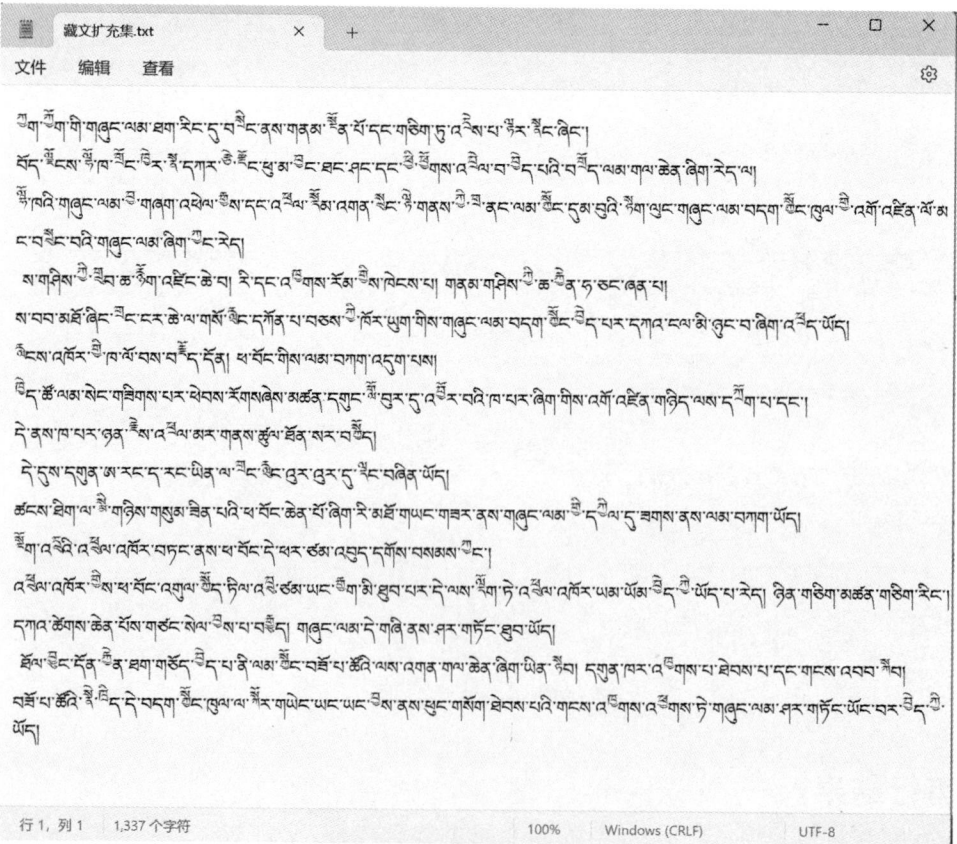

图 9-8　藏文扩充集结果

9.6 算法分析

9.6.1 时间复杂度分析

在基本集转扩充集以及扩充集转基本集中，时间复杂度主要由两个循环决定，分别是对每一行文本进行切分，然后对每一行中的每个藏字进行判断和处理。由于其余方法循环的次数是确定的，它们的时间复杂度为 $O(1)$，整个代码的时间复杂度由藏文音节的数量决定，故总的时间复杂度为 $O(n)$。

9.6.2 空间复杂度分析

1. 存储空间

本次实验中主要的存储空间为存储对照表占用的空间以及存储藏文文本所需的空间。其中，用于存储对照表的空间为 $O(1)$，这是因为对照表的长度是固定的。而存储藏文音节所需的空间为 $O(n)$，其中 n 表示藏文音节的数量。

2. 临时空间

在本次实验中循环对每个藏字进行判断和处理，因此不存在递归调用的情况。每次对藏字进行处理时，仅申请了几个 String 字符串的空间，而总的申请次数与问题规模（即藏文音节的数量）n 有关，因此总的临时存储空间为 $O(n)$ 这个数量级。

第 10 章 藏文的拉丁转写

10.1 问题描述

藏文属于拼音文字，由辅音字母和元音符号组成，组成音节的字符是非常有限的。由于技术条件有限，以前的计算机不能很好地处理藏文字符，所以在藏学研究等领域中就用拉丁字母来表示藏文字符，该方案称为藏文的拉丁字母转写。藏文拉丁字母转写是指将藏文字母转换成拉丁字母，从而使藏文罗马字符化的文字转写方法。这种转写是可逆的，能把拉丁字母还原为藏文字符，并且具有阅读功能。藏文的拉丁转写把二维平面的藏文字符转化为一维线形的拉丁字母。这不仅有利于在不支持二维复杂文字处理的软硬件上通过转换表示藏文字符，也有利于通过对藏文进行转换来加密，同时在藏文信息化程度较低的一段时间中支持了藏学等研究的发展。

国内外有较多的藏文拉丁转写方案，本章以国内外较通用的威利（Wylie）转写方案为例，通过分析藏文字符与拉丁字母的转换对应关系，用计算机实现藏文字符与拉丁字母之间的相互转换，为类似的研究奠定基础。

10.2 问题分析

10.2.1 理论依据

1. 藏文拉丁转写的原理

藏文拉丁字符转写本质上是罗马字符化的一套文字转写系统，是按照藏语书面语字符对照的方式来描述的。国内外关于藏文拉丁字母转写系统有十多种，比较完善和流行的是美国华盛顿大学学者特瑞尔·威利（Turrell Wylie）于 1959 年提出的转写方案，以威利的姓氏命名，简称威利转写。后来经很多学者的不断完善，该方案已成为藏学界通用的转写方案。

2. 藏文字符与拉丁字符的对应关系

目前最新的 Unicode 10.0 版本中，共收录了 211 个藏文字符编码，能表示所有的藏文字符和符号，包括梵音藏字，但现代藏文只由 30 个辅音字母和 4 个元音符号构成，在此只考虑这种情况。如果需要对 Unicode 中所有的字符进行拉丁转写，原理是一致的。要实现藏文的拉丁转写，就要用拉丁字符表示每个藏文字符的构件，Wylie 转写方案中藏文字符与拉丁字符的对照关系如表 10-1 所示。

表 10-1 藏文字符与拉丁字符的对照关系

藏文字符	转写的拉丁字符	藏文字符	转写的拉丁字符	藏文字符	转写的拉丁字符	藏文字符	转写的拉丁字符
ཀ	k	ཐ	th	ཛ	dz	ས	s
ཁ	kh	ད	d	ཝ	w	ཧ	h
ག	g	ན	n	ཞ	zh	ཨ	a
ང	ng	པ	p	ཟ	z	ི	i
ཅ	c	ཕ	ph	འ	v	ུ	u
ཆ	ch	བ	b	ཡ	y	ེ	e
ཇ	j	མ	m	ར	r	ོ	o
ཉ	ny	ཙ	ts	ལ	l		
ཏ	t	ཚ	tsh	ཤ	sh		

3. 藏文字符转写方法

藏文字符转写方法：

（1）从连续藏文文本中分隔出藏文音节，以藏文音节为单位进行转写。

（2）将藏文音节中的字符按照藏文音节的书写顺序（即前加字、上加字、基字、下加字、元音、后加字、再后加字）进行一个藏文字符对应一或多个拉丁字符的转换。音节中藏文字符的顺序也是藏文音节在计算机中各字符的编码顺序，即一个音节按照计算机中的编码流转换为对应的拉丁字符序列。

（3）如果一个音节没有显示元音符号（即 ི ུ ེ ོ），其元音符号的位置处添加一个表示隐形元音符号的拉丁字符 a，所以要识别藏文音节的构件。

（4）按照每个藏文对应一个或多个拉丁字符的转换规则，"གཡ"和"གྱ"经过拉丁转换都会变成"gy"，为了不混淆，将"གྱ"转换为"g-y"用于区别。

（5）字与字之间的隔音符点（tsheg）用空格来代替，而用一个点（.）来代表一个垂形符（shad），以此类推，多个垂形符用多个点来表示。

4. 拉丁字符转回藏文字符的方法

按照藏文字符转写逆过程，通过查表使用最大匹配法将表示藏文字符的拉丁字母对应转换为相应的藏文字符。

5. 藏文音节分隔

在进行藏文拉丁字母转写、藏文音节统计、藏文音节构件统计等操作时，都要从连续的藏文文本中分隔藏文音节。为此，首先要确定藏文音节分隔字符。

1）藏文音节分隔字符的筛选

藏文是一种拼音型文字，一般一个音节表示一个藏字。在藏文文本中，藏文的音节主要以"·"（0x0F0B）、"།"（0x0F0D）和一些特殊符号来分隔。对藏文文本分析发现，分隔藏文音节的特殊符号有藏文的分隔符、标点符号、藏文的特殊符号和藏文的数字符号。参照 Unicode 藏文字符编码集，本章共整理了 90 个藏文的分隔符、数字和特殊符号。表 10-2 所示是藏文的 37 个音节分隔符、标点符号（不包括 0F05、0F7F），表 10-3 是藏文的 33 个特殊符号和特殊字符，表 10-4 所示是藏文的 20 个数字符号。这些字符在文本中起到分隔音节的作用，因此在设计中作为音节分隔符进行处理。

表 10-2　藏文的分隔符、标点符号

编码	符号	编码	符号	编码	符号	编码	符号	编码	符号
0F01		0F0A		0F12		0F3A		0FD2	
0F02		0F0B		0F13		0F3B		0FD3	
0F03		0F0C		0F14		0F3C		0FD4	
0F04		0F0D		0F34		0F3D		0FD9	
0F06		0F0E		0F35		0F3E		0FDA	
0F07		0F0F		0F36		0F3F			
0F08		0F10		0F37		0FBE			
0F09		0F11		0F38		0FBF			

表 10-3　藏文的特殊符号

编码	符号	编码	符号	编码	符号	编码	符号	编码	符号
0F00		0F1B		0FC2		0FC9		0FD1	
0F15		0F1C		0FC3		0FCA		0FD5	
0F16		0F1D		0FC4		0FCB		0FD6	
0F17		0F1E		0FC5		0FCC		0FD7	
0F18		0F1F		0FC6		0FCE		0FD8	
0F19		0FC0		0FC7		0FCF			
0F1A		0FC1		0FC8		0FD0			

表 10-4　藏文的数字符号

编码	符号	编码	符号	编码	符号	编码	符号	编码	符号
0F20		0F24		0F28		0F2C		0F30	
0F21		0F25		0F29		0F2D		0F31	
0F22		0F26		0F2A		0F2E		0F32	
0F23		0F27		0F2B		0F2F		0F33	

2）藏文音节分隔字符的编码

按照以上的分析，程序中用来分隔藏文音节的 90 个分隔符、数字、特殊符号编码如下：
0x0F00,0x0F01,0x0F02,0x0F03,0x0F04,0x0F06,0x0F07,0x0F08,0x0F09,
0x0F0A,0x0F0B,0x0F0C,0x0F0D,0x0F0E,0x0F0F,0x0F10,0x0F11,0x0F12,
0x0F13,0x0F14,0x0F15,0x0F16,0x0F17,0x0F18,0x0F19,0x0F1A,0x0F1B,
0x0F1C,0x0F1D,0x0F1E,0x0F1F,0x0F20,0x0F21,0x0F22,0x0F23,0x0F24,
0x0F25,0x0F26,0x0F27,0x0F28,0x0F29,0x0F2A,0x0F2B,0x0F2C,0x0F2D,
0x0F2E,0x0F2F,0x0F30,0x0F31,0x0F32,0x0F33,0x0F34,0x0F35,0x0F36,
0x0F37,0x0F38,0x0F3A,0x0F3B,0x0F3C,0x0F3D,0x0F3E,0x0F3F,0x0FBE,
0x0FBF,0x0FC0,0x0FC1,0x0FC2,0x0FC3,0x0FC4,0x0FC5,0x0FC6,0x0FC7,
0x0FC8,0x0FC9,0x0FCA,0x0FCB,0x0FCC,0x0FCE,0x0FCF,0x0FD0,0x0FD1,
0x0FD2,0x0FD3,0x0FD4,0x0FD5,0x0FD6,0x0FD7,0x0FD8,0x0FD9,0x0FDA

10.2.2 算法思想

藏文字符转为拉丁字符和拉丁字符转回藏文字符是互逆的两个过程，下面分别实现。

1. 藏文字符转换为拉丁字符的算法思想

藏文字符转换为拉丁字母时，以藏文的一个音节为单位，从连续藏文文本中分隔出藏文音节，要建立藏文字符中能作为藏文音节分隔的字符表。转换时，如果藏文音节中没有显示的元音符号，则需要添加一个表示隐形的元音符号 "a"，所以为了确定隐形元音符号的位置，对藏文音节要进行构件的识别。在识别藏文音节的构件时，又要处理藏文音节的4个黏着词 "འི" "འུ" "འོ" "འམ"。具体方法如下：

第1步：读取文件中的藏文文本，并返回一个字符串数组。

第2步：遍历字符串数组，并将其转换为字符数组，创建一个字符串变量 zangZi，用来存储藏文音节；若字符串数组结束则程序结束。

第3步：读取字符数组中的一个字符，若字符数组结束则转到第2步；否则，如果该字符是藏文字符，则进一步判断是否是分隔符，若是分隔符则判断 zangZi 中是否包含黏着词，若不包含黏着字则直接将藏文音节按照转换规则进行转换，若包含黏着字则将其进行拆分并分别将非黏着部分及黏着字部分按照转换规则进行转换。

第4步：如果字符不是分隔符，则将其添加到 zangZi 中，若字符数组未结束则跳转到第3步。

第5步：如果字符不是藏文字符，则判断 zangZi 中是否包含黏着词，若不包含黏着字则直接将藏文音节按照转换规则进行转换，若包含黏着字则将其进行拆分并分别将非黏着部分及黏着字部分按照转换规则进行转换。若字符数组未结束则跳转到第3步。

2. 拉丁字符转回藏文字符的算法思想

拉丁字符转回藏文字符时，以藏文音节为单位，最简单的方法就是用最大匹配法进行匹配，一旦匹配不成功，则从末尾减掉一个字符，直到匹配成功。具体方法如下：

第1步：依次读取文件中的一行拉丁文本，并返回一个字符串数组。将字符串数组根据空格分割得到拉丁字符串数组。

第2步：从拉丁字符串数组读一组拉丁字符串，调用最大匹配算法对该组拉丁字符串进行最大匹配，并返回匹配结果。

第3步：如果匹配结果中含有"-"，则表示该藏文音节存在叠加部分，应将"-"后的字符加上 80 变换成组合用字符，并替换原来的字符。

第4步：如果匹配结果中含有"ས"，则将"ས"替换为空字符串。

第5步：输出到控制台，并根据是否以"།"结尾来决定是否添加分隔符"་"。

第6步：转到第2步直到文本结束。

10.3 算法设计

10.3.1 存储空间

1. 藏文的存储结构

首先需要建立一个藏文存储结构，在读入并进行存储时，考虑到进行转换时需要根据藏文分隔符将每个藏字分割开来再进行判断黏着字及找叠加等操作，因此本实验采用 String[] s 字符串数组进行存储，每读入一行便将其存入字符串数组中的一个变量中，最后返回一个字符串数组，这样方便后续处理时可以按行进行处理，具体的定义如下：

```java
public static String[] open(File file) {
    BufferedReader br = null;
    String[] strings = new String[0];
    try {
        br = new BufferedReader(new InputStreamReader(new FileInputStream(file), "UTF-8"));
        String line = "";
        StringBuilder sb = new StringBuilder();
        while ((line = br.readLine()) != null) {
            sb.append(line + "\t");
        }
        String[] testTest = sb.toString().split("\t");
        return testTest;
    }catch (FileNotFoundException e) {
        e.printStackTrace();
    }catch (IOException e) {
        e.printStackTrace();
    }
    return strings;
}
```

2. 拉丁字符对照表的存储结构

此外，还需要建立一个藏文字符与拉丁字符的对照表，该表为 txt 格式，每行为一个藏文字符与拉丁字符的对照，藏文字符与拉丁字符之间用 '\t' 隔开；对照表的存储格式采用 LinkedHashMap 进行存储，好处是可以使每个藏文字符和拉丁字符形成一一映射的关系，在转换时方便迅速查找，具体定义如下：

```java
public static LinkedHashMap read_CharacterContrastTable() {
    LinkedHashMap<String, String> linkedHashMap = new LinkedHashMap<>();
    BufferedReader br = null;           //读入全藏字
    try {
        br = new BufferedReader(new FileReader("D:\\javaResult\\chap10\\藏文字符与拉丁字符的对照关系.txt"));
        String line = "";
        while ((line = br.readLine()) != null) {
            String[] s = line.split("\t");
            String key = s[0];
            String value = s[1];
            linkedHashMap.put(key, value);
        }
    }catch (FileNotFoundException e) {
        e.printStackTrace();
    }catch (IOException e) {
        e.printStackTrace();
    }
    return linkedHashMap;
}
```

10.3.2 流程图

1. 藏文字符转拉丁字符流程图

藏文字符转拉丁字符的流程如图 10-1 所示。

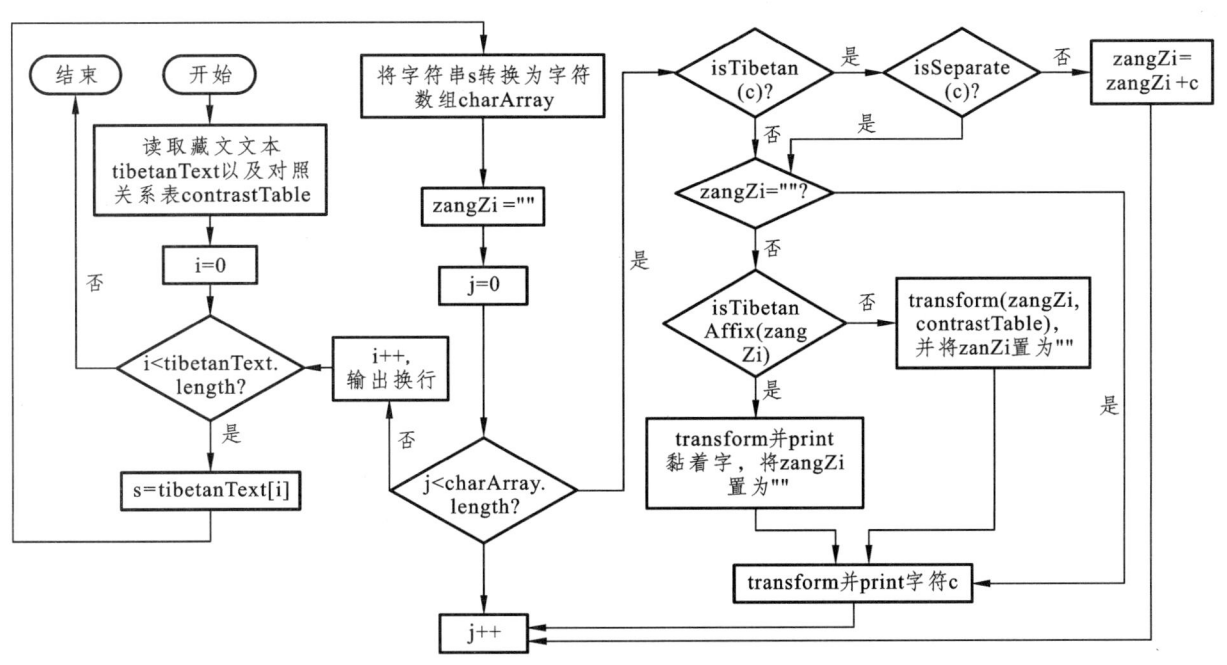

图 10-1　藏文字符转拉丁字符流程图

2. 拉丁字符转藏文字符流程图

拉丁字符转藏文字符的流程如图 10-2 所示。

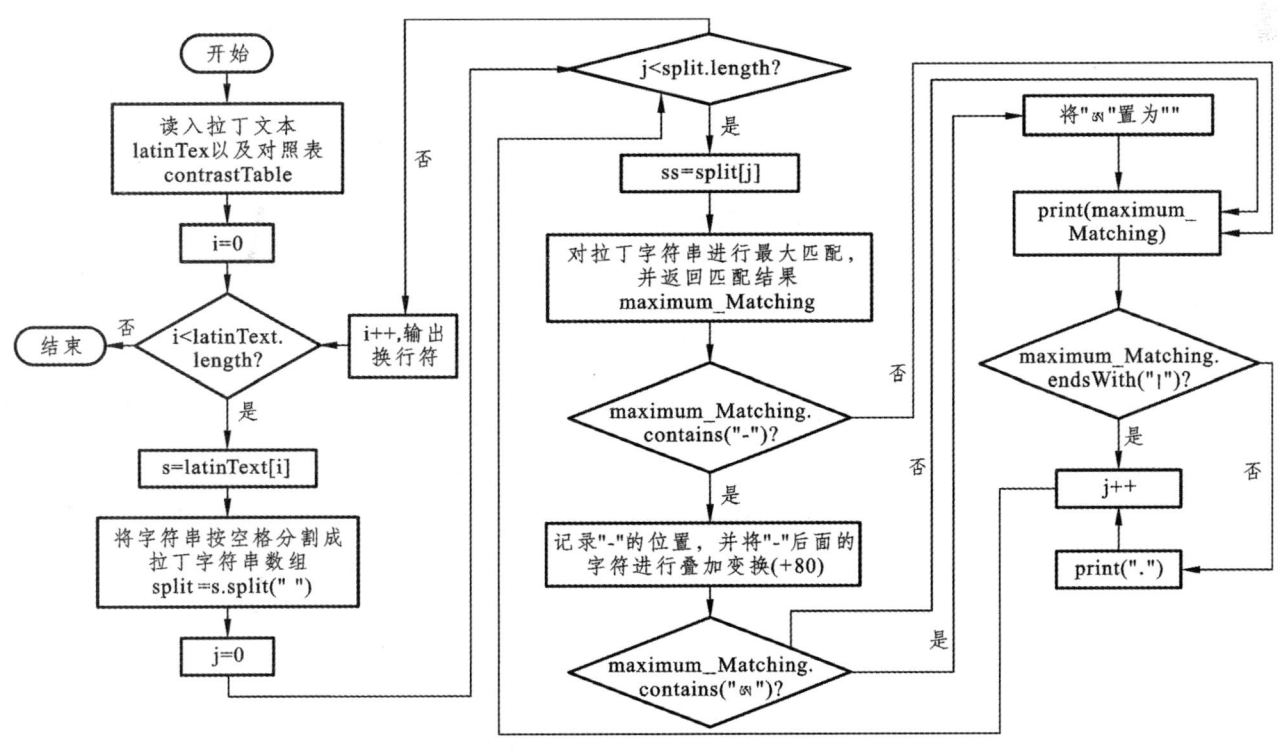

图 10-2　拉丁字符转藏文字符流程图

其中，最大匹配算法 maximum_Matching 的流程如图 10-3 所示。

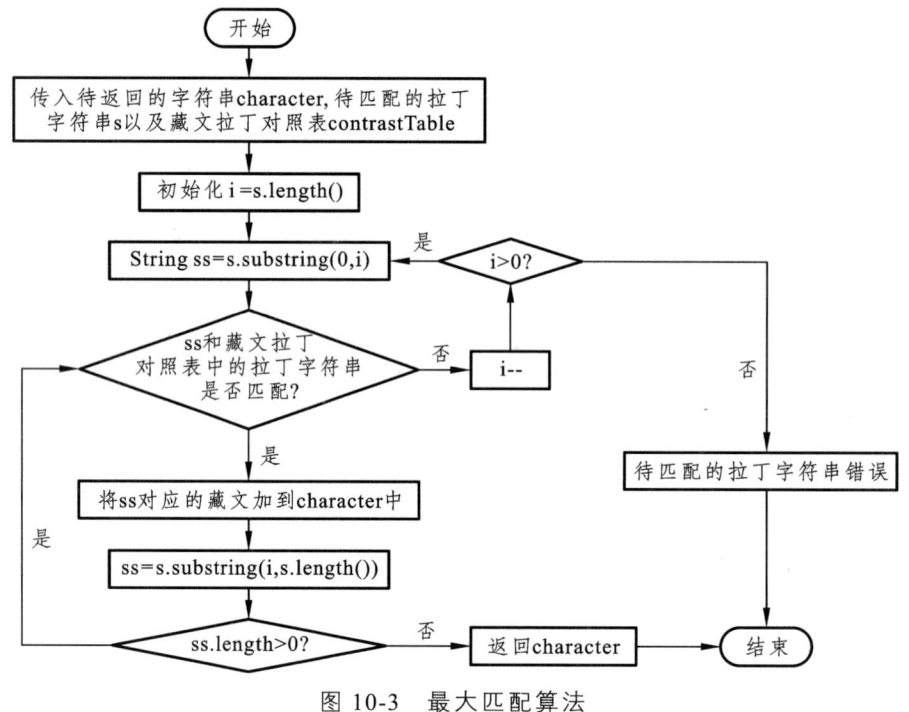

图 10-3 最大匹配算法

10.3.3 伪代码

1. 藏文字符转拉丁字符

藏文字符转拉丁的伪代码：

1　　tibetanText = open(file)// 读取文件中的藏文文本
2　　contrastTable = read_CharacterContrastTable()// 读取藏文字符与拉丁字符的对照关系
3　　for s in tibetanText:　// 遍历藏文文本中的每行文本
4　　　　charArray = s.toCharArray()
5　　　　zangZi = ""　　// 创建一个字符串变量，用来存储藏文音节
6　　　　for c in charArray:　//遍历字符数组中的每个字符
7　　　　　　//根据不同的情况分别对字符进行处理
8　　　　　　if isTibetan(c):　// 如果字符是藏文字符
9　　　　　　　　if isSeparator(c) : //如果是分隔符
10　　　　　　　　　　if zangZi!="":　//若 zangZi 中不为空，则对 zangZi 进行处理
11　　　　　　　　　　　　if isAffix(zangZi): //若有黏着字则分别进行查表转换并输出
12　　　　　　　　　　　　　　zangZi = zangZi.replace(nianZhuo, "");
13　　　　　　　　　　　　　　LinkedHashMap<String, String> cut1 = cut(zangZi);
14　　　　　　　　　　　　　　//查表转换并输出
15　　　　　　　　　　　　　　transform(cut1, contrastTable);
16　　　　　　　　　　　　　　LinkedHashMap<String, String> cut2 = cut(nianZhuo);
17　　　　　　　　　　　　　　//查表转换并输出
18　　　　　　　　　　　　　　transform(cut2, contrastTable);

```
19                              nianZhuo = "";
20                         else: //否则无黏着字则直接进行查表转换并输出
21                              LinkedHashMap cut = cut(zangZi)
22                              transform(cut, contrastTable)
23                              print(c)    //输出分隔符
24                              zangZi = ""    //将 zangZi 置空
25                    else: //若是藏文但不是藏文分隔符则将该字符累加到 zangZi 中
26                         zangZi = zangZi + c
27               else: //若不是藏文
28                    if zangZi!="": //如果 zangZi 中不为空，则对 zangZi 进行处理
29                         if isAffix(zangZi)://若有黏着字则分别进行查表转换并输出
30                              zangZi = zangZi.replace(nianZhuo, "");
31                              LinkedHashMap<String, String> cut1 = cut(zangZi);
32                              //查表转换并输出
33                              transform(cut1, contrastTable);
34                              LinkedHashMap<String, String> cut2 = cut(nianZhuo);
35                              //查表转换并输出
36                              transform(cut2, contrastTable);
37                              nianZhuo = "";
38                         else://否则无黏着字则直接进行查表转换并输出
39                              LinkedHashMap cut = cut(zangZi)
40                              Transform(cut, contrastTable)
41                         print(c)//由于是非藏文则不用转换直接输出
42               // 遍历一行结束，输出换行符
43               print("\n")
```

2. 拉丁字符转藏文字符

拉丁字符转藏文字符的伪代码：

```
1    latinText = open(file)    // 读取文件中的拉丁文本
2    contrastTable = read_CharacterContrastTable()//读取藏文字符与拉丁字符的对照关系
3    for s in latinText:    // 遍历拉丁文本中的每个字符串
5         split = s.split(" ")    // 将字符串按空格分割成拉丁字符串数组
6         for ss in split:    // 遍历拉丁字符串数组中的每组拉丁字符串
7              // 通过查找转换表对该组拉丁字符串进行最大匹配，并返回一个转换后的字符串
8              String maximum_Matching = maximum_Matching("", ss, contrastTable)
9              // 如果字符串中含有"-"则表示该藏文音节存在叠加部分，则应将基字加上 80
变换成组合用字符，并替换原来的字符
10             while maximum_Matching.contains("-"):
11                  叠加变换 maximum_Matching
12             // 如果字符串中含有"ཨ"，则将其替换为空字符串
13             if maximum_Matching.contains("ཨ"):
14                  maximum_Matching = maximum_Matching.replace("ཨ", "")
```

15	// 输出到控制台，并根据是否以"།"结尾来决定是否添加分隔符"·"
16	print(maximum_Matching)
17	if not maximum_Matching.endsWith("།"):
18	print("·")
19	// 输出换行符
20	print("\n")

其中，最大匹配算法的伪代码：

1	Function maximum_Matching(character,s,contrastTable):
2	i = s.length()
3	ss = s.substring(0,i)
4	while ss.length>0:
5	if ss 和藏文拉丁对照表中的拉丁字符匹配得上：
6	将 ss 对应的藏文加到 character 中
7	ss = s.substring(i,s.length())
8	else:
9	i--
10	ss = s.substring(0,i)
11	返回 character

10.4 程序实现

本次实验分为算法部分及窗体部分。具体实现如下：

1. 算法部分实现

在包下新建一个名为"chapter10"的 Java 文件，并向其中添加如下代码：

```java
package cn.edu.utibet.chapter10;

import java.io.*;
import java.util.Iterator;
import java.util.LinkedHashMap;
import java.util.Map;

public class chapter10 {

    static String nianZhuo = "";

    public static LinkedHashMap read_CharacterContrastTable() {
        LinkedHashMap<String, String> linkedHashMap = new LinkedHashMap<>();
        BufferedReader br = null;           //读入全藏字
        try {
            br = new BufferedReader(new FileReader("D:\\javaResult\\chap10\\藏文字符与拉丁字符的对照关系.txt"));
```

```java
            String line = "";
            while ((line = br.readLine()) != null) {
                String[] s = line.split("\t");
                String key = s[0];
                String value = s[1];
                linkedHashMap.put(key, value);
            }
        } catch (FileNotFoundException e) {
            e.printStackTrace();
        } catch (IOException e) {
            e.printStackTrace();
        }
        return linkedHashMap;
}

//90 个藏文分隔符
public static final char[] separate =
    {0x0F00, 0x0F01, 0x0F02, 0x0F03, 0x0F04, 0x0F06, 0x0F07, 0x0F08, 0x0F09,
     0x0F0A, 0x0F0B, 0x0F0C, 0x0F0D, 0x0F0E, 0x0F0F, 0x0F10, 0x0F11, 0x0F12,
     0x0F13, 0x0F14, 0x0F15, 0x0F16, 0x0F17, 0x0F18, 0x0F19, 0x0F1A, 0x0F1B,
     0x0F1C, 0x0F1D, 0x0F1E, 0x0F1F, 0x0F20, 0x0F21, 0x0F22, 0x0F23, 0x0F24,
     0x0F25, 0x0F26, 0x0F27, 0x0F28, 0x0F29, 0x0F2A, 0x0F2B, 0x0F2C, 0x0F2D,
     0x0F2E, 0x0F2F, 0x0F30, 0x0F31, 0x0F32, 0x0F33, 0x0F34, 0x0F35, 0x0F36,
     0x0F37, 0x0F38, 0x0F3A, 0x0F3B, 0x0F3C, 0x0F3D, 0x0F3E, 0x0F3F, 0x0FBE,
     0x0FBF, 0x0FC0, 0x0FC1, 0x0FC2, 0x0FC3, 0x0FC4, 0x0FC5, 0x0FC6, 0x0FC7,
     0x0FC8, 0x0FC9, 0x0FCA, 0x0FCB, 0x0FCC, 0x0FCE, 0x0FCF, 0x0FD0, 0x0FD1,
     0x0FD2, 0x0FD3, 0x0FD4, 0x0FD5, 0x0FD6, 0x0FD7, 0x0FD8, 0x0FD9, 0x0FDA};

public static String maximum_Matching(String character,String s,LinkedHashMap contrastTable){
    if(s.equals("")){
        return "";
    }
    String k ="";
    for(int i = s.length();i>0;i--){
        boolean change = false;
        String ss = s.substring(0,i);
        Iterator<Map.Entry<String, String>> iterator = contrastTable.entrySet().iterator();
        while (iterator.hasNext()) {
            Map.Entry<String, String> entry = iterator.next();
            String key = entry.getKey();
            String value = entry.getValue();
            if(value.equals(ss)){
                character = character + key;
                s = s.substring(i,s.length());
```

```java
                    i = s.length();
                    ss = s.substring(0,i);
                    if(i==0){
                        ss = "";
                    }
                    change = true;
                    break;
                }
            }
            k = ss;
            if(i==1){
                Iterator<Map.Entry<String, String>> iterator2=contrastTable.entrySet().iterator();
                while (iterator2.hasNext()) {
                    Map.Entry<String, String> entry = iterator2.next();
                    String key = entry.getKey();
                    String value = entry.getValue();
                    if(value.equals(k)){
                        character = character + key;
                        break;
                    }
                }
                break;
            }
            if (change&&k!=""){
                i++;
            }
        }
        if(k!=""){
            if(k.equals(".")){
                character = character + "།";
            }else if(!(k.charAt(0)>=0x61&&k.charAt(0)<=0x7A)){
                character = character + k;
            }
        }
        if(s.length()!=1&&s.length()!=0){
            s = s.substring(k.length(),s.length());
            character = maximum_Matching(character,s,contrastTable);
        }
        return character;
    }

    public static boolean in(char s, char[] strings) {
        for (char s0 : strings) {
            if (s0 == s) {
```

```java
            return true;
        }
    }
    return false;
}

public static boolean isTibetanAffix(String input) {
    // 定义一些常见的黏着词规则
    String[] suffixes = {"འི", "ུ", "འམ", "འ"};
    // 检查词是否以后缀结尾
    for (String suffix : suffixes) {
        if (input.endsWith(suffix)) {
            nianZhuo = suffix;
            return true;
        }
    }
    // 如果以上都不是，则该音节不包含黏着词
    return false;
}

public static String[] open(File file) {
    BufferedReader br = null;
    String[] strings = new String[0];
    try {
        br=new BufferedReader(new InputStreamReader(new FileInputStream(file),"UTF-8"));
        String line = "";
        StringBuilder sb = new StringBuilder();
        while ((line = br.readLine())!= null) {
            sb.append(line + "\t");
        }
        String[] testTest = sb.toString().split("\t");
        return testTest;
    } catch (FileNotFoundException e) {
        e.printStackTrace();
    } catch (IOException e) {
        e.printStackTrace();
    }
    return strings;
}

public static void save(String[] strings, File path) {
    BufferedWriter bufferedWriter = null;
    try {
        bufferedWriter = new BufferedWriter(new FileWriter(path));
```

```
            for (String s : strings) {
                bufferedWriter.write(s);
                bufferedWriter.newLine();
            }
            bufferedWriter.flush();
            bufferedWriter.close();
        }catch (IOException e) {
            e.printStackTrace();
        }
    }
}
```

2. 窗体部分实现

（1）新建一个"GUI form 文件"并将其命名为 TibetanTransliteration。

（2）拖拽组件进行 UI 设计，如图 10-4 所示。

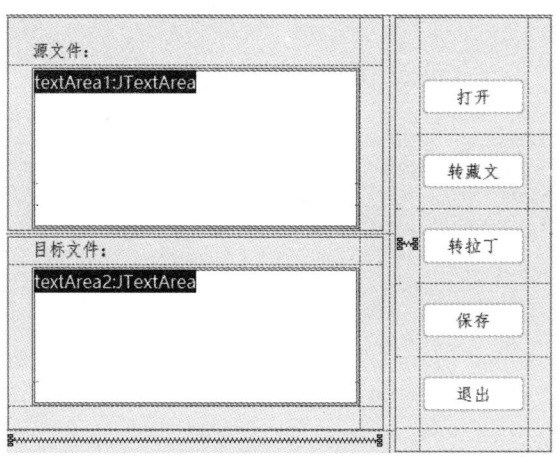

图 10-4　GUI Form

（3）添加事件监听，如图 10-5 所示。

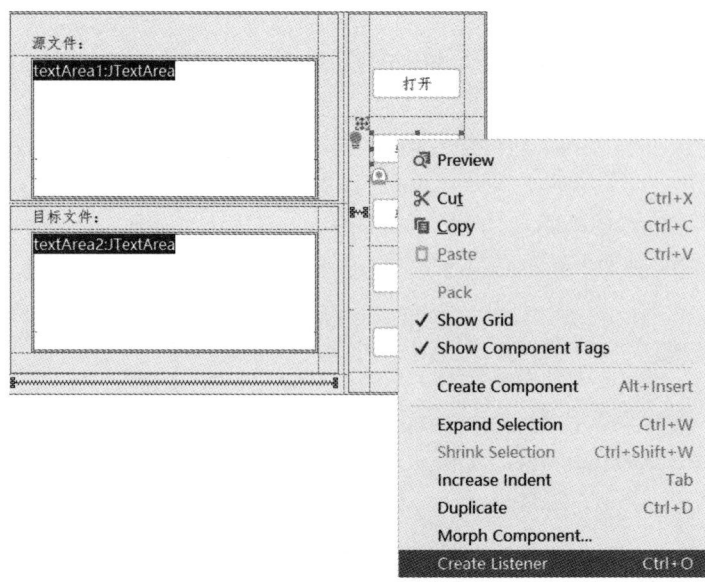

图 10-5　添加监听

在添加的监听器中重写 public void actionPerformed(ActionEvent e)方法。这里分别对 5 个按钮添加了监听。

①添加"打开 Button"按钮行为事件监听的代码：

```java
打开 Button.addActionListener(new ActionListener() {
    @Override
    public void actionPerformed(ActionEvent e) {
        SwingWorker<Void, Integer> worker = new SwingWorker<Void, Integer>() {
            // 创建文件选择器对象
            JFileChooser fileChooser = new JFileChooser();
            // 弹出文件选择器对话框
            int result = fileChooser.showOpenDialog(null);

            @Override
            protected Void doInBackground() throws Exception {
                // 在后台线程中运行算法
                contrastTable = read_CharacterContrastTable();
                // 如果用户单击"打开"按钮
                if (result == JFileChooser.APPROVE_OPTION) {
                    // 获取用户选择的文件
                    File selectedFile = fileChooser.getSelectedFile();
                    tibetanText = open(selectedFile);
                    for (String s : tibetanText) {
                        textArea1.append(s + "\n");
                    }
                }
                return null;
            }
        };
        // 启动 SwingWorker 对象
        worker.execute();
    }
});
```

②添加"退出"按钮行为事件监听的代码：

```java
退出 Button.addActionListener(new ActionListener() {
    @Override
    public void actionPerformed(ActionEvent e) {
        System.exit(0);
    }
});
```

③添加"转拉丁 Button"按钮行为事件监听的代码：

```java
转拉丁 Button.addActionListener(new ActionListener() {
    @Override
```

```java
public void actionPerformed(ActionEvent e) {
    SwingWorker<Void, Integer> worker = new SwingWorker<Void, Integer>() {
        @Override
        protected Void doInBackground() throws Exception {
            // 在后台线程中运行算法
            tibetanToLatin(tibetanText, contrastTable);
            return null;
        }

        public void tibetanToLatin(String[] tibetanText, LinkedHashMap contrastTable) {
            for (String s : tibetanText) {
                char[] charArray = s.toCharArray();
                String zangZi = "";
                for (char c : charArray) {
                    if (c >= 0x0F00 && c <= 0x0F47 || c >= 0x0F49 && c <= 0x0F6C || c >= 0x0F71 && c <= 0x0F97 || c >= 0x0F99 && c <= 0x0FBC || c >= 0x0FBE && c <= 0x0FCC || c >= 0x0FCE && c <= 0x0FDA) {
                        if (in(c, separate)) {
                            if (zangZi != "") {
                                if (isTibetanAffix(zangZi)) {
                                    //如果是黏着词 将黏着词分开然后进行 cut，然后按位置进行查表转换
                                    zangZi = zangZi.replace(nianZhuo, "");
                                    LinkedHashMap<String, String> cut1 = cut(zangZi);
                                    //查表转换并输出
                                    transform(cut1, contrastTable);
                                    LinkedHashMap<String, String> cut2 = cut(nianZhuo);
                                    //查表转换并输出
                                    transform(cut2, contrastTable);
                                    nianZhuo = "";
                                } else {
                                    //查表转换并输出
                                    LinkedHashMap<String,String> cut=cut(zangZi);
                                    transform(cut, contrastTable);
                                }
                                //转换分隔符 c 并输出
                                if (String.valueOf(c).equals("·")) {
                                    textArea2.append(" ");
                                } else {
                                    textArea2.append(".");
                                }
                                zangZi = "";
                            } else {
                                //转换分隔符 c 并输出
```

```
                            if (String.valueOf(c).equals("·")) {
                                textArea2.append(" ");
                            }else {
                                textArea2.append(".");
                            }
                        }
                    }else {
                        zangZi = zangZi + String.valueOf(c);
                        continue;
                    }
                }else {
                    if (zangZi != "") {
                        if (isTibetanAffix(zangZi)) {
//如果是黏着词，将黏着词分开然后进行 cut，再按位置进行查表转换
                            zangZi = zangZi.replace(nianZhuo, "");
                            LinkedHashMap<String, String> cut1 = cut(zangZi);
                            //查表转换并输出
                            transform(cut1, contrastTable);
                            LinkedHashMap<String, String> cut2 = cut(nianZhuo);
                            //查表转换并输出
                            transform(cut2, contrastTable);
                            nianZhuo = "";
                        }else {
                            LinkedHashMap<String, String> cut = cut(zangZi);
                            transform(cut, contrastTable);
                        }
                        zangZi = "";
                    }
                    textArea2.append(String.valueOf(c)); //非藏文字符不转换直接原样输出
                }
            }
            textArea2.append("\n");
        }
    }

public void transform(LinkedHashMap<String, String> cut, LinkedHashMap contrastTable) {
    cut.remove("原字");
    String s = "";
    Iterator<Map.Entry<String, String>> iterator1 = cut.entrySet().iterator();
    while (iterator1.hasNext()) {
        Map.Entry<String, String> entry = iterator1.next();
        String key = entry.getKey();
        String value = entry.getValue();
```

```java
                    boolean isRestore = false;
                    if (value != null) {
                        //有几个位置要做基字还原
                        if (key.equals("基字")|| key.equals("下加字")|| key.equals("再下加字")) {
                            if (value.charAt(0)>= 0x0F90 && value.charAt(0) <= 0x0FBC) {
                                int codePoint = value.charAt(0) - 80;
                                String character = "0" + Integer.toHexString(codePoint);
                                character.replace("f", "F");
                                int codePoint2 = Integer.parseInt(character, 16);
                                value = new String(new int[]{codePoint2}, 0, 1);
                                isRestore = true;
                            }
                        }
                        Iterator<Map.Entry<String, String>>iterator2=contrastTable.entrySet().iterator();
                        while (iterator2.hasNext()) {
                            Map.Entry<String, String> entry1 = iterator2.next();
                            String key1 = entry1.getKey();
                            String value1 = entry1.getValue();
                            if (key1.equals(value)) {
                                if (isRestore) {
                                    //如果叠加了，在输出时要加上-，否则直接输出即可
                                    //System.out.print(value1);
                                    if (s.length() == 0) {
                                        s = s + value1;
                                    }else {
                                        s = s + "-" + value1;
                                    }
                                }else {
                                    s = s + value1;
                                    //System.out.print("-"+value1);
                                }
                            }
                        }
                    }
                    if (key.equals("元音") && value == null) {
                        //System.out.print("a");
                        s = s + "a";
                    }
                }
                textArea2.append(s);
            }
        };
        // 启动 SwingWorker 对象
```

```
        worker.execute();
    }
});
```

④添加"转藏文 Button"按钮行为事件监听的代码:

```java
转藏文 Button.addActionListener(new ActionListener() {
    @Override
    public void actionPerformed(ActionEvent e) {
        SwingWorker<Void, Integer> worker = new SwingWorker<Void, Integer>() {
            @Override
            protected Void doInBackground() throws Exception {
                // 在后台线程中运行算法
                latinToTibetan(tibetanText, contrastTable);
                return null;
            }

            public void latinToTibetan(String[] latinText, LinkedHashMap contrastTable) {
                for (String s : latinText) {
                    String[] split = s.split(" ");
                    for (String ss : split) {
                        /*思路:将每一个字符串做是否含有-符号的判断,若有则记录-的位置*/
                        String maximum_Matching = maximum_Matching("", ss, contrastTable);
                        if (maximum_Matching.contains("-")) {
                            int i = maximum_Matching.indexOf("-");
                            char c = maximum_Matching.charAt(i + 1);
                            String t = "-" + c;
                            int codePoint = c + 80;
                            String character = "0" + Integer.toHexString(codePoint);
                            character.replace("f","F").replaceAll("b","B").replaceAll("a","A").replaceAll("d","D").replaceAll("c","C");
                            int codePoint2 = Integer.parseInt(character, 16);
                            String k = new String(new int[]{codePoint2}, 0, 1);
                            maximum_Matching = maximum_Matching.replace(t, k);
                        }
                        if (maximum_Matching.contains("-")) {
                            int i = maximum_Matching.indexOf("-");
                            char c = maximum_Matching.charAt(i + 1);
                            String t = "-" + c;
                            int codePoint = c + 80;
                            String character = "0" + Integer.toHexString(codePoint);
                            character.replace("f","F").replaceAll("b","B").replaceAll("a","A").replaceAll("d","D").replaceAll("c","C");
                            int codePoint2 = Integer.parseInt(character, 16);
                            String k = new String(new int[]{codePoint2}, 0, 1);
```

```java
                                    maximum_Matching = maximum_Matching.replace(t, k);
                                }
                                if (maximum_Matching.contains("ཨ")) {
                                    int count = maximum_Matching.length() - maximum_Matching.replace("ཨ","").length();
                                    if (count == 1) {
                                        maximum_Matching = maximum_Matching.replace("ཨ", "");
                                    }
                                    if (count == 2) {
                                        maximum_Matching = maximum_Matching.replace("ཨ", "");
                                        maximum_Matching=maximum_Matching.replaceFirst("","ཨ");
                                    }
                                }
                                if (maximum_Matching.equals("")) {
                                    textArea2.append(maximum_Matching);
                                }else if (maximum_Matching.endsWith("།")) {
                                    textArea2.append(maximum_Matching);
                                }else textArea2.append(maximum_Matching + "·");
                            }
                            textArea2.append("\n");
                        }
                    }
                };
                // 启动 SwingWorker 对象
                worker.execute();
            }
        });
```

⑤添加"保存 Button"按钮行为事件监听的代码：

```java
保存 Button.addActionListener(new ActionListener() {
    @Override
    public void actionPerformed(ActionEvent e) {
        // 创建文件选择器对象
        JFileChooser fileChooser = new JFileChooser();
        // 设置文件选择器的默认目录
        fileChooser.setCurrentDirectory(new File("."));
        // 显示"另存为"对话框
        int result = fileChooser.showSaveDialog(null);
        // 如果用户单击"保存"按钮
        if (result == JFileChooser.APPROVE_OPTION) {
            // 获取用户选择的文件
            File selectedFile = fileChooser.getSelectedFile();
            // 检查文件名是否合法
            if (!selectedFile.getName().endsWith(".txt")) {
```

```
                    selectedFile = new File(selectedFile.getAbsolutePath() + ".txt");
                }
                String text = textArea2.getText();
                String[] split = text.split("\n");
                // 保存排序结果到文件中
                save(split, selectedFile);
            }
        }
    });
```

（4）生成 main 方法：将光标放在类上，按 Alt+Insert 键，点击 Form main()生成 main 方法,如图 10-6 所示。

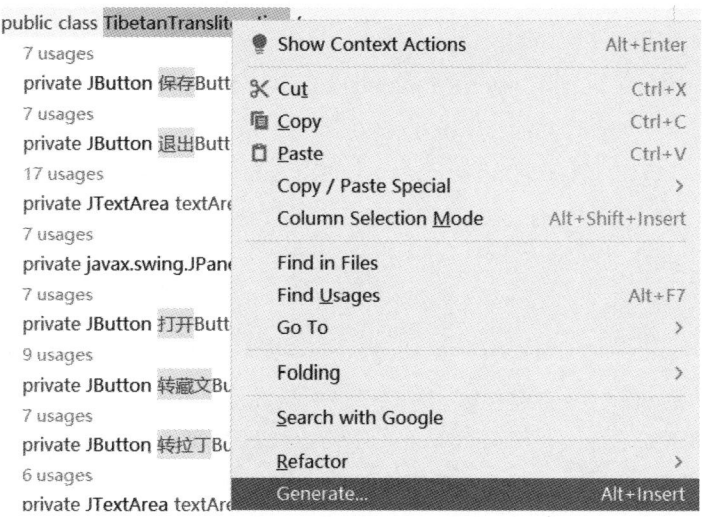

图 10-6　生成 main 方法

生成的主方法代码：

```
public static void main(String[] args) {
    JFrame frame = new JFrame("TibetanTransliteration");
    frame.setContentPane(new TibetanTransliteration().JPanel);
    frame.setSize(500, 400);
    frame.setLocationRelativeTo(null);    // 将窗体放置在屏幕中央
    frame.setDefaultCloseOperation(JFrame.EXIT_ON_CLOSE);
    frame.setVisible(true);
}
```

（5）运行 main 方法，IDEA 自动生成 GUI 对应源码：

```
    {
// GUI initializer generated by IntelliJ IDEA GUI Designer
// >>> IMPORTANT!! <<<
// DO NOT EDIT OR ADD ANY CODE HERE!
        $$$setupUI$$$();
    }
```

```java
/**
 * Method generated by IntelliJ IDEA GUI Designer
 * >>> IMPORTANT!! <<<
 * DO NOT edit this method OR call it in your code!
 *
 * @noinspection ALL
 */
private void $$$setupUI$$$() {
    JPanel = new JPanel();
    JPanel.setLayout(new GridLayoutManager(2, 1, new Insets(0, 0, 0, 0), -1, -1));
    final javax.swing.JPanel panel1 = new JPanel();
    panel1.setLayout(new GridLayoutManager(2, 1, new Insets(20, 20, 0, 20), -1, -1));
    JPanel.add(panel1, new GridConstraints(0, 0, 1, 1, GridConstraints.ANCHOR_CENTER, GridConstraints.FILL_BOTH, GridConstraints.SIZEPOLICY_CAN_SHRINK | GridConstraints.SIZEPOLICY_CAN_GROW, GridConstraints.SIZEPOLICY_CAN_SHRINK | GridConstraints.SIZEPOLICY_CAN_GROW, null, null, null, 0, false));
    final javax.swing.JPanel panel2 = new JPanel();
    panel2.setLayout(new GridLayoutManager(3, 2, new Insets(0, 0, 0, 0), -1, -1));
    panel1.add(panel2, new GridConstraints(1, 0, 1, 1, GridConstraints.ANCHOR_CENTER, GridConstraints.FILL_BOTH, GridConstraints.SIZEPOLICY_CAN_SHRINK | GridConstraints.SIZEPOLICY_CAN_GROW, GridConstraints.SIZEPOLICY_CAN_SHRINK | GridConstraints.SIZEPOLICY_CAN_GROW, null, null, null, 0, false));
    打开Button = new JButton();
    Font 打开ButtonFont = this.$$$getFont$$$("FangSong", -1, -1, 打开Button.getFont());
    if (打开ButtonFont != null) 打开Button.setFont(打开ButtonFont);
    打开Button.setText("打开");
    panel2.add(打开Button, new GridConstraints(0, 1, 1, 1, GridConstraints.ANCHOR_CENTER, GridConstraints.FILL_NONE, GridConstraints.SIZEPOLICY_FIXED, GridConstraints.SIZEPOLICY_FIXED, new Dimension(80, 30), new Dimension(80, 30), new Dimension(80, 30), 0, false));
    转拉丁Button = new JButton();
    Font 转拉丁ButtonFont = this.$$$getFont$$$("FangSong", -1, -1, 转拉丁Button.getFont());
    if (转拉丁ButtonFont != null) 转拉丁Button.setFont(转拉丁ButtonFont);
    转拉丁Button.setText("转拉丁");
    panel2.add(转拉丁Button, new GridConstraints(1, 1, 1, 1, GridConstraints.ANCHOR_CENTER, GridConstraints.FILL_NONE, GridConstraints.SIZEPOLICY_FIXED, GridConstraints.SIZEPOLICY_FIXED, new Dimension(80, 30), new Dimension(80, 30), new Dimension(80, 30), 0, false));
    final JScrollPane scrollPane1 = new JScrollPane();
    panel2.add(scrollPane1, new GridConstraints(0, 0, 3, 1, GridConstraints.ANCHOR_CENTER, GridConstraints.FILL_BOTH, GridConstraints.SIZEPOLICY_CAN_SHRINK | GridConstraints.SIZEPOLICY_WANT_
```

```java
GROW, GridConstraints.SIZEPOLICY_CAN_SHRINK | GridConstraints.SIZEPOLICY_WANT_GROW,
null, null, null, 0, false));
        textArea1 = new JTextArea();
        Font textArea1Font = this.$$$getFont$$$("Microsoft Himalaya", -1, 20, textArea1.getFont());
        if (textArea1Font != null) textArea1.setFont(textArea1Font);
        scrollPane1.setViewportView(textArea1);
        转藏文 Button = new JButton();
        Font 转藏文 ButtonFont = this.$$$getFont$$$("FangSong", -1, -1, 转藏文 Button.getFont());
        if (转藏文 ButtonFont != null) 转藏文 Button.setFont(转藏文 ButtonFont);
        转藏文 Button.setHorizontalAlignment(0);
        转藏文 Button.setHorizontalTextPosition(0);
        转藏文 Button.setText("转藏文");
        panel2.add(转藏文 Button, new GridConstraints(2, 1, 1, 1, GridConstraints.ANCHOR_CENTER,
GridConstraints.FILL_NONE, GridConstraints.SIZEPOLICY_FIXED, GridConstraints.SIZEPOLICY_FIXED,
new Dimension(80, 30), new Dimension(80, 30), new Dimension(80, 30), 0, false));
        final JLabel label1 = new JLabel();
        Font label1Font = this.$$$getFont$$$("FangSong", -1, -1, label1.getFont());
        if (label1Font != null) label1.setFont(label1Font);
        label1.setText("源文件：");
        panel1.add(label1, new GridConstraints(0, 0, 1, 1, GridConstraints.ANCHOR_WEST,
GridConstraints.FILL_NONE, GridConstraints.SIZEPOLICY_FIXED, GridConstraints.SIZEPOLICY_FIXED,
null, null, null, 0, false));
        final javax.swing.JPanel panel3 = new JPanel();
        panel3.setLayout(new GridLayoutManager(2, 1, new Insets(0, 20, 20, 20), -1, -1));
        JPanel.add(panel3, new GridConstraints(1, 0, 1, 1, GridConstraints.ANCHOR_CENTER,
GridConstraints.FILL_BOTH, GridConstraints.SIZEPOLICY_CAN_SHRINK | GridConstraints.SIZEPOLICY_
CAN_GROW, GridConstraints.SIZEPOLICY_CAN_SHRINK | GridConstraints.SIZEPOLICY_CAN_GROW,
null, null, null, 0, false));
        final javax.swing.JPanel panel4 = new JPanel();
        panel4.setLayout(new GridLayoutManager(2, 2, new Insets(0, 0, 0, 0), -1, -1));
        panel3.add(panel4, new GridConstraints(1, 0, 1, 1, GridConstraints.ANCHOR_CENTER,
GridConstraints.FILL_BOTH, GridConstraints.SIZEPOLICY_CAN_SHRINK | GridConstraints.
SIZEPOLICY_CAN_GROW, GridConstraints.SIZEPOLICY_CAN_SHRINK |
GridConstraints.SIZEPOLICY_CAN_GROW, null, null, null, 0, false));
        保存 Button = new JButton();
        Font 保存 ButtonFont = this.$$$getFont$$$("FangSong", -1, -1, 保存 Button.getFont());
        if (保存 ButtonFont != null) 保存 Button.setFont(保存 ButtonFont);
        保存 Button.setText("保存");
        panel4.add(保存 Button, new GridConstraints(0, 1, 1, 1, GridConstraints.ANCHOR_CENTER,
GridConstraints.FILL_HORIZONTAL, GridConstraints.SIZEPOLICY_FIXED, GridConstraints.
```

```java
SIZEPOLICY_FIXED, new Dimension(80, 30), new Dimension(80, 30), new Dimension(80, 30), 0, false));
        final JScrollPane scrollPane2 = new JScrollPane();        panel4.add(scrollPane2, new
GridConstraints(0, 0, 2, 1, GridConstraints.ANCHOR_CENTER, GridConstraints.FILL_BOTH,
GridConstraints.SIZEPOLICY_CAN_SHRINK | GridConstraints. SIZEPOLICY_WANT_GROW,
GridConstraints.SIZEPOLICY_CAN_SHRINK | GridConstraints. SIZEPOLICY_WANT_GROW, null,
null, null, 0, false));
        textArea2 = new JTextArea();
        Font textArea2Font = this.$$$getFont$$$("Microsoft Himalaya", -1, 20, textArea2.getFont());
        if (textArea2Font != null) textArea2.setFont(textArea2Font);
        scrollPane2.setViewportView(textArea2);
        退出Button = new JButton();
        Font 退出ButtonFont = this.$$$getFont$$$("FangSong", -1, -1, 退出Button.getFont());
        if (退出ButtonFont != null) 退出Button.setFont(退出ButtonFont);
        退出Button.setText("退出");
        panel4.add(退出Button, new GridConstraints(1, 1, 1, 1, GridConstraints.ANCHOR_CENTER,
GridConstraints.FILL_HORIZONTAL, GridConstraints.SIZEPOLICY_FIXED, GridConstraints.
SIZEPOLICY_FIXED, new Dimension(80, 30), new Dimension(80, 30), new Dimension(80, 30), 0, false));
        final JLabel label2 = new JLabel();
        Font label2Font = this.$$$getFont$$$("FangSong", -1, -1, label2.getFont());
        if (label2Font != null) label2.setFont(label2Font);
        label2.setText("目标文件：");
        panel3.add(label2, new GridConstraints(0, 0, 1, 1, GridConstraints.ANCHOR_WEST,
GridConstraints.FILL_NONE, GridConstraints.SIZEPOLICY_FIXED, GridConstraints.SIZEPOLICY_FIXED,
null, null, null, 0, false));
    }

    /**
     * @noinspection ALL
     */
    private Font $$$getFont$$$(String fontName, int style, int size, Font currentFont) {
        if (currentFont == null) return null;
        String resultName;
        if (fontName == null) {
            resultName = currentFont.getName();
        }else {
            Font testFont = new Font(fontName, Font.PLAIN, 10);
            if (testFont.canDisplay('a') && testFont.canDisplay('1')) {
                resultName = fontName;
            }else {
                resultName = currentFont.getName();
```

```
        }
    }
    Font font = new Font(resultName, style >= 0 ? style : currentFont.getStyle(), size >= 0 ? size : currentFont.getSize());
  boolean isMac=System.getProperty("os.name","").toLowerCase(Locale.ENGLISH).startsWith("mac");
    Font fontWithFallback = isMac ? new Font(font.getFamily(), font.getStyle(), font.getSize()) : new StyleContext().getFont(font.getFamily(), font.getStyle(), font.getSize());
    return fontWithFallback instanceof FontUIResource ? fontWithFallback : new FontUIResource(fontWithFallback);
  }

  /**
   * @noinspection ALL
   */
  public JComponent $$$getRootComponent$$$() {
    return JPanel;
  }
}
```

10.5 运行结果

10.5.1 运行结果说明

(1) 藏文拉丁转写的运行结果如图 10-7 所示。

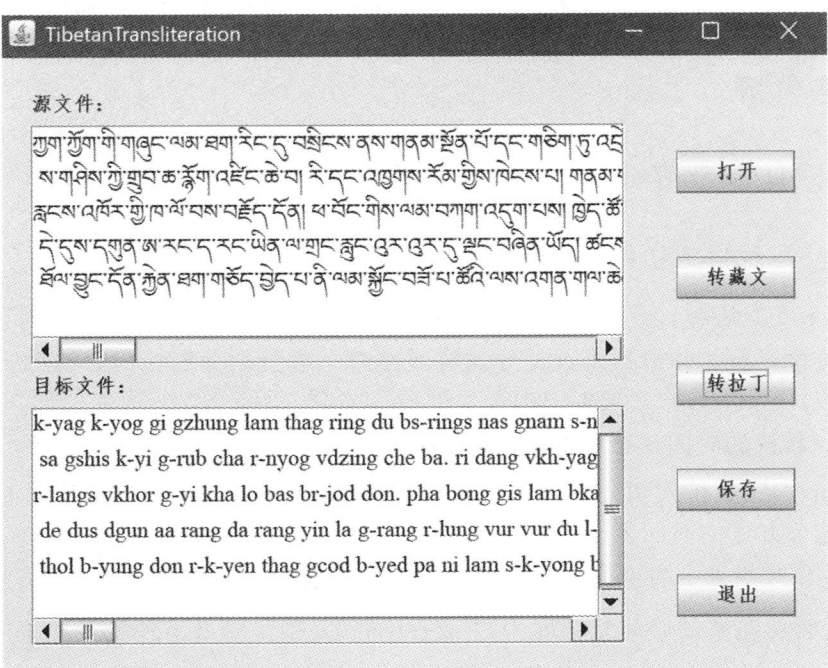

图 10-7 运行结果

（2）拉丁字符转回为藏文字符的运行结果如图 10-8 所示。

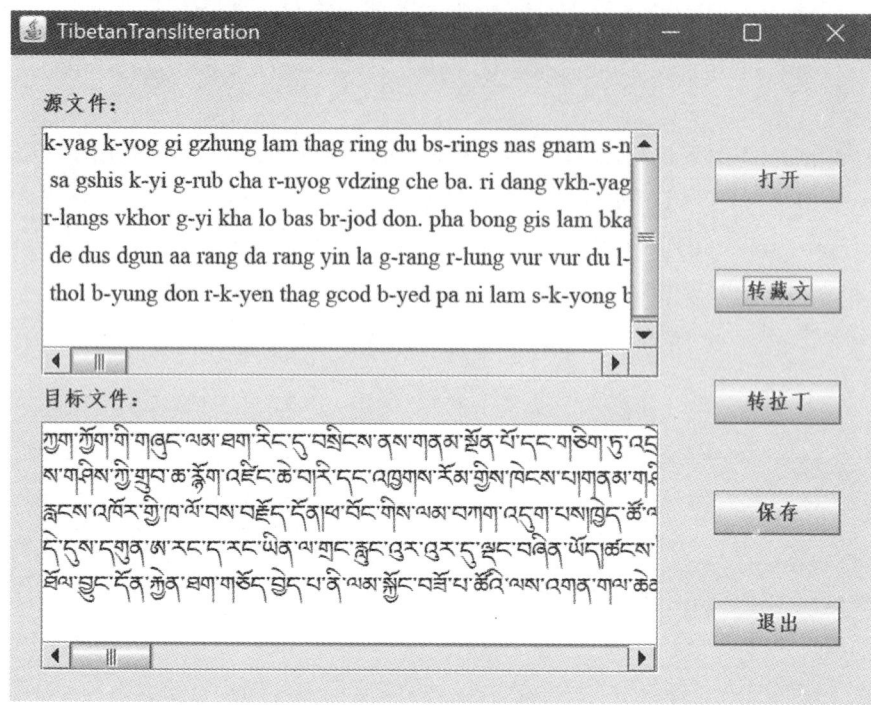

图 10-8　运行结果

10.5.2　讨　论

该算法基本上实现了藏文拉丁转写和拉丁转回藏文的简单功能。把一个藏文文本转换为拉丁字符，再把拉丁字符转回藏文文本，与原文本进行对照，分析发现：在拉丁文本转回藏文时发现原藏文文本中的部分空格丢失了，这是由于在对拉丁文本进行处理时是按照"."进行分隔的，因此也导致原藏文文本中的空格丢失掉了，后续还需优化藏文拉丁转写方案。

10.6　算法分析

10.6.1　时间复杂度分析

1. 藏文拉丁转写时间复杂度

在 tibetanToLatin 方法中，需要遍历藏文文本中的每行字符串，并将其转换为字符数组，然后遍历字符数组中的每个字符，并根据是否是分隔符或黏着词进行切分和转换。因此，这个方法的时间复杂度为 $O(n*m)$，其中 n 是藏文文本中的音节数量，m 是切分和转换所需的时间，切分方法的时间复杂度为 $O(1)$，转换的时间复杂度取决于 transform 方法的时间复杂度。

而在 transform 方法中传入切分后的每个键值对集合 cut，并根据是否需要对基字进行还原来进行转换。因此，这个方法的时间复杂度为 $O(p*q)$，其中 p 是 cut 中的键值对数，q 是对照表中的键值对数，由于 cut 和对照表中的键值对数都是固定的，因此 transform 的时间复杂度为 $O(1)$。

因此，整个过程所花费的时间复杂度为 $O(n*(O(1)+O(1)))$，其中 n 是藏文文本中的音节数量，化简后即 $O(n)$。

2. 拉丁字符转回藏文的时间复杂度

拉丁字符转回藏文主要分为两个步骤：匹配和转换。

匹配是将拉丁文本按照空格进行分割，得到一个个拉丁文字符串数组。然后对每个拉丁文字符串进行最大匹配，即从最后一个字符开始，逐个向前匹配，并根据对照表进行查找和替换，并返回一个字符串。在 maximum_Matching 方法中包含两层循环及递归，递归的深度取决于字符串的长度，而内层循环取决于对照表的键值对数。因此它的时间复杂度为 $O(n*m)$，其中 n 是字符串的长度，m 是对照表中的键值对数。因为对照表中键值对数固定，所以时间复杂度为 $O(n)$。

转换是将匹配后的字符串按照是否含有连字符来判断是否需要对基字进行还原，并根据是否含有"འ"来判断是否需要删除，并输出到控制台，并根据是否以"།"结尾来决定是否添加分隔符"་"。在 latinToTibetan 方法中，一共有 n 个拉丁字符串，因此匹配所花费的时间为 $O(n)$。

因此，整个过程所花费的时间复杂度为 $O(n)+O(n)$，其中 n 是拉丁字符串数量，化简后即 $O(n)$。

10.6.2 空间复杂度分析

在这段代码中，空间复杂度主要取决于文件的大小、对照表的大小及测试文本的长度。具体来说，有以下几个方面：

静态存储空间：在这段代码中，静态存储空间主要由 separate 数组和 contrastTable 及 tibetanText 所占用，它们的大小分别为 90 个字符和约 400 个键值对，因此，它们的空间复杂度为 $O(1)$。而 tibetanText 中存储了藏文测试文本，占用的空间复杂度为 $O(n)$，n 表示藏文音节的数量。

临时存储空间：包括方法调用、参数传递、局部变量等。在这段代码中，栈空间的大小取决于方法的调用深度和局部变量的数量。例如，在 maximum_Matching 方法中，每次递归调用都会创建一个新的栈，其中包含 character、s、contrastTable、k、i、ss、iterator、entry、key、value 等局部变量，它们占用的空间为 $O(1)$。因此，它的空间复杂度为 $O(n)$，其中 n 是递归调用的深度。

综上所述，整段代码的空间复杂度为 $O(n)+O(n)$，即 $O(n)$。

❖ 第 11 章 《藏字数字编码方案》的实现

11.1 问题描述

"编码"既是动词也是名词,作动词时表示"信息从一种形式或格式转换为另一种形式的过程"[①],具体来说就是"用预先规定的方法将文字、数字或其他对象编成数码,或将信息、数据转换成规定的电脉冲信号"。其逆过程称为"解码"。编码作为名词是指用数字、字母、特殊的符号或它们之间的组合来表示事物的记号,即编码产生的序列。编码广泛用于电子计算机、电视、遥控和通信等方面。毛尔盖·桑木旦设计了一套用数字对现代藏文字进行编码的方案,四川省阿坝州藏文编译局于 1993 年 10 月印制,称为《藏文编码表》[②],如图 11-1 所示。

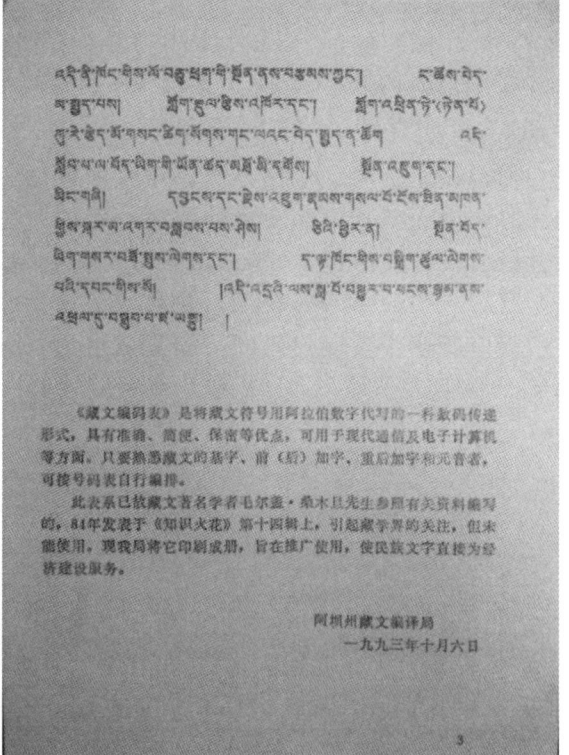

图 11-1　阿坝州藏文编译局印制的《藏文编码表》

该表不只是一个简单的"编码表",而且是一个完整的编码方案,其不仅有"编码"的表,同时也有编码、解码的方式和实用例子,编码对象是现代的藏文字,用十进制数字进行编码,故又被称为《藏字数字编码方案》。分析发现该方案不仅具有很高的学术研究和参考价值,而且具有很重要的实际应用价值。本章用计算机实现《藏字数字编码方案》的编码和解码算法。

---

① 童应学,吴燕. 计算机应用基础教程[M]. 武汉:华中师范大学出版社,2010.
② 阿坝州编译局. 藏文编码表[M]. 马尔康:阿坝州编译局,1993.

11.2 问题分析

11.2.1 理论依据

1.《藏字数字编码方案》的编码表

《藏字数字编码方案》针对不同的编码点设计了 3 个不同的编码表，分别是前加字、基字、元音及后加字等的编码表。

1）前加字的编码表

前加字用 1 位十进制数进行编码，5 个前加字分别用 1~5 的 5 个数字编码，前加字在基字中的先后顺序对应数字的先后顺序，如表 11-1 所示。例如，"ད"的编码就是"2"。

表 11-1 前加字的编码表

སྔོན་འཇུག	1	2	3	4	5
	ག	ད	བ	མ	འ

2）基字的编码表

基字采用两位十进制数进行编码，由横坐标 0~9 的 10 个值（藏文称为 སྟེང་བྱར）和纵坐标 0~9 的 10 个值（藏文称为 གཡས་བྱར）构成二维平面，其中基字的编码由横、竖两个十进制坐标值构成，即"མིང་རྟེན་རིའུ་མིག་དང་པོ་སྟེང་བྱར་དང་། དེ་རྗེས་གཡས་བྱར་འཛིན་ཚུལ་ཞེས་པར་བྱ།"。基字的编码表如表 11-2 所示，表中按照 30 个辅音字母、上加字与基字的两层组合、基字与下加字的两层组合及上加字、基字与下加字的三层组合顺序排列，其先后顺序按照藏文辅音字母的顺序横向排布。例如，"ཧ"的编码就是"43"。

表 11-2 基字的编码表

གཡས་བྱར \ སྟེང་བྱར	0	1	2	3	4	5	6	7	8	9
0	ཀ	ཁ	ག	ང	ཅ	ཆ	ཇ	ཉ	ཏ	ཐ
1	ད	ན	པ	ཕ	བ	མ	ཙ	ཚ	ཛ	ཝ
2	ཞ	ཟ	འ	ཡ	ར	ལ	ཤ	ས	ཧ	ཨ
3	ཀྲ	ཁྲ	གྲ	ཏྲ	ཐྲ	དྲ	ནྲ	པྲ	ཕྲ	བྲ
4	མྲ	ཤྲ	སྲ	ཧྲ	རྐ	རྒ	རྔ	རྗ	རྙ	རྟ
5	རྡ	རྣ	རྦ	རྨ	རྩ	རྫ	ལྐ	ལྒ	ལྔ	ལྕ
6	ལྗ	ལྟ	ལྡ	ལྤ	ལྦ	ལྷ	སྐ	སྒ	སྔ	སྙ
7	སྟ	སྡ	སྣ	སྤ	སྦ	སྨ	སྩ	ཀྱ	ཁྱ	གྱ
8	པྱ	ཕྱ	བྱ	མྱ	ཀྲ	ཁྲ	གྲ	ཏྲ	ཐྲ	དྲ
9	ནྲ	པྲ	ཕྲ	བྲ	མྲ	ཤྲ	སྲ	ཧྲ	ཀླ	གླ

3）元音及后加字等的编码表

元音及后加字等的编码方式与基字的编码方式一致，顺序为 4 个元音、元音与后加字、再后加字的组合，如表 11-3 所示。例如，"ོབས"的编码就是"94"。

表 11-3　元音及后加字等的编码表

	0	1	2	3	4	5	6	7	8	9
0	ི	ུ	ེ	ོ	ྃ	ཾ	གས	ངས	ད	ན
1	ག	གས	ིག	ིགས	ུག	ེག	ོག	ིག	ོག	ོག
2	ང	ངས	ིང	ིངས	ུང	ེང	ོང	ིང	ོང	ོང
3	ད	ིད	ུད	ེད	ོད	ན	ིན	ུན	ེན	ོན
4	ན	ིན	ུན	ེན	ོན	བ	ིབ	ུབ	ེབ	ོབ
5	མ	མས	ིམ	ིམས	ུམ	ེམས	ོམ	ིམས	ོམས	ོམས
6	འ	ིའ	ུའ	ེའ	ོའ	ར	ིར	ུར	ེར	ོར
7	ིའུ	ིའུ	ུའ	ིའ	ེའ	ོའ	ིའ	ོའ	ོའ	ོའ
8	ོར	ར	ིར	ུར	ེར	ོར	ལ	ིལ	ུལ	ེལ
9	ོལ	ལ	ིལ	ུལ	ེལ	ོལ	ོས	ིས	ུས	ེས

2．《藏字数字编码方案》的编码方式

《藏字数字编码方案》中的编码方案是："首先是前加字，其次是基字，最后是元音和后加字；每个前加字用 1 位数字编码，每个基字、元音和后加字用 2 位数字编码；基字、元音和后加字以先行后列查编码表"（即 ཨང་ཡིག་འབྲི་བའི་རིམ་པ་ཨིག་སྟོད་ཚལ་ཉེ། དང་པོ་སྔོན་འཇུག་གཉིས་པ་མིང་གཞི་ལ། གསུམ་པ་དབྱངས་རྗེས་སྟོན་འཇུག་ལ་ཨང་རེ། མིང་གཞི་དབྱངས་རྗེས་ལ་ཨང་གཉིས་རེ། མིང་རྗེས་རིའི་ཨིག་དང་པོ་སྟེང་བྱར་དང་། དེ་རྗེས་གཡས་བྱར་འཇིན་ཚུལ་ཞེས་པར་བྱ།）。一个藏文字符一般由 1~7 个字符构件构成，但该编码方案并不是以藏文字符构件为单位，而是按照藏文的组合，设计了 3 个不同的编码点：前加字、基字、元音及后加字等。前加字用 1 位十进制数字表示，基字、元音及后加字等用 2 位十进制数字表示，分别由编码表的横、纵两个坐标值构成。其编码示意图如图 11-2 所示。

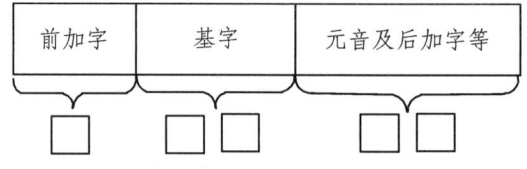

图 11-2　《藏字数字编码方案》的编码示意图

从编码方式可以看出，该编码最少 2 位数，最多 5 位数，也可能会出现 3 位数或 4 位数的情况。例如，"ཀ"的编码是"00"，"བསྒྲགས"的编码是"3 59 31"。

3. 《藏字数字编码方案》的解码方式

解码是编码的逆过程，能够通过编了码的数字还原出藏文字符。《藏字数字编码方案》中的解码方案是：5 位数字则表示前加字、基字、元音和后加字齐全；4 位数字则表示基字、元音和后加字；3 位数字则表示前加字和基字；2 位数字则表示只有基字（即 ཨང་ལྷོད་ཆེ་སྟོན་བྱིང་དབྱངས་རྗེས་ཚང་། །ཨང་བཞི་ཡོད་ཆེ་བྱིང་དབྱངས་རྗེས་གཉིས་ཡིན། །ཨང་གསུམ་ཡོད་ཆེ་སྟོན་འདུག་བྱིང་གཞི་ཚམ། །ཨང་གཉིས་ཡོད་ཆེ་བྱིང་གཞི་རྒྱང་བའོ། །)。

4. 《藏字数字编码方案》的改进

1) 藏文字符编码不完备

编码表缺少了 "ཕྱ" "བྲ" 和 "◌" 的组合块，导致了以这些组合块为基字块的字符无法进行编码，虽然在 "元音及后加字等" 表中添加了 "◌ུབས" "◌ིལ" "◌ོན" 3 个编码能完成 "བྱུབས" "བྲིལ" "བྲོན" 的编码，但还有很多其他以这两个字为基字的字符都无法编码。

对 "基字表" 用 2 位编码空间不足，则用 3 位表示基字，编码空间从 000 到 999，完全解决了基字编码空间不足的问题，也可以放置部分梵音藏字，则编码会出现 3 位、4 位、5 位和 6 位。如果是 3 位，则只有基字；如果是 4 位，则有前加字和基字；如果是 5 位，则有基字、元音及后加字部分；如果有 6 位，则表示所有构件都齐全。把已有的 "基字表" 中的字符的最高位设为 "0"，则添加的最高位从 "1" 开始放置。

2) 有少量编码歧义存在

由于在 "元音及后加字" 表中添加了 "◌ུབས" "◌ིལ" "◌ོན" 3 个编码，导致了编码歧义的产生。例如，"རིལ" 正常的编码应该是 "4798"，但也可以编码为 "0197"。一个编码方案中，一个字符的编码不能出现多种，否则就要用规则限制，但那样又破坏了编码的简单易用性。

"元音及后加字" 表仅仅只作为元音及后加字的字表，把带 "◌" 等有基字构件的字符 "40" "50" "60" "70" "80" "90" "69" "79" "89" 取掉，由于基字编码空间用 3 位数进行了扩充，这些字符的组合块可以放置到基字编码空间中。

虽然 "元音及后加字" 表中有较多的黏着词，但是仍然对 "རྗེའི" 等两次黏着的情况无法进行编码，所以程序中把黏着词进行拆分，再识别构件，分别查对应的表进行编码，可以在黏着词之间用 "-" 连接符号进行连接，而不用 "元音及后加字" 表中黏着词的编码。

3) 符号的编码

藏文字符除了字以外，还有很多符号，这些符号出现频率非常高，也是不可缺少的，但在该编码中没有体现出来。本设计中可以用 "空格" 代替藏文音节隔音符 "་"，用一个实心点 "." 代替垂形符 "།"。

对原《藏字数字编码方案》进行如上的改进后基本能实现对藏文的数字编码和解码，但此方案并非完备，仍有待优化之处。

11.2.2 算法思想

藏文字符编码用数字来表示和表示藏文的数字通过解码转回藏文字符是互逆的两个过程，要分别实现。

1. 编　码

藏文字符编码时，以藏文的一个音节为单位。先从连续藏文文本中分隔出藏文音节，还要建立藏文字符中能作为藏文音节分隔的字符表（同第 10 章）。由于藏文音节转换为数字编码是按照构件进行的编码，所以在编码前要识别藏文音节的构件。在识别藏文音节构件时，还要处理 4 个藏文音节黏着词"འི"，"འུ"，"འོ"，"འམ"。具体思想如下：

第 1 步：读入藏文文本。将藏文文本按行分割成字符串数组，并将每个字符串转换为字符数组。读取一个字符数组，若所有字符数组读取完毕则算法结束。

第 2 步：遍历字符数组中的每个字符，根据字符是否是非分隔符的藏文字符或者分隔符进行不同的处理。若当前字符数组全部读取完毕，则转到第 1 步。

第 3 步：如果是非分隔符的藏文字符，则将其拼接到一个临时变量 zangZi 中，用于存储一个藏文音节。

第 4 步：如果是分隔符，判断临时变量是否为空，如果不为空，说明 zangZi 中已经存储好一个藏文单词，则进一步进行编码转换。

第 5 步：判断临时变量是否是黏着词，即是否包含后缀。如果是，需要将后缀分开，然后对每个部分进行切分和查表转换，并输出编码结果。

第 6 步：如果不是黏着词，直接对临时变量进行切分和查表转换，并输出编码结果。

第 7 步：对分隔符进行编码转换，并输出空格或者句号。

第 8 步：若该字符为非藏文，则判断 zangZi 是否为空，若不为空，说明 zangZi 中已经存储好一个藏文音节，则进一步进行编码转换，此外，无论 zangZi 是否为空都需要将该字符直接输出。

第 9 步：将临时变量清空，准备下一个藏文单词的处理，转到第 2 步。

2. 解　码

表示藏文字符的数字转回藏文字符时，算法先按照表示藏文字符数字的位数划分为不同的构件数字组合，再查找对应的表来还原藏文字符。例如，编码"403683"是 6 位，按照"1、3、2"划分为"4""036""83"3 个表示构件的数字组合，分别对应于前加字的"མ"、基字的"ཁྱ"和元音及后加字的"ིན"，合起来就是"མཁྱིན"。具体思想如下：

第 1 步：依次读入藏文文本的每一行，将该行藏文文本根据" "进行切分，并使用 split 数组（split 数组的每一个元素存放的是一个数字序列，它是由一个完整的藏文音节进行转换得到）保存拆分后的结果；若藏文文本全部读取完毕，则算法结束。

第 2 步：依次读 split 数组中的每一个元素，并将该元素赋值给字符串 ss 和 origin，然后将 ss 中的"."替换为""，方便后续的转换；若 split 为数组中的元素全部读取完毕则转到第 1 步。

第 3 步：判断 ss 中编码数字的位数，按照编码数字位数的多少进行不同的处理：

（1）如果编码数字是 6 位，则按照 1、3、2 对应于前加字、基字、元音及后加字等；

（2）如果编码数字是 5 位，则按照 3、2 对应于基字、元音及后加字等；

（3）如果编码数字是 4 位，则按照 1、3 对应于前加字和基字；

（4）如果编码数字是 3 位，则直接对应于基字；

（5）如果长度小于 3 且有"·"符号，则将其转换成"།"符号，否则将其原样输出。如果长度大于 6 且包含连字符，则将其按"-"分割成两部分，并分别调用解码方法处理。

第 4 步：若 origin 中存在"."则输出相应数量的"།"，否则输出"·"。

第 5 步：转到第 2 步。

11.3　算法设计

11.3.1　存储空间

1. 藏文字符与数字字符对照表的存储结构

需要建立一个藏文字符与数字字符的对照表，该表为 txt 格式，每行为一个藏文字符到数字的对照，藏文字符与数字字符之间用'\t'隔开。

对照表的存储格式采用 LinkedHashMap 集合：

public static LinkedHashMap<String, String> tibtBase;

public static LinkedHashMap<String, String> tibtFront;

public static LinkedHashMap<String, String> tibtVowelrear;

其占用空间取决于表中的元素个数。

2. 藏文文本存储结构

需要建立一个藏文存储结构，在读入并进行存储时，考虑到进行转换时需要根据藏文分隔符将每个藏字分割开再进行判断黏着字及判断叠加等操作，本实验采用 String[] tibetanText 字符串数组进行存储，每读入一行便将其存入字符串数组中的一个变量中，最后返回一个字符串数组，这样方便后续处理时可以按行进行处理，具体的定义如下：

public static String[] tibetanText;

11.3.2 流程图

1. 编码流程图

藏文字符转数字的编码流程如图 11-3 所示。

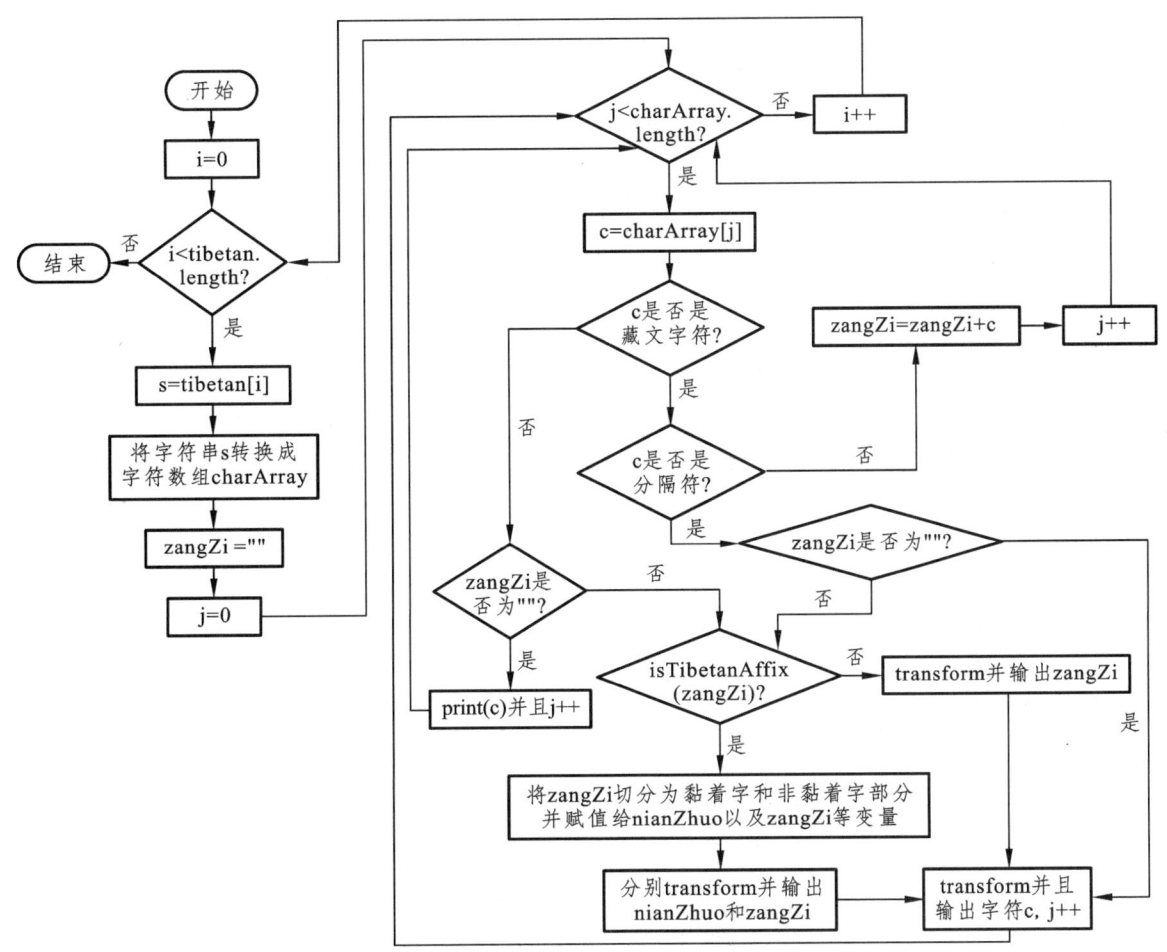

图 11-3 Encode 方法流程图

2. 解码流程图

数字转回藏文字符的解码流程如图 11-4 所示。

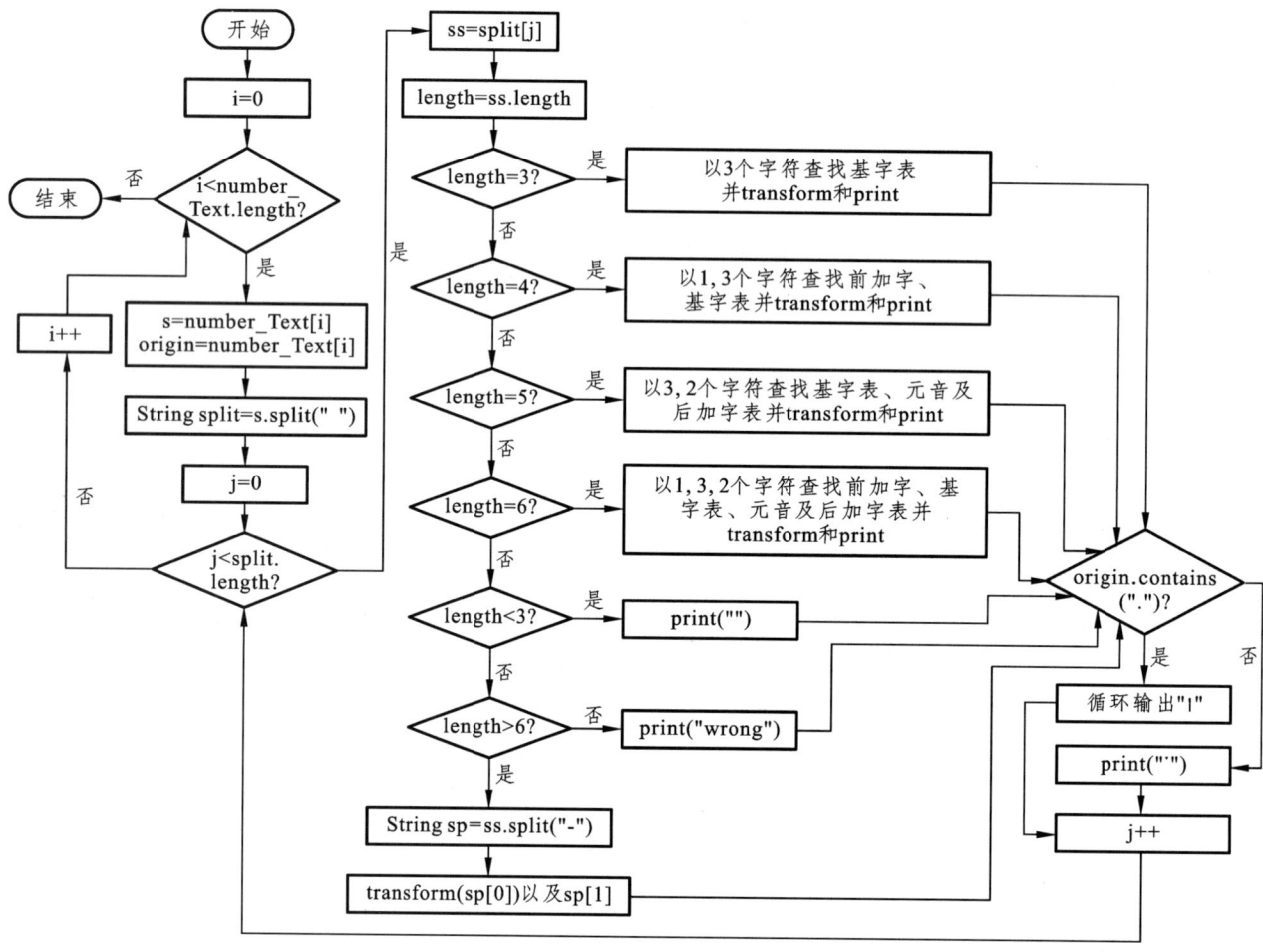

图 11-4 Decode 方法流程图

11.3.3 伪代码

1. 编 码

对藏文字符进行编码，转换为数字的伪代码：

Encode(tibetan, tibtBase, tibtFront, tibtVowelrear):
1   for s in Tibetan:
2   char[] charArray = s.toCharArray();
3   String zangZi = "";
4   for c in the charArray:
5   if c is a Tibetan:
6   if c is a separator:
7   if zangZi != "":
8   if isTibetanAffix(zangZi):
9   zangZi = zangZi.replace(nianZhuo,"");
10   print(transform(zangZi))

```
11                              print(transform(nianZhuo))
12                              nianZhuo = ""
13                      else:
14                          print(transform(zangZi))
15                      print(transform(c))
16                      zangZi = ""
17                  else:
18                      print(transform(c))
19              else:
20                  zangZi = zangZi + String.valueOf(c);
21                  continue
22          else:
23              if zangZi != "":
24                  if isTibetanAffix(zangZi):
25                      zangZi = zangZi.replace(nianZhuo, "");
26                      print(transform(zangZi))
27                      print(transform(nianZhuo))
28                      nianZhuo = ""
29                  else:
30                      print(transform(zangZi))
31              zangZi = ""
32              print(c)
33      print("\n")
```

2. 解　码

对数字进行解码，转回藏文的伪代码：

```
Decode(number_Text, tibtBase, tibtFront, tibtVowelrear):
1    for s in number_Text:
2        String[] split = s.split("");
3        for ss in split:
4            String origin = ss;
5            ss = ss.replace(".", "");
6            if ss = "":
7                根据 origin 的长度循环输出"｜";
8                continue;
9            else if ss = "000000":
10               print(༠)
11           else if ss.length>=3 and ss.length<=6:
12               if ss.length == 3: //则该藏字仅有基字
13                   在 tibtBase 中找到 ss 对应的藏字并输出
14               else if ss.length == 4://则为前加字+基字
15                   String qian = ss.substring(0, 1);
```

```
16              String ji = ss.substring(1, 4);
17              在 tibtFront 中找到 qian 对应的藏字并输出
18              在 tibtBase 中找到 ji 对应的藏字并输出
19          else if ss.length == 5: //则为基字+元音/后/再后
20              String ji = ss.substring(0, 3);
21              String yuan = ss.substring(3, 5);
22              在 tibtBase 中找到 ji 对应的藏字并输出
23              在 tibtVowelrear 中找到 yuan 对应的藏字并输出
24          else if ss.length == 6://则为前加字+基字+元音/后/再后
25              String qian = ss.substring(0, 1);
26              String ji = ss.substring(1, 4);
27              String yuan = ss.substring(4, 6);
28              在 tibtFront 中找到 qian 对应的藏字并输出
29              在 tibtBase 中找到 ji 对应的藏字并输出
30              在 tibtVowelrear 中找到 yuan 对应的藏字并输出
31          else if ss.length < 3:
32              if ss == " ":
33                  print(ss)
34          else if ss.length > 6:
35              if ss contains("-"):
36                  String[] sp = ss.split("-");
37                  分别对 sp[0]和 sp[1]调用 Decode 方法
38              else:
39                  print("该字有错误")
40          if (!origin.contains(".")):
41              print("·");
42          else:
43              循环 print("|");
44          print("\n");
```

11.4 程序实现

本次实验分为算法部分及窗体部分。具体实现如下：

1. 算法部分实现

在包下新建一个名为"chapter11"的 Java 文件，并向其中添加如下代码：

```java
package cn.edu.utibet.chapter11;

import java.io.*;
import java.util.Iterator;
import java.util.LinkedHashMap;
import java.util.Map;
```

```java
public class chapter11 {
    static String nianZhuo = "";
    public static LinkedHashMap<String,String> read_CharacterContrastTable(File file) {
        LinkedHashMap<String, String> linkedHashMap = new LinkedHashMap<>();
        BufferedReader br = null;          //读入全藏字
        try {
            br = new BufferedReader(new FileReader(file));
            String line = "";
            while ((line = br.readLine()) != null) {
                String[] s = line.split("\t");
                String key = s[0];
                String value = s[1];
                linkedHashMap.put(key, value);
            }
        }catch (FileNotFoundException e) {
            e.printStackTrace();
        }catch (IOException e) {
            e.printStackTrace();
        }
        return linkedHashMap;
    }

    //90 个藏文分隔符
    public static final char[] Separate =
        {0x0F00, 0x0F01, 0x0F02, 0x0F03, 0x0F04, 0x0F06, 0x0F07, 0x0F08, 0x0F09,
        0x0F0A, 0x0F0B, 0x0F0C, 0x0F0D, 0x0F0E, 0x0F0F, 0x0F10, 0x0F11, 0x0F12,
        0x0F13, 0x0F14, 0x0F15, 0x0F16, 0x0F17, 0x0F18, 0x0F19, 0x0F1A, 0x0F1B,
        0x0F1C, 0x0F1D, 0x0F1E, 0x0F1F, 0x0F20, 0x0F21, 0x0F22, 0x0F23, 0x0F24,
        0x0F25, 0x0F26, 0x0F27, 0x0F28, 0x0F29, 0x0F2A, 0x0F2B, 0x0F2C, 0x0F2D,
        0x0F2E, 0x0F2F, 0x0F30, 0x0F31, 0x0F32, 0x0F33, 0x0F34, 0x0F35, 0x0F36,
        0x0F37, 0x0F38, 0x0F3A, 0x0F3B, 0x0F3C, 0x0F3D, 0x0F3E, 0x0F3F, 0x0FBE,
        0x0FBF, 0x0FC0, 0x0FC1, 0x0FC2, 0x0FC3, 0x0FC4, 0x0FC5, 0x0FC6, 0x0FC7,
        0x0FC8, 0x0FC9, 0x0FCA, 0x0FCB, 0x0FCC, 0x0FCE, 0x0FCF, 0x0FD0, 0x0FD1,
        0x0FD2, 0x0FD3, 0x0FD4, 0x0FD5, 0x0FD6, 0x0FD7, 0x0FD8, 0x0FD9, 0x0FDA};

    public static String match_QianJiaZi(String s,LinkedHashMap<String ,String > tibtFront){
        Iterator<Map.Entry<String, String>> iterator = tibtFront.entrySet().iterator();
        while (iterator.hasNext()) {
            Map.Entry<String, String> entry = iterator.next();
            String key = entry.getKey();
            String value = entry.getValue();
            if(s.equals(key)){
                return value;
            }
```

```java
        }
        System.out.println("找前加部分有问题，该字为："+s);
        return null;
}

public static String match_JiZi(String s,LinkedHashMap<String ,String > tibtBase){
    Iterator<Map.Entry<String, String>> iterator = tibtBase.entrySet().iterator();
    while (iterator.hasNext()) {
        Map.Entry<String, String> entry = iterator.next();
        String key = entry.getKey();
        String value = entry.getValue();
        if(s.equals(key)){
            return value;
        }
    }
    System.out.println("找基字部分有问题，该字为："+s);
    return null;
}

public static String match_YuanYin(String s,LinkedHashMap<String ,String > tibtVowelrear){
    String isRight = "correct";
    Iterator<Map.Entry<String, String>> iterator = tibtVowelrear.entrySet().iterator();
    while (iterator.hasNext()) {
        Map.Entry<String, String> entry = iterator.next();
        String key = entry.getKey();
        String value = entry.getValue();
        if(s.equals(key)){
            return value;
        }
    }
    /*if(s.equals("ོ")){
        return "";
    }
    */
    //System.out.println("找元音部分有问题，该字为："+s);
    isRight = "wrong";
    return isRight;
}

public static String[] open(File file) {
    BufferedReader br = null;
    String[] strings = new String[0];
    try {
        br=new BufferedReader(new InputStreamReader(new FileInputStream(file),"UTF-8"));
```

```java
            String line = "";
            StringBuilder sb = new StringBuilder();
            while ((line = br.readLine()) != null) {
                sb.append(line + "\t");
            }
            String[] testTest = sb.toString().split("\t");
            return testTest;
        }catch (FileNotFoundException e) {
            e.printStackTrace();
        }catch (IOException e) {
            e.printStackTrace();
        }
        return strings;
}

public static boolean isTibetanAffix(String input) {
        // 定义一些常见的黏着词规则
        String[] suffixes = {"ཞི", "གྱ", "འམ", "འོ"};
        // 检查词是否以后缀结尾
        for (String suffix : suffixes) {
            if (input.endsWith(suffix)) {
                nianZhuo = suffix;
                return true;
            }
        }
        // 如果以上都不是，则该藏文音节不包含黏着词
        return false;
}

public static boolean in(char s, char[] strings) {
        for (char s0 : strings) {
            if (s0 == s) {
                return true;
            }
        }
        return false;
}

public static void save(String[] strings, File path) {
        BufferedWriter bufferedWriter = null;
        try {
            bufferedWriter = new BufferedWriter(new FileWriter(path));
            for (String s : strings) {
                bufferedWriter.write(s);
```

```
                bufferedWriter.newLine();
            }
            bufferedWriter.flush();
            bufferedWriter.close();
        }catch (IOException e) {
            e.printStackTrace();
        }
    }
}
```

2. 窗体部分实现

（1）新建一个"GUI form 文件"并将其命名为 TibetanCoding。

（2）拖拽组件进行 UI 设计，如图 11-5 所示。

图 11-5　GUI Form

（3）添加事件监听，如图 11-6 所示。

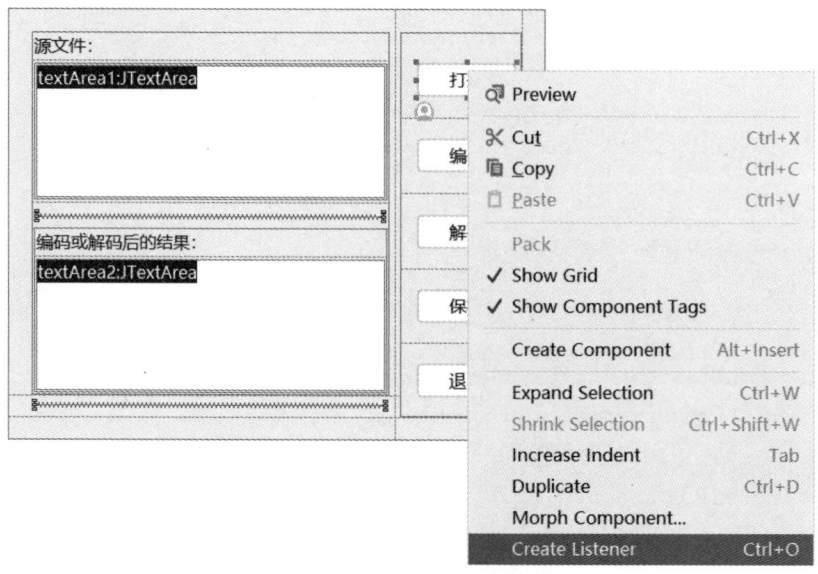

图 11-6　添加监听

在添加的监听器中重写 public void actionPerformed(ActionEvent e)方法。这里分别对 5 个按钮添加了监听。

①添加"打开 Button"按钮行为事件监听的代码：

```java
打开 Button.addActionListener(new ActionListener() {
    @Override
    public void actionPerformed(ActionEvent e) {
        SwingWorker<Void, Integer> worker = new SwingWorker<Void, Integer>() {
            // 创建文件选择器对象
            JFileChooser fileChooser = new JFileChooser();
            // 弹出文件选择器对话框
            int result = fileChooser.showOpenDialog(null);

            @Override
            protected Void doInBackground() throws Exception {
                // 在后台线程中运行算法
                contrastTable = read_CharacterContrastTable();
                // 如果用户单击"打开"按钮
                if (result == JFileChooser.APPROVE_OPTION) {
                    // 获取用户选择的文件
                    File selectedFile = fileChooser.getSelectedFile();
                    tibetanText = open(selectedFile);
                    for (String s : tibetanText) {
                        textArea1.append(s + "\n");
                    }
                }
                return null;
            }
        };
        // 启动 SwingWorker 对象
        worker.execute();
    }
});
```

②添加"编码 Button"按钮行为事件监听的代码：

```java
编码 Button.addActionListener(new ActionListener() {
    @Override
    public void actionPerformed(ActionEvent e) {
        SwingWorker<Void, Integer> worker = new SwingWorker<Void, Integer>() {
            @Override
            protected Void doInBackground() throws Exception {
                // 在后台线程中运行算法
                Encode(tibetanText, tibtBase, tibtFront, tibtVowelrear);
                return null;
```

```java
        }
                    public void Encode(String[] Tibetan, LinkedHashMap tibtBase, LinkedHashMap
tibtFront, LinkedHashMap tibtVowelrear) {
                        for (String s : Tibetan) {
                            char[] charArray = s.toCharArray();
                            String zangZi = "";
                            for (char c : charArray) {
                                if (c >= 0x0F00 && c <= 0x0F47 || c >= 0x0F49 && c <= 0x0F6C || c >=
0x0F71 && c <= 0x0F97 || c >= 0x0F99 && c <= 0x0FBC || c >= 0x0FBE && c <= 0x0FCC || c >=
0x0FCE && c <= 0x0FDA) {
                                    if (in(c, Separate)) {
                                        if (zangZi != "") {
                                            if (isTibetanAffix(zangZi)) {
//如果包含黏着词,将黏着词分开并分别将 zangZi 和黏着词进行 cut,然后按位置进行查表转换
                                                zangZi = zangZi.replace(nianZhuo, "");
                                                LinkedHashMap<String,String>cut1=cut(zangZi);
                                                //查表转换并输出
                                                String tr=transform(cut1,tibtBase,tibtFront,tibtVowelrear);
                                                if (tr.contains("wrong")) {
                                                    String[] fourwords = {"ི", "ུ", "ེ", "ོ"};
                                                    for (String k : fourwords) {
                                                        if (nianZhuo.contains(k)) {
                                                            nianZhuo=nianZhuo.replace(k,"");
                                                            break;
                                                        }
                                                    }
                                                    zangZi = zangZi + nianZhuo;
                                                    LinkedHashMap<String,String>cut=cut(zangZi);
                                                    textArea2.append(transform(cut,tibtBase,tibtFront,tibtVowelrear));
                                                    textArea2.append("-");
                                                    textArea2.append(transform(cut("འ"),tibtBase,tibtFront,tibtVowelrear));
                                                }else {
                                                    textArea2.append(tr);
                                                    textArea2.append("-");
                                                    LinkedHashMap<String,String>cut2=cut(nianZhuo);
                                                    //查表转换并输出
                                                    textArea2.append(transform(cut2,tibtBase,tibtFront,tibtVowelrear));
                                                }
                                                nianZhuo = "";
                                            }else {
                                                if (zangZi.equals("སྡ")) {
                                                    textArea2.append(transform(cut("སྡ"),tibtBase,tibtFront,tibtVowelrear));
```

```
                                    textArea2.append(" ");
                    textArea2.append(transform(cut("ཀ"),tibtBase,tibtFront,tibtVowelrear));
                            }else if (zangZi.equals("ཅུ")) {
                    textArea2.append(transform(cut("ཅ"),tibtBase,tibtFront,tibtVowelrear));
                                    textArea2.append(" ");
                    textArea2.append(transform(cut("ུ"),tibtBase,tibtFront,tibtVowelrear));
                            }else if (zangZi.equals("ཀ")) {
                                    textArea2.append("000000 ");
                            }else {
                                    //查表转换并输出
                                    LinkedHashMap<String,String>cut=cut(zangZi);
                    textArea2.append(transform(cut,tibtBase,tibtFront,tibtVowelrear));
                            }
                        }
                        //转换分隔符 c 并输出
                        if (String.valueOf(c).equals("·")) {
                            textArea2.append(" ");
                        }else {
                            textArea2.append(".");
                        }
                        zangZi = "";
                    }else {
                        //转换分隔符 c 并输出
                        if (String.valueOf(c).equals("·")) {
                            textArea2.append(" ");
                        }else {
                            textArea2.append(".");
                        }
                    }
                } else {
                    zangZi = zangZi + String.valueOf(c);
                    continue;
                }
            }else {
                if (zangZi != "") {
                    if (isTibetanAffix(zangZi)) {
//如果包含黏着词，将黏着词分开并分别将 zangZi 和黏着词进行 cut，然后按位置进行查表转换
                        zangZi = zangZi.replace(nianZhuo, "");
                        LinkedHashMap<String, String> cut1 = cut(zangZi);
                        //查表转换并输出
                        String tr=transform(cut1,tibtBase,tibtFront,tibtVowelrear);
                        if (tr.contains("wrong")) {
                            String[] fourwords = {"འ", "ར", "ད", "ས"};
```

```java
                    for (String k : fourwords) {
                        if (nianZhuo.contains(k)) {
                            nianZhuo = nianZhuo.replace(k, "");
                            break;
                        }
                    }
                    zangZi = zangZi + nianZhuo;
                    LinkedHashMap<String,String>cut=cut(zangZi);
                    textArea2.append(transform(cut,tibtBase,tibtFront,tibtVowelrear));
                    textArea2.append("-");
                    textArea2.append(transform(cut("འི"),tibtBase,tibtFront,tibtVowelrear));
                } else {
                    textArea2.append(tr);
                    textArea2.append("-");
                    LinkedHashMap<String,String>cut2=cut(nianZhuo);
                    //查表转换并输出
                    textArea2.append(transform(cut2,tibtBase,tibtFront,tibtVowelrear));
                }
                nianZhuo = "";
            }else {
                if (zangZi.equals("སྡེ")) {
                    textArea2.append(transform(cut("སང"),tibtBase,tibtFront,tibtVowelrear));
                    textArea2.append(" ");
                    textArea2.append(transform(cut("ཀ"),tibtBase,tibtFront,tibtVowelrear));
                }else if (zangZi.equals("ཚོགས")) {
                    textArea2.append(transform(cut("ཚ"),tibtBase,tibtFront,tibtVowelrear));
                    textArea2.append(" ");
                    textArea2.append(transform(cut("གས"),tibtBase,tibtFront,tibtVowelrear));
                }else if (zangZi.equals("ཆུ")) {
                    textArea2.append("000000 ");
                }else {
                    //查表转换并输出
                    LinkedHashMap<String, String> cut = cut(zangZi);
                    textArea2.append(transform(cut,tibtBase,tibtFront,tibtVowelrear));
                }
            }
            zangZi = "";
        }
        //非藏文字符不转换直接原样输出
        textArea2.append(String.valueOf(c));
    }
}
```

```java
                    textArea2.append("\n");
                }
            }

                    public String transform(LinkedHashMap<String, String> cut, LinkedHashMap<String,
String> tibtBase, LinkedHashMap<String, String> tibtFront, LinkedHashMap<String, String> tibtVowelrear) {
                        cut.remove("原字");
                        String s = "";
                        String ji_DieJia = "";
                        String yuan_HouJia = "";
                        Iterator<Map.Entry<String, String>> iterator1 = cut.entrySet().iterator();
                        while (iterator1.hasNext()) {
                            Map.Entry<String, String> entry = iterator1.next();
                            String key = entry.getKey();
                            String value = entry.getValue();
                            if (key.equals("前加字") && value != null) {
                                s = s + match_QianJiaZi(value, tibtFront);
                            }
                            if ((key.equals("上加字")||key.equals("基字")||key.equals("下加字"))){
                                if (value != null) {
                                    ji_DieJia = ji_DieJia + value;
                                }
                                if (key.equals("下加字") && ji_DieJia != "") {
                                    s = s + match_JiZi(ji_DieJia, tibtBase);
                                }
                            }
                            if ((key.equals("元音")||key.equals("后加字")||key.equals("再后加字"))){
                                if (value != null) {
                                    yuan_HouJia = yuan_HouJia + value;
                                }
                                if (key.equals("再后加字") && yuan_HouJia != "") {
                                    s = s + match_YuanYin(yuan_HouJia, tibtVowelrear);
                                }
                            }
                        }
                        return s;
                    }
                };
                // 启动 SwingWorker 对象
                worker.execute();
            }
        });
```

③添加"解码 Button"按钮行为事件监听的代码：

```java
解码 Button.addActionListener(new ActionListener() {
    @Override
    public void actionPerformed(ActionEvent e) {
        SwingWorker<Void, Integer> worker = new SwingWorker<Void, Integer>() {
            @Override
            protected Void doInBackground() throws Exception {
                // 在后台线程中运行算法
                Decode(tibetanText, tibtBase, tibtFront, tibtVowelrear);
                return null;
            }

            public void Decode(String[] number_Text, LinkedHashMap tibtBase, LinkedHashMap tibtFront, LinkedHashMap tibtVowelrear) {
                for (String s : number_Text) {
                    String[] split = s.split(" ");
                    for (String ss : split) {
                        String origin = ss;
                        ss = ss.replace(".", "");
                        if (ss.length() == 0) {
                            for (int i = 0; i < origin.length(); i++) {
                                textArea2.append("¦");
                            }
                            textArea2.append(" ");
                            continue;
                        }
                        if (ss.equals("000000")) {
                            textArea2.append("ཨ");
                            continue;
                        }
                        int length = ss.length();
                        if (length >= 3 && length <= 6) {
                            if (length == 3) {       //如果长度为 3 则为基字
                                String zangZi = "";
                                Iterator<Map.Entry<String, String>> iterator = tibtBase.entrySet().iterator();
                                while (iterator.hasNext()) {
                                    Map.Entry<String, String> entry = iterator.next();
                                    String key = entry.getKey();
                                    String value = entry.getValue();
                                    if (ss.equals(value)) {
                                        zangZi = zangZi + key;
                                        break;
```

```java
            }
        }
        if (zangZi.equals("")) {
            textArea2.append("找基字部分有问题,该基字为:" + ss);
        }else {
            textArea2.append(zangZi);
        }
    } else if (length == 4) {    //如果长度为 4 则为前加字+基字
        String zangZi = "";
        String qian = ss.substring(0, 1);
        Iterator<Map.Entry<String, String>> iterator = tibtFront.entrySet().iterator();
        while (iterator.hasNext()) {
            Map.Entry<String, String> entry = iterator.next();
            String key = entry.getKey();
            String value = entry.getValue();
            if (qian.equals(value)) {
                zangZi = zangZi + key;
                break;
            }
        }
        if (zangZi.equals("")) {
            textArea2.append("找前加部分有问题,该前加字为:" + qian);
            break;
        }
        int zangZi_length1 = zangZi.length();
        String ji = ss.substring(1, 4);
        Iterator<Map.Entry<String, String>> iterator2 = tibtBase.entrySet().iterator();
        while (iterator2.hasNext()) {
            Map.Entry<String, String> entry = iterator2.next();
            String key = entry.getKey();
            String value = entry.getValue();
            if (ji.equals(value)) {
                zangZi = zangZi + key;
                break;
            }
        }
        if (zangZi_length1 == zangZi.length()) {
            textArea2.append("找基字部分有问题,该基字为:" + ji);
        }else {
            textArea2.append(zangZi);
```

```java
            }
        } else if (length == 5) {
            //如果长度为 5 则为基字+元音
            String zangZi = "";
            String ji = ss.substring(0, 3);
            Iterator<Map.Entry<String, String>> iterator2 = tibtBase.entrySet().iterator();
            while (iterator2.hasNext()) {
                Map.Entry<String, String> entry = iterator2.next();
                String key = entry.getKey();
                String value = entry.getValue();
                if (ji.equals(value)) {
                    zangZi = zangZi + key;
                    break;
                }
            }
            if (zangZi.equals("")) {
                textArea2.append("找基字部分有问题,该基字为: " + ji);
                break;
            }
            int zangZi_length1 = zangZi.length();
            String yuan = ss.substring(3, 5);
            Iterator<Map.Entry<String, String>> iterator = tibtVowelrear.entrySet().iterator();
            while (iterator.hasNext()) {
                Map.Entry<String, String> entry = iterator.next();
                String key = entry.getKey();
                String value = entry.getValue();
                if (yuan.equals(value)) {
                    zangZi = zangZi + key;
                    break;
                }
            }
            if (zangZi.length() == zangZi_length1) {
                textArea2.append("找元音部分有问题,该元音字为: " + yuan);
            } else {
                textArea2.append(zangZi);
            }
        } else {      //如果长度为 6 则为前加字+基字+元音
            String zangZi = "";
            String qian = ss.substring(0, 1);
            Iterator<Map.Entry<String, String>> iterator = tibtFront.entrySet().iterator();
```

```java
            while (iterator.hasNext()) {
                Map.Entry<String, String> entry = iterator.next();
                String key = entry.getKey();
                String value = entry.getValue();
                if (qian.equals(value)) {
                    zangZi = zangZi + key;
                    break;
                }
            }
            if (zangZi.equals("")) {
                textArea2.append("找前加部分有问题，该前加字为：" + qian);
                break;
            }
            int zangZi_length1 = zangZi.length();
            String ji = ss.substring(1, 4);
            Iterator<Map.Entry<String, String>> iterator2 = tibtBase.entrySet().iterator();
            while (iterator2.hasNext()) {
                Map.Entry<String, String> entry = iterator2.next();
                String key = entry.getKey();
                String value = entry.getValue();
                if (ji.equals(value)) {
                    zangZi = zangZi + key;
                    break;
                }
            }
            if (zangZi.length() == zangZi_length1) {
                textArea2.append("找基字部分有问题,该基字为：" + ji);
                break;
            }
            int zangZi_length2 = zangZi.length();
            String yuan = ss.substring(4, 6);
            Iterator<Map.Entry<String, String>> iterator3 = tibtVowelrear.entrySet().iterator();
            while (iterator3.hasNext()) {
                Map.Entry<String, String> entry = iterator3.next();
                String key = entry.getKey();
                String value = entry.getValue();
                if (yuan.equals(value)) {
                    zangZi = zangZi + key;
                    break;
                }
```

```java
                            }
                            if (zangZi.length() == zangZi_length2) {
                                textArea2.append("找元音部分有问题，该元音字为: " + yuan);
                            }else {
                                textArea2.append(zangZi);
                            }
                        }
                    }else if (length < 3) {
                        char[] charArray = ss.toCharArray();
                        for (char c : charArray) {
                            if (c == ' ') {
                                textArea2.append(" ");
                            }
                        }
                    } else if (length > 6) {
                        if (ss.contains("-")) {
                            String[] sp = ss.split("-");
                            solve(sp[0], tibtBase, tibtFront, tibtVowelrear);
                            if (sp[1].equals("02400")) {
                                textArea2.append("ཿ");
                            } else {
                                solve(sp[1], tibtBase, tibtFront, tibtVowelrear);
                            }
                        }else {
                            textArea2.append("该字有错误，该字为: " + ss);
                        }
                    }
                    if (!origin.contains(".")) {
                        textArea2.append("·");
                    } else {
                        char[] charArray = origin.toCharArray();
                        for (char c : charArray) {
                            if (c == '.') {
                                textArea2.append("|");
                            }
                        }
                        textArea2.append(" ");
                    }
                }
                textArea2.append("\n");
            }
        }
```

```java
public void solve(String ss, LinkedHashMap tibtBase, LinkedHashMap tibtFront, LinkedHashMap tibtVowelrear) {
    int length = ss.length();
    if (length >= 3 && length <= 6) {
        if (length == 3) {          //如果长度为 3 则为基字
            String zangZi = "";
            Iterator<Map.Entry<String, String>> iterator = tibtBase.entrySet().iterator();
            while (iterator.hasNext()) {
                Map.Entry<String, String> entry = iterator.next();
                String key = entry.getKey();
                String value = entry.getValue();
                if (ss.equals(value)) {
                    zangZi = zangZi + key;
                    break;
                }
            }
            if (zangZi.equals("")) {
                textArea2.append("找基字部分有问题，该基字为：" + ss);
            }else {
                textArea2.append(zangZi);
            }
        } else if (length == 4) {   //如果长度为 4 则为前加字+基字
            String zangZi = "";
            String qian = ss.substring(0, 1);
            Iterator<Map.Entry<String, String>> iterator = tibtFront.entrySet().iterator();
            while (iterator.hasNext()) {
                Map.Entry<String, String> entry = iterator.next();
                String key = entry.getKey();
                String value = entry.getValue();
                if (qian.equals(value)) {
                    zangZi = zangZi + key;
                    break;
                }
            }
            if (zangZi.equals("")) {
                textArea2.append("找前加部分有问题，该前加字为：" + qian);
            }
            int zangZi_length1 = zangZi.length();
            String ji = ss.substring(1, 4);
            Iterator<Map.Entry<String, String>> iterator2 = tibtBase.entrySet().iterator();
            while (iterator2.hasNext()) {
                Map.Entry<String, String> entry = iterator2.next();
```

```java
                    String key = entry.getKey();
                    String value = entry.getValue();
                    if (ji.equals(value)) {
                        zangZi = zangZi + key;
                        break;
                    }
                }
                if (zangZi_length1 == zangZi.length()) {
                    textArea2.append("找基字部分有问题，该基字为："+ ji);
                }else {
                    textArea2.append(zangZi);
                }
            } else if (length == 5) {
                //如果长度为5则为基字+元音
                String zangZi = "";
                String ji = ss.substring(0, 3);
                Iterator<Map.Entry<String, String>> iterator2 = tibtBase.entrySet(). iterator();
                while (iterator2.hasNext()) {
                    Map.Entry<String, String> entry = iterator2.next();
                    String key = entry.getKey();
                    String value = entry.getValue();
                    if (ji.equals(value)) {
                        zangZi = zangZi + key;
                        break;
                    }
                }
                if (zangZi.equals("")) {
                    textArea2.append("找基字部分有问题，该基字为："+ ji);
                }
                int zangZi_length1 = zangZi.length();
                String yuan = ss.substring(3, 5);
                Iterator<Map.Entry<String, String>> iterator = tibtVowelrear.entrySet(). iterator();
                while (iterator.hasNext()) {
                    Map.Entry<String, String> entry = iterator.next();
                    String key = entry.getKey();
                    String value = entry.getValue();
                    if (yuan.equals(value)) {
                        zangZi = zangZi + key;
                        break;
                    }
                }
                if (zangZi.length() == zangZi_length1) {
                    textArea2.append("找元音部分有问题，该元音字为："+ yuan);
```

```
            } else {
                textArea2.append(zangZi);
            }
        }else {        //如果长度为6则为前加字+基字+元音
            String zangZi = "";
            String qian = ss.substring(0, 1);
            Iterator<Map.Entry<String, String>> iterator = tibtFront.entrySet().iterator();
            while (iterator.hasNext()) {
                Map.Entry<String, String> entry = iterator.next();
                String key = entry.getKey();
                String value = entry.getValue();
                if (qian.equals(value)) {
                    zangZi = zangZi + key;
                    break;
                }
            }
            if (zangZi.equals("")) {
                textArea2.append("找前加部分有问题，该前加字为："+qian);
            }
            int zangZi_length1 = zangZi.length();
            String ji = ss.substring(1, 4);
            Iterator<Map.Entry<String, String>> iterator2 = tibtBase.entrySet().iterator();
            while (iterator2.hasNext()) {
                Map.Entry<String, String> entry = iterator2.next();
                String key = entry.getKey();
                String value = entry.getValue();
                if (ji.equals(value)) {
                    zangZi = zangZi + key;
                    break;
                }
            }
            if (zangZi.length() == zangZi_length1) {
                textArea2.append("找基字部分有问题，该基字为：" + ji);
            }
            int zangZi_length2 = zangZi.length();
            String yuan = ss.substring(4, 6);
            Iterator<Map.Entry<String, String>> iterator3 = tibtVowelrear.entrySet().iterator();
            while (iterator3.hasNext()) {
                Map.Entry<String, String> entry = iterator3.next();
                String key = entry.getKey();
                String value = entry.getValue();
                if (yuan.equals(value)) {
```

```
                        zangZi = zangZi + key;
                        break;
                    }
                }
                if (zangZi.length() == zangZi_length2) {
                    textArea2.append("找元音部分有问题，该元音字为："+yuan);
                }else {
                    textArea2.append(zangZi);
                }
            }
        }
    };
    // 启动 SwingWorker 对象
    worker.execute();
    }
});
```

④添加"退出"按钮行为事件监听的代码：

```
退出Button.addActionListener(new ActionListener(){
    @Override
    public void actionPerformed(ActionEvent e) {
        System.exit(0);
    }
});
```

⑤添加"保存 Button"按钮行为事件监听的代码：

```
保存Button.addActionListener(new ActionListener() {
    @Override
    public void actionPerformed(ActionEvent e) {
        // 创建文件选择器对象
        JFileChooser fileChooser = new JFileChooser();
        // 设置文件选择器的默认目录
        fileChooser.setCurrentDirectory(new File("."));
        // 显示"另存为"对话框
        int result = fileChooser.showSaveDialog(null);
        // 如果用户单击"保存"按钮
        if (result == JFileChooser.APPROVE_OPTION) {
            // 获取用户选择的文件
            File selectedFile = fileChooser.getSelectedFile();
            // 检查文件名是否合法
            if (!selectedFile.getName().endsWith(".txt")) {
                selectedFile = new File(selectedFile.getAbsolutePath() + ".txt");
            }
            String text = textArea2.getText();
            String[] split = text.split("\n");
```

```
                // 保存排序结果到文件中
                save(split, selectedFile);
            }
        }
    });
```

（4）生成 main 方法：将光标放在类上，按 Alt+Insert 键，点击 Form main()生成 main 方法，如图 11-7 所示。

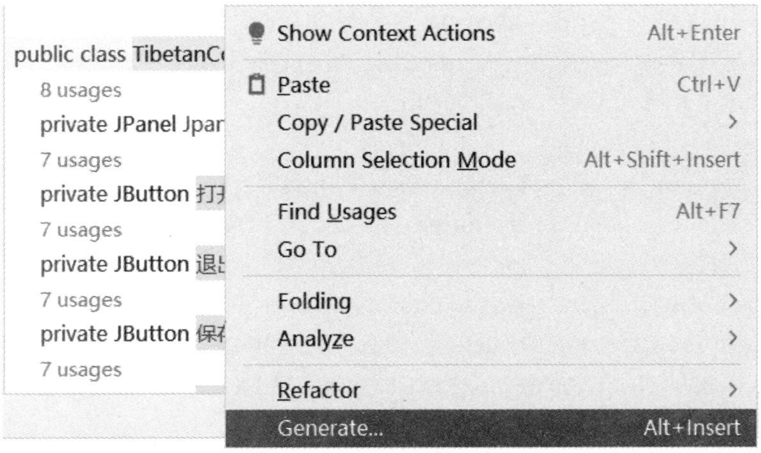

图 11-7　生成 main 方法

生成的主方法代码：

```
public static void main(String[] args) {
    JFrame frame = new JFrame("TibetanCoding");
    frame.setContentPane(new TibetanCoding().Jpanel);
    frame.setSize(500, 400);
    frame.setLocationRelativeTo(null);     // 将窗体放置在屏幕中央
    frame.setDefaultCloseOperation(JFrame.EXIT_ON_CLOSE);
    frame.setVisible(true);
}
```

（5）运行 main 方法，IDEA 自动生成 GUI 对应源码：

```
    {
// GUI initializer generated by IntelliJ IDEA GUI Designer
// >>> IMPORTANT!! <<<
// DO NOT EDIT OR ADD ANY CODE HERE!
        $$$setupUI$$$();
    }

    /**
     * Method generated by IntelliJ IDEA GUI Designer
     * >>> IMPORTANT!! <<<
     * DO NOT edit this method OR call it in your code!
     *
```

```
     * @noinspection ALL
     */
    private void $$$setupUI$$$() {
        Jpanel = new JPanel();
        Jpanel.setLayout(new GridLayoutManager(2, 2, new Insets(20, 20, 20, 20), -1, -1));
        final JPanel panel1 = new JPanel();
        panel1.setLayout(new GridLayoutManager(5, 1, new Insets(10, 10, 0, 0), -1, -1));
Jpanel.add(panel1, new GridConstraints(0, 1, 2, 1, GridConstraints.ANCHOR_CENTER, GridConstraints.FILL_BOTH, GridConstraints.SIZEPOLICY_CAN_SHRINK | GridConstraints.SIZEPOLICY_CAN_GROW, GridConstraints.SIZEPOLICY_CAN_SHRINK | GridConstraints.SIZEPOLICY_CAN_GROW, null, null, null, 0, false));
        打开 Button = new JButton();
        Font 打开 ButtonFont = this.$$$getFont$$$("FangSong",-1,-1,打开 Button.getFont());
        if (打开 ButtonFont != null) 打开 Button.setFont(打开 ButtonFont);
        打开 Button.setText("打开");
        panel1.add(打开 Button, new GridConstraints(0, 0, 1, 1, GridConstraints.ANCHOR_CENTER, GridConstraints.FILL_HORIZONTAL, GridConstraints.SIZEPOLICY_CAN_SHRINK | GridConstraints.SIZEPOLICY_CAN_GROW, GridConstraints.SIZEPOLICY_FIXED, null, null, null, 0, false));
        退出 Button = new JButton();
        Font 退出 ButtonFont = this.$$$getFont$$$("FangSong",-1,-1,退出 Button.getFont());
        if (退出 ButtonFont != null) 退出 Button.setFont(退出 ButtonFont);
        退出 Button.setText("退出");
        panel1.add(退出 Button, new GridConstraints(4, 0, 1, 1, GridConstraints.ANCHOR_CENTER, GridConstraints.FILL_HORIZONTAL, GridConstraints.SIZEPOLICY_CAN_SHRINK | GridConstraints.SIZEPOLICY_CAN_GROW, GridConstraints.SIZEPOLICY_FIXED, null, null, null, 0, false));
        保存 Button = new JButton();
        Font 保存 ButtonFont = this.$$$getFont$$$("FangSong",-1,-1,保存 Button.getFont());
        if (保存 ButtonFont != null) 保存 Button.setFont(保存 ButtonFont);
        保存 Button.setText("保存");
        panel1.add(保存 Button, new GridConstraints(3, 0, 1, 1, GridConstraints.ANCHOR_CENTER, GridConstraints.FILL_HORIZONTAL, GridConstraints.SIZEPOLICY_CAN_SHRINK | GridConstraints.SIZEPOLICY_CAN_GROW, GridConstraints.SIZEPOLICY_FIXED, null, null, null, 0, false));
        解码 Button = new JButton();
        Font 解码 ButtonFont = this.$$$getFont$$$("FangSong",-1,-1,解码 Button.getFont());
        if (解码 ButtonFont != null) 解码 Button.setFont(解码 ButtonFont);
        解码 Button.setText("解码");
        panel1.add(解码 Button, new GridConstraints(2, 0, 1, 1, GridConstraints.ANCHOR_CENTER, GridConstraints.FILL_HORIZONTAL, GridConstraints.SIZEPOLICY_CAN_SHRINK | GridConstraints.SIZEPOLICY_CAN_GROW, GridConstraints.SIZEPOLICY_FIXED, null, null, null, 0, false));
        编码 Button = new JButton();
        Font 编码 ButtonFont = this.$$$getFont$$$("FangSong",-1,-1,编码 Button.getFont());
        if (编码 ButtonFont != null) 编码 Button.setFont(编码 ButtonFont);
        编码 Button.setText("编码");
        panel1.add(编码 Button, new GridConstraints(1, 0, 1, 1, GridConstraints.ANCHOR_CENTER,
```

```java
GridConstraints.FILL_HORIZONTAL, GridConstraints.SIZEPOLICY_CAN_SHRINK | GridConstraints.
SIZEPOLICY_CAN_GROW, GridConstraints.SIZEPOLICY_FIXED, null, null, null, 0, false));
        final JPanel panel2 = new JPanel();
        panel2.setLayout(new GridLayoutManager(4, 1, new Insets(0, 0, 0, 0), -1, -1));
Jpanel.add(panel2, new GridConstraints(0, 0, 1, 1, GridConstraints.ANCHOR_CENTER,
GridConstraints.FILL_BOTH, GridConstraints.SIZEPOLICY_CAN_SHRINK | GridConstraints.
SIZEPOLICY_CAN_GROW, GridConstraints.SIZEPOLICY_CAN_SHRINK | GridConstraints.
SIZEPOLICY_CAN_GROW, null, null, null, 0, false));
        final Spacer spacer1 = new Spacer();
        panel2.add(spacer1, new GridConstraints(2, 0, 1, 1, GridConstraints.ANCHOR_CENTER,
GridConstraints.FILL_HORIZONTAL, GridConstraints.SIZEPOLICY_WANT_GROW, 1, null, null, null,
0, false));
        final JPanel panel3 = new JPanel();
        panel3.setLayout(new GridLayoutManager(2, 1, new Insets(0, 0, 0, 0), -1, -1));
panel2.add(panel3, new GridConstraints(3, 0, 1, 1, GridConstraints.ANCHOR_CENTER,
GridConstraints.FILL_BOTH, GridConstraints.SIZEPOLICY_CAN_SHRINK | GridConstraints.
SIZEPOLICY_CAN_GROW, GridConstraints.SIZEPOLICY_CAN_SHRINK | GridConstraints.
SIZEPOLICY_CAN_GROW, null, null, null, 0, false));
        final JScrollPane scrollPane1 = new JScrollPane(); panel3.add(scrollPane1, new
GridConstraints(1, 0, 1, 1, GridConstraints.ANCHOR_CENTER, GridConstraints.FILL_BOTH,
GridConstraints.SIZEPOLICY_CAN_SHRINK | GridConstraints. SIZEPOLICY_WANT_GROW,
GridConstraints.SIZEPOLICY_CAN_SHRINK | GridConstraints.SIZEPOLICY_WANT_GROW, null,
null, null, 0, false));
        textArea2 = new JTextArea();
        Font textArea2Font=this.$$$getFont$$$("Microsoft Himalaya",-1,24,textArea2.getFont());
        if (textArea2Font != null) textArea2.setFont(textArea2Font);
        scrollPane1.setViewportView(textArea2);
        final JLabel label1 = new JLabel();
        Font label1Font = this.$$$getFont$$$("FangSong", -1, -1, label1.getFont());
        if (label1Font != null) label1.setFont(label1Font);
        label1.setText("编码或解码后的结果：");
        panel3.add(label1, new GridConstraints(0, 0, 1, 1, GridConstraints.ANCHOR_WEST,
GridConstraints.FILL_NONE, GridConstraints.SIZEPOLICY_FIXED, GridConstraints.
SIZEPOLICY_FIXED, null, null, null, 0, false));
        final JPanel panel4 = new JPanel();
        panel4.setLayout(new GridLayoutManager(1, 1, new Insets(0, 0, 0, 0), -1, -1));
panel2.add(panel4, new GridConstraints(1, 0, 1, 1, GridConstraints.ANCHOR_CENTER,
GridConstraints.FILL_BOTH, GridConstraints.SIZEPOLICY_CAN_SHRINK | GridConstraints.
SIZEPOLICY_CAN_GROW, GridConstraints.SIZEPOLICY_CAN_SHRINK |
GridConstraints.SIZEPOLICY_CAN_GROW, null, null, null, 0, false));
        final JScrollPane scrollPane2 = new JScrollPane(); panel4.add(scrollPane2, new GridConstraints
(0, 0, 1, 1, GridConstraints.ANCHOR_CENTER, GridConstraints.FILL_BOTH, GridConstraints.
SIZEPOLICY_CAN_SHRINK | GridConstraints. SIZEPOLICY_WANT_GROW, GridConstraints.
SIZEPOLICY_CAN_SHRINK | GridConstraints.SIZEPOLICY_WANT_GROW, null, null, null, 0, false));
```

```java
        textArea1 = new JTextArea();
        Font textArea1Font=this.$$$getFont$$$("Microsoft Himalaya",-1,24,textArea1.getFont());
        if (textArea1Font != null) textArea1.setFont(textArea1Font);
        scrollPane2.setViewportView(textArea1);
        final JLabel label2 = new JLabel();
        Font label2Font = this.$$$getFont$$$("FangSong",-1,-1,label2.getFont());
        if (label2Font != null) label2.setFont(label2Font);
        label2.setText("源文件：");
        panel2.add(label2, new GridConstraints(0, 0, 1, 1, GridConstraints.ANCHOR_WEST, GridConstraints.FILL_NONE, GridConstraints.SIZEPOLICY_FIXED, GridConstraints.SIZEPOLICY_FIXED, null, null, null, 0, false));
        final Spacer spacer2 = new Spacer();
        Jpanel.add(spacer2, new GridConstraints(1, 0, 1, 1, GridConstraints.ANCHOR_CENTER, GridConstraints.FILL_HORIZONTAL, GridConstraints.SIZEPOLICY_WANT_GROW, 1, null, null, null, 0, false));
    }

    /**
     * @noinspection ALL
     */
    private Font $$$getFont$$$(String fontName, int style, int size, Font currentFont) {
        if (currentFont == null) return null;
        String resultName;
        if (fontName == null) {
            resultName = currentFont.getName();
        }else {
            Font testFont = new Font(fontName, Font.PLAIN, 10);
            if (testFont.canDisplay('a') && testFont.canDisplay('1')) {
                resultName = fontName;
            }else {
                resultName = currentFont.getName();
            }
        }
        Font font = new Font(resultName, style >= 0 ? style : currentFont.getStyle(), size >= 0 ? size : currentFont.getSize());
        boolean isMac = System.getProperty("os.name","").toLowerCase(Locale.ENGLISH).startsWith ("mac");
        Font fontWithFallback=isMac ? new Font(font.getFamily(),font.getStyle(),font.getSize()) : new StyleContext().getFont(font.getFamily(), font.getStyle(), font.getSize());
        return fontWithFallback instanceof FontUIResource ? fontWithFallback : new FontUIResource(fontWithFallback);
    }

    /**
     * @noinspection ALL
```

```
*/
public JComponent $$$getRootComponent$$$() {
    return Jpanel;
}
```

11.5 运行结果

11.5.1 运行结果

(1) 编码结果如图 11-8 所示。

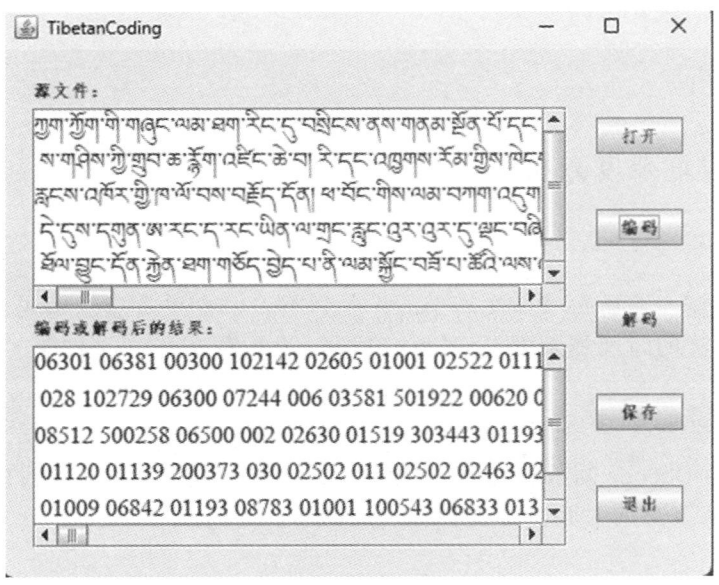

图 11-8 运行结果

(2) 解码结果如图 11-9 所示。

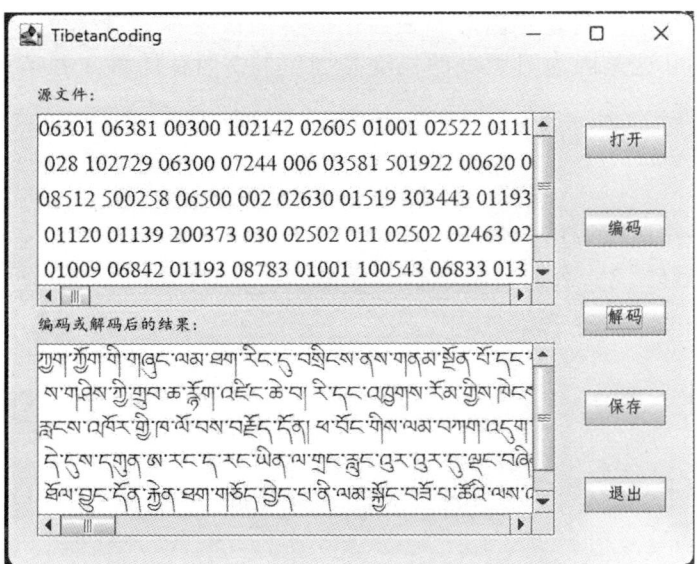

图 11-9 运行结果

11.5.2 讨 论

该算法在分析《藏字数字编码方案》的基础上，对原方案进行修改，基本上实现了藏文字符的数字编码、解码功能。分析编码、解码结果后发现：

（1）当原藏文文本中有数字字符时，在进行编码时不处理原数字字符，但在解码时对于数字位数大于3的情况并不能区分该数字是原文本中的数字还是表示藏文的数字，算法会对其进行解码，有可能解释为错误的藏文字符。

（2）本算法读取一个藏文音节，对音节构件进行分析查找对应的码表进行编码，但如果藏文文本中有错误的音节，识别构件时会出错，导致无法编码。

（3）藏文编码时，会把藏文音节的分隔符转换为空格，而对藏文文本原有的空格不进行任何处理，导致该文本解码转回藏文字符时会发现原藏文文本的空格处多了一个藏文音节分隔符。

11.6 算法分析

11.6.1 时间复杂度分析

1. 编码的时间复杂度

由于 Encode 方法需要遍历每个藏文音节，并在对照表中查找对应的编码，且对照表的大小是固定的，因此 Encode 方法的时间复杂度是 $O(n)$，其中 n 表示藏文音节的数量。

2. 藏文解码时间复杂度

和编码类似，因为 Decode 需要遍历每个数字编码，并在对照表中查找对应的藏文字符，且对照表的大小是固定的，所以总的时间复杂度为 $O(n)*O(1)=O(n)$。

11.6.2 空间复杂度分析

1. 存储空间

本次实验中主要的存储空间为存储对照表占用的空间以及存储藏文文本所需的空间。其中用于存储码表的空间为 $O(1)$，这是因为对照表的长度是固定的。而存储藏文音节所需的空间为 $O(n)$，其中 n 表示藏文音节的数量。

2. 临时空间

由于在方法中不存在递归调用的情况，仅申请了几个 String 字符串的空间，而申请的次数与问题规模（即藏文音节的数量）n 有关，因此临时存储空间为 $O(n)$。

第 12 章 藏汉电子词典的设计

12.1 问题描述

电子词典最主要的功能是实现词条的查询。本章设计一款藏汉电子词典，运用分块查找算法实现通过输入藏文词条查找对应的汉文等解释的功能。

12.2 问题分析

12.2.1 理论依据

1. 分块查找

分块查找[1]是对折半查找和顺序查找的一种改进方法。折半查找虽然具有很好的性能，但其前提条件是线性表顺序存储并按照关键码排序，这一前提条件在元素较多且要求动态变化时难以满足；顺序查找可以解决表元素动态变化的要求，但查找效率很低。如果既要保持线性表查找较快的优点，又要满足表中元素动态变化的要求，则可采用分块查找的方法。

分块查找的速度虽然不及折半查找算法，但比顺序查找算法快得多，同时又不需要对全部结点进行排序。当结点很多且块数很大时，对索引表可以采用折半查找，这样就可以进一步提高查找的速度。

分块查找只要求索引表是有序的，对块内结点没有排序要求，因此它特别适合于结点动态变化的情况。当结点的个数及结点的关键码改变时，只需将该结点调整到所在的块即可。在空间复杂性上，分块查找的主要代价是增加了一个辅助数组。

分块查找要求把一个大的线性表分解成若干块，每块中的结点可以任意存放，但块与块之间必须有序。假设块与块之间满足关键码值非递减的排序要求，其实际上就是对于任意的 i，第 i 块中的所有结点的关键码值都必须小于第 $i+1$ 块中的所有结点的关键码值。此外，分块查找时还要建立一个索引表，把每块中的最大关键码值作为索引表的关键码值，按块的顺序存放到一个辅助数组中，显然这个辅助数组中的元素（索引表的关键码值）是按关键码值递减排列的。查找时，先在索引表中进行查找，确定要找的结点所在的块（由于索引表是有序的，索引表的查找可以采用顺序查找或折半查找）；然后在相应的块中采用顺序查找，即可找到对应的结点。

分块查找的步骤如下：

步骤1：选取各块中的最大关键字构成一个索引表。

步骤2：先对索引表进行二分查找或顺序查找，以确定待查记录所在的块；然后在已确定的块中顺序查找元素。

本章所设计的藏汉电子词典要求在"输入框"中输入藏文字符时，在"列表框"中显示以输入

---

[1] Weiss M A. 数据结构与算法分析——C++语言描述[M]. 冯舜玺，译. 4版，北京：电子工业出版社，2016.

字符为前缀的可能的藏文输入词条。经分析，所有藏文字符的开头都是 30 个藏文辅音字符之一，但由于藏汉词典中可能还存在部分梵音藏字，可以根据情况另外增加字符。本文数据中多了一个"ཊ"，需要用 31 个藏文辅音字符作为索引表值，把所有的词条分成 31 块，再通过当前输入词条的第一个字符索引到该字符作为开头的块中进行查找，所以藏汉词典适合用分块查找。

2. JTextField 控件

为了满足当"输入框"中输入藏文字符时，能在"列表框"中显示以该字符作为前缀的可能的藏文输入词条，这里选择"JTextField"作为"列表框"。

JTextField 控件是一个允许编辑单行文本的文本组件，它继承了 JTextComponent 类。JTextField 控件的常用方法见表 12-1。

表 12-1 JTextField 控件的常用方法

方法名	说明
setText(String text)	设置文本字段中的文本值
getText()	返回文本字段中的输入文本值
getColumns()	返回文本字段的列数
setEditable(Boolean editable)	设置文本字段是否为只读状态
setHorizontalAlignment(int alignment)	设置文本的水平对齐方式，可以是 LEFT、LEADING、CENTER、RIGHT 或 TRAILING

3. KeyListener 和 MouseListener

为了实现在列表框中持续输入或删除字符时能同步显示对应的块中包含列表框中的字符的功能，本章引入了 keyListener。

keyListener（键盘事件监听器）：用于处理用户通过键盘输入文本时触发的事件。实现该接口的类需要重写 keyPressed(KeyEvent)、keyReleased(KeyEvent)和 keyTyped(KeyEvent)方法。keyListener 是用于接收键盘事件的监听器接口。使用该类创建的对象可使用组件的 addKeyListener 方法向该组件注册。在发生键盘事件时，调用该对象的 keyPressed、keyReleased 或 keyTyped 方法。这些方法的参数是一个 KeyEvent 对象，可以获取按下或释放键的信息，如键码、字符、修饰符等。

为了实现点击一行藏文可以在文本域中显示其中文解释的功能，需要使用 MouseListener。

MouseListener（鼠标事件监听器）：用于处理鼠标单击，鼠标移入或离开组件时触发的事件。实现该接口的类需要重写 mouseClicked(MouseEvent)、mouseEntered(MouseEvent)、mouseExited(MouseEvent)、mousePressed(MouseEvent)和 mouseReleased(MouseEvent)方法。使用组件的 addMouseListener 方法将从该类所创建的监听器对象向该组件注册。当按下、释放或单击（按下并释放）鼠标时会生成鼠标事件。鼠标光标进入或离开组件时也会生成鼠标事件。发生鼠标事件时，将调用该监听器对象中的相应方法，并将 MouseEvent 传递给该方法。

12.2.2 算法思想

1. 分块查找算法思想

（1）选取各块中的最大关键字构成一个索引表。

（2）查找分两步：先对索引表进行二分查找或顺序查找，以确定待查记录所在的块；然后在已确定的块中顺序查找元素。

算法将 n 个数据元素"按块有序"划分为 m 块（$m \leq n$）。每一块中的结点不必有序，但块与块之间必须"按块有序"，每个块内的最大元素小于下一块的所有元素。所以，在查找一个给定的 key 值位置时，算法会先去索引表中利用顺序查找或者二分查找来找出 key 所在块的索引开始位置，然后再根据所在块的索引开始位置查找 key 所在的具体位置。

2. 分块查找在藏汉词典中的应用

按照以上的理论，设计藏汉词典中分块查找的算法设计思想：

（1）按照"分块查找"的需求建立藏汉词典，设计时以输入待查的藏文词条的第一个辅音作为索引表值，把所有藏汉词条按照第一个藏文辅音字符分成 31 块（包括梵音藏字"ཏ"）。程序初始化时读入该词典。

（2）建立分块查找的索引表。

（3）输入藏文词条时，用词条的第一个藏文字符查找索引表，通过索引表找到对应的块。

（4）块内顺序查找该藏文词条。

（5）显示查找结果。

12.3 算法设计

12.3.1 存储空间

1. 定义藏汉文本存储空间

存储空间主要用来存放藏文（词条）及卫星数据（汉文及解释部分），本章中使用 LinkedHashMap 存储藏文及对应的汉文映射，使用字符串数组存储藏文，具体定义如下：

```
static LinkedHashMap<String,String> hashMap = new LinkedHashMap<>();
String[] open = open(new File("D:\\javaResult\\chap12\\藏汉词典.txt"));
```

2. 定义藏辅音块

本章中使用 31 个 HashMap 集合存储辅音块，具体定义如下：

```
static LinkedHashMap<String,String> hashMap1 = new LinkedHashMap<>();
static LinkedHashMap<String,String> hashMap2 = new LinkedHashMap<>();
static LinkedHashMap<String,String> hashMap3 = new LinkedHashMap<>();
static LinkedHashMap<String,String> hashMap4 = new LinkedHashMap<>();
static LinkedHashMap<String,String> hashMap5 = new LinkedHashMap<>();
static LinkedHashMap<String,String> hashMap6 = new LinkedHashMap<>();
static LinkedHashMap<String,String> hashMap7 = new LinkedHashMap<>();
static LinkedHashMap<String,String> hashMap8 = new LinkedHashMap<>();
static LinkedHashMap<String,String> hashMap9 = new LinkedHashMap<>();
static LinkedHashMap<String,String> hashMap10 = new LinkedHashMap<>();
static LinkedHashMap<String,String> hashMap11 = new LinkedHashMap<>();
static LinkedHashMap<String,String> hashMap12 = new LinkedHashMap<>();
static LinkedHashMap<String,String> hashMap13 = new LinkedHashMap<>();
```

```java
static LinkedHashMap<String,String> hashMap14 = new LinkedHashMap<>();
static LinkedHashMap<String,String> hashMap15 = new LinkedHashMap<>();
static LinkedHashMap<String,String> hashMap16 = new LinkedHashMap<>();
static LinkedHashMap<String,String> hashMap17 = new LinkedHashMap<>();
static LinkedHashMap<String,String> hashMap18 = new LinkedHashMap<>();
static LinkedHashMap<String,String> hashMap19 = new LinkedHashMap<>();
static LinkedHashMap<String,String> hashMap20 = new LinkedHashMap<>();
static LinkedHashMap<String,String> hashMap21 = new LinkedHashMap<>();
static LinkedHashMap<String,String> hashMap22 = new LinkedHashMap<>();
static LinkedHashMap<String,String> hashMap23 = new LinkedHashMap<>();
static LinkedHashMap<String,String> hashMap24 = new LinkedHashMap<>();
static LinkedHashMap<String,String> hashMap25 = new LinkedHashMap<>();
static LinkedHashMap<String,String> hashMap26 = new LinkedHashMap<>();
static LinkedHashMap<String,String> hashMap27 = new LinkedHashMap<>();
static LinkedHashMap<String,String> hashMap28 = new LinkedHashMap<>();
static LinkedHashMap<String,String> hashMap29 = new LinkedHashMap<>();
static LinkedHashMap<String,String> hashMap30 = new LinkedHashMap<>();
static LinkedHashMap<String,String> hashMap31 = new LinkedHashMap<>();
```

12.3.2 流程图

主方法流程如图 12-1 所示。

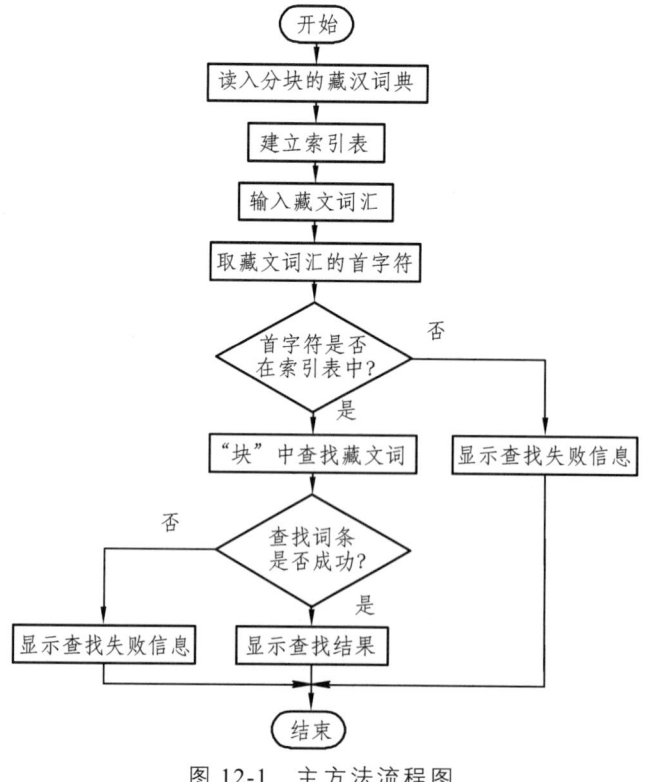

图 12-1 主方法流程图

12.3.3 伪代码

（1）建立索引表的伪代码：

```
1  function(String s){
2      String ss = s.charAt(0);//获取传入字符串的第一个字符
3      switch (ss) {
4        case 0x0F40://ཀ
5            if(findValue(s)!=null)hashMap1.put(s,findValue(s));break;
6        case 0x0F41:
7            if(findValue(s)!=null)hashMap2.put(s,findValue(s));break;
8        ……
9      }
10 }
```

（2）分块查找算法的伪代码：

```
1  function(){
2      text = textField1.getText();//获取列表框中的文本内容
3      LinkedHashMap<String, String> block = returnBlock(text);
4      find = false; //表示是否找到
5      for key,value in block:
6        if text == key:    //如果找到
7            print(value)
8            find = true    //表示找到了
9      if(!find) print(错误信息) //没找到则报错
```

12.4 程序实现

12.4.1 代　码

本次实验分为算法部分及窗体部分。具体实现如下：

1. 算法部分实现

在包下新建一个名为"chapter12"的 Java 文件，并向其中添加如下代码：

```java
package cn.edu.utibet.chapter12;

import javax.swing.*;
import java.io.*;
import java.util.*;

public class chapter12 {
    static List<String> list1 = new ArrayList<>();
    static LinkedHashMap<String,String> hashMap = new LinkedHashMap<>();
    static LinkedHashMap<String,String> hashMap1 = new LinkedHashMap<>();
```

```java
static LinkedHashMap<String,String> hashMap2 = new LinkedHashMap<>();
static LinkedHashMap<String,String> hashMap3 = new LinkedHashMap<>();
static LinkedHashMap<String,String> hashMap4 = new LinkedHashMap<>();
static LinkedHashMap<String,String> hashMap5 = new LinkedHashMap<>();
static LinkedHashMap<String,String> hashMap6 = new LinkedHashMap<>();
static LinkedHashMap<String,String> hashMap7 = new LinkedHashMap<>();
static LinkedHashMap<String,String> hashMap8 = new LinkedHashMap<>();
static LinkedHashMap<String,String> hashMap9 = new LinkedHashMap<>();
static LinkedHashMap<String,String> hashMap10 = new LinkedHashMap<>();
static LinkedHashMap<String,String> hashMap11 = new LinkedHashMap<>();
static LinkedHashMap<String,String> hashMap12 = new LinkedHashMap<>();
static LinkedHashMap<String,String> hashMap13 = new LinkedHashMap<>();
static LinkedHashMap<String,String> hashMap14 = new LinkedHashMap<>();
static LinkedHashMap<String,String> hashMap15 = new LinkedHashMap<>();
static LinkedHashMap<String,String> hashMap16 = new LinkedHashMap<>();
static LinkedHashMap<String,String> hashMap17 = new LinkedHashMap<>();
static LinkedHashMap<String,String> hashMap18 = new LinkedHashMap<>();
static LinkedHashMap<String,String> hashMap19 = new LinkedHashMap<>();
static LinkedHashMap<String,String> hashMap20 = new LinkedHashMap<>();
static LinkedHashMap<String,String> hashMap21 = new LinkedHashMap<>();
static LinkedHashMap<String,String> hashMap22 = new LinkedHashMap<>();
static LinkedHashMap<String,String> hashMap23 = new LinkedHashMap<>();
static LinkedHashMap<String,String> hashMap24 = new LinkedHashMap<>();
static LinkedHashMap<String,String> hashMap25 = new LinkedHashMap<>();
static LinkedHashMap<String,String> hashMap26 = new LinkedHashMap<>();
static LinkedHashMap<String,String> hashMap27 = new LinkedHashMap<>();
static LinkedHashMap<String,String> hashMap28 = new LinkedHashMap<>();
static LinkedHashMap<String,String> hashMap29 = new LinkedHashMap<>();
static LinkedHashMap<String,String> hashMap30 = new LinkedHashMap<>();
static LinkedHashMap<String,String> hashMap31 = new LinkedHashMap<>();

//打开文件并将藏文词条存入字符串数组中，将藏文词条及其卫星数据存入 hashMap 中
public static String[] open(File file){
    String[] strings = new String[list1.size()];
    try {
        BufferedReader br=new BufferedReader(new InputStreamReader(new FileInputStream(file),"UTF-16"));
        String line = "";
        while ((line = br.readLine()) != null) {
```

```java
                String[] split = line.split("\t");
                list1.add(split[0]);
                hashMap.put(split[0],split[1]);
            }
            String[] stringss = new String[list1.size()];
            int i = 0;
            for (String s : list1) {
                stringss[i] = s;
                i++;
            }
            return stringss;
        }catch (IOException e) {
            e.printStackTrace();
        }
        return strings;
    }
}
//将每个藏文词条根据其第一个藏文辅音存入对应的 HashMap 中
public static void block(String s){
    char c = s.charAt(0);
    String ss = String.valueOf(c);
    switch(ss){
        case "ཀ":if(findValue(s)!=null)hashMap1.put(s,findValue(s));break;
        case "ཁ":if(findValue(s)!=null)hashMap2.put(s,findValue(s));break;
        case "ག":if(findValue(s)!=null)hashMap3.put(s,findValue(s));break;
        case "ང":if(findValue(s)!=null)hashMap4.put(s,findValue(s));break;
        case "ཅ":if(findValue(s)!=null)hashMap5.put(s,findValue(s));break;
        case "ཆ":if(findValue(s)!=null)hashMap6.put(s,findValue(s));break;
        case "ཇ":if(findValue(s)!=null)hashMap7.put(s,findValue(s));break;
        case "ཉ":if(findValue(s)!=null)hashMap8.put(s,findValue(s));break;
        case "ཏ":if(findValue(s)!=null)hashMap9.put(s,findValue(s));break;
        case "ཐ":if(findValue(s)!=null)hashMap10.put(s,findValue(s));break;
        case "ད":if(findValue(s)!=null)hashMap11.put(s,findValue(s));break;
        case "ན":if(findValue(s)!=null)hashMap12.put(s,findValue(s));break;
        case "པ":if(findValue(s)!=null)hashMap13.put(s,findValue(s));break;
        case "ཕ":if(findValue(s)!=null)hashMap14.put(s,findValue(s));break;
        case "བ":if(findValue(s)!=null)hashMap15.put(s,findValue(s));break;
        case "མ":if(findValue(s)!=null)hashMap16.put(s,findValue(s));break;
        case "ཙ":if(findValue(s)!=null)hashMap17.put(s,findValue(s));break;
        case "ཚ":if(findValue(s)!=null)hashMap18.put(s,findValue(s));break;
```

```java
                    case "ཤ":if(findValue(s)!=null)hashMap19.put(s,findValue(s));break;
                    case "ས":if(findValue(s)!=null)hashMap20.put(s,findValue(s));break;
                    case "ར":if(findValue(s)!=null)hashMap21.put(s,findValue(s));break;
                    case "ཟ":if(findValue(s)!=null)hashMap22.put(s,findValue(s));break;
                    case "འ":if(findValue(s)!=null)hashMap23.put(s,findValue(s));break;
                    case "ཝ":if(findValue(s)!=null)hashMap24.put(s,findValue(s));break;
                    case "ཧ":if(findValue(s)!=null)hashMap25.put(s,findValue(s));break;
                    case "ལ":if(findValue(s)!=null)hashMap26.put(s,findValue(s));break;
                    case "ཞ":if(findValue(s)!=null)hashMap27.put(s,findValue(s));break;
                    case "ཉ":if(findValue(s)!=null)hashMap28.put(s,findValue(s));break;
                    case "ད":if(findValue(s)!=null)hashMap29.put(s,findValue(s));break;
                    case "ཥ":if(findValue(s)!=null)hashMap30.put(s,findValue(s));break;
                    case "ཏ":if(findValue(s)!=null)hashMap31.put(s,findValue(s));break;
        }
    }
    //在 hashMap 中查找每个藏文词条是否有对应的卫星数据，并返回对应的卫星数据
    public static String findValue(String s){
        Iterator<Map.Entry<String, String>>iterator = hashMap.entrySet().iterator();
        while (iterator.hasNext()) {
            Map.Entry<String, String> entry = iterator.next();
            String key = entry.getKey();
            String value = entry.getValue();
            if (s.equals(key)) {
                return value;
            }
        }
        JOptionPane.showMessageDialog(null, "该藏字在字典中不存在");
        return null;
    }
    //返回要查找的藏文词条对应的块
    public static LinkedHashMap<String, String> returnBlock(String text) {
        LinkedHashMap<String, String> kong = new LinkedHashMap<>();
        char c = text.charAt(0);
        String ss = String.valueOf(c);
        switch (ss) {
            case "ཀ":
                return hashMap1;
            case "ཁ":
                return hashMap2;
```

```
                case "ཀ":
                    return hashMap3;
                case "ཁ":
                    return hashMap4;
                case "ག":
                    return hashMap5;
                case "ང":
                    return hashMap6;
                case "ཅ":
                    return hashMap7;
                case "ཆ":
                    return hashMap8;
                case "ཇ":
                    return hashMap9;
                case "ཉ":
                    return hashMap10;
                case "ད":
                    return hashMap11;
                case "ན":
                    return hashMap12;
                case "པ":
                    return hashMap13;
                case "ཕ":
                    return hashMap14;
                case "བ":
                    return hashMap15;
                case "མ":
                    return hashMap16;
                case "ཙ":
                    return hashMap17;
                case "ཚ":
                    return hashMap18;
                case "ཛ":
                    return hashMap19;
                case "ཝ":
                    return hashMap20;
                case "ཞ":
                    return hashMap21;
                case "ཟ":
                    return hashMap22;
```

```
                case "འ":
                    return hashMap23;
                case "ཡ":
                    return hashMap24;
                case "ར":
                    return hashMap25;
                case "ལ":
                    return hashMap26;
                case "ཤ":
                    return hashMap27;
                case "ས":
                    return hashMap28;
                case "ཧ":
                    return hashMap29;
                case "ཨ":
                    return hashMap30;
                case"ཪ":
                    return hashMap31;
        }
        return kong;
    }
    //判断要查找的字符串是否是藏文
    public static boolean isTibetan(String s){
        char[] charArray = s.toCharArray();
        for(char c:charArray){
            if(!(c >= 0x0F00 && c <= 0x0F47 || c >= 0x0F49 && c <= 0x0F6C || c >= 0x0F71 && c <= 0x0F97 || c >= 0x0F99 && c <= 0x0FBC || c >= 0x0FBE && c <= 0x0FCC || c >= 0x0FCE && c <= 0x0FDA)){
                return false;
            }
        }
        if(s.equals("")){
            return false;
        }
        return true;
    }
}
```

2. 窗体部分实现

（1）新建一个"GUI form 文件"并将其命名为 THDict。

(2)拖拽组件进行 UI 设计，如图 12-2 所示。

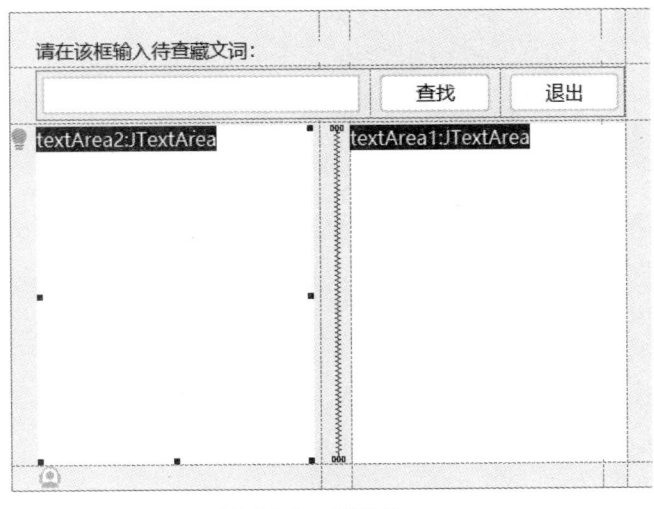

图 12-2　GUI Form

(3)添加事件监听，如图 12-3 所示。

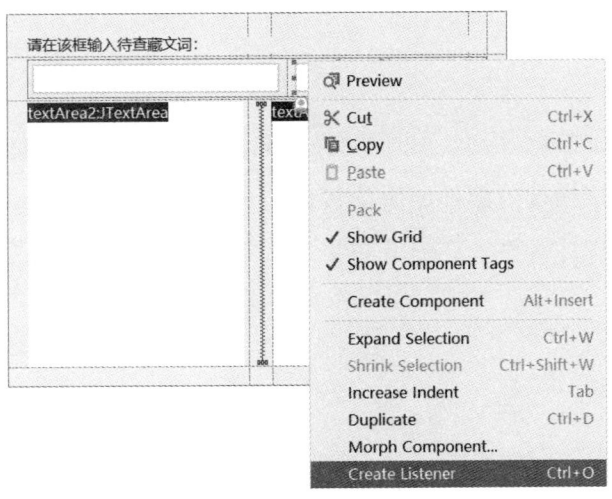

图 12-3　添加监听

在添加的监听器中重写 public void actionPerformed(ActionEvent e)方法。这里分别对 textField1、textArea2、查找、退出按钮添加监听。

①添加"textField1"按钮行为事件监听的代码：

```
//添加键盘监听器
textField1.addKeyListener(new KeyAdapter() {
    @Override
    public void keyTyped(KeyEvent e) {
        textArea2.setText("");
        String text = textField1.getText();
        if (isTibetan(text)) {
            LinkedHashMap<String, String> block = returnBlock(text);
            if (block.size() > 10) {
                int i = 0;
```

```java
                    Iterator<Map.Entry<String, String>> iterator = block.entrySet().iterator();
                    while (iterator.hasNext() && i < 10) {
                        Map.Entry<String, String> entry = iterator.next();
                        String key = entry.getKey();
                        textArea2.append(key + "\n");
                        i++;
                    }
                }else {
                    int i = 0;
                    Iterator<Map.Entry<String, String>> iterator = block.entrySet().iterator();
                    while (iterator.hasNext() && i < block.size()) {
                        Map.Entry<String, String> entry = iterator.next();
                        String key = entry.getKey();
                        textArea2.append(key + "\n");
                        i++;
                    }
                }
            }
        }
});
```

②添加"textArea2"按钮行为事件监听的代码：

```java
textArea2.addMouseListener(new MouseAdapter() {
    @Override
    public void mouseClicked(MouseEvent e) {
        try {
            //获取鼠标点击的位置
            int pos = textArea2.getCaretPosition();
            //获取该位置所在的行号
            int line = textArea2.getLineOfOffset(pos);
            //获取该行的起始和结束位置
            int start = textArea2.getLineStartOffset(line);
            int end = textArea2.getLineEndOffset(line);
            //选择该行的内容
            textArea2.select(start, end - 1);
            //获取该行的内容
            String text = textArea2.getText(start, end - start);
            text = text.replace("\n","");
            //将内容显示在 textArea1 中
            LinkedHashMap<String, String> block = returnBlock(text);
            Iterator<Map.Entry<String, String>> iterator = block.entrySet().iterator();
            while (iterator.hasNext()) {
```

```java
                    Map.Entry<String, String> entry = iterator.next();
                    String key = entry.getKey();
                    String value = entry.getValue();
                    if (text.equals(key)) {
                        textArea1.setText("\n" + value);
                    }
                }
            }catch (BadLocationException ex) {
                ex.printStackTrace();
            }
        }
    });
```

③添加"查找 Button"按钮行为事件监听的代码：

```java
查找 Button.addActionListener(new ActionListener() {
    @Override
    public void actionPerformed(ActionEvent e) {
        String text = textField1.getText();
        LinkedHashMap<String, String> block = returnBlock(text);
        boolean find = false;
        Iterator<Map.Entry<String, String>> iterator = block.entrySet().iterator();
        while (iterator.hasNext()) {
            Map.Entry<String, String> entry = iterator.next();
            String key = entry.getKey();
            String value = entry.getValue();
            if (text.equals(key)) {
                textArea1.setText("\n" + value);
                find = true;
            }
        }
        if (!find) {
            //textArea1.setText("");
            JOptionPane.showMessageDialog(null, "该藏字在字典中不存在");
        }
    }
});
```

④添加"退出"按钮行为事件监听的代码：

```java
退出 Button.addActionListener(new ActionListener() {
    @Override
    public void actionPerformed(ActionEvent e) {
        System.exit(0);
    }
});
```

（4）生成 main 方法：将光标放在类上，按 Alt+Insert 键，点击 Form main()生成 main 方法，如图 12-4 所示。

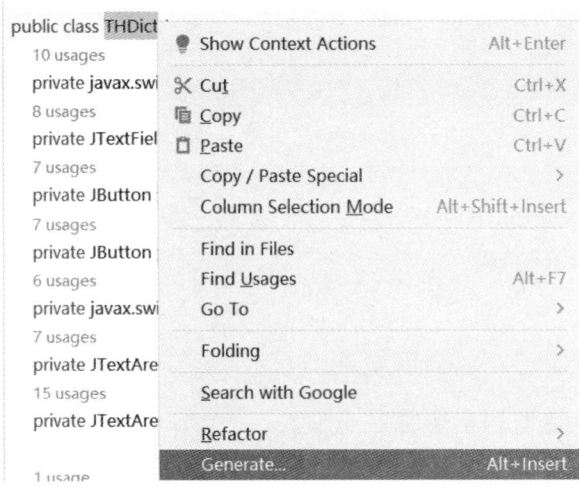

图 12-4 生成 main 方法

生成的主方法代码：

```java
public static void main(String[] args) {
    JFrame frame = new JFrame("THDict");
    frame.setContentPane(new THDict().JPanel);
    frame.setSize(700, 600);
    frame.setLocationRelativeTo(null);    // 将窗体放置在屏幕中央
    frame.setDefaultCloseOperation(JFrame.EXIT_ON_CLOSE);
    frame.setVisible(true);

    String[] open = open(new File("D:\\javaResult\\chap12\\藏汉词典.txt"));
    //分块
    for (String s : open) {
        block(s);
    }
}
```

（5）运行 main 方法，IDEA 自动生成 GUI 对应源码：

```java
// GUI initializer generated by IntelliJ IDEA GUI Designer
// >>> IMPORTANT!! <<<
// DO NOT EDIT OR ADD ANY CODE HERE!
    $$$setupUI$$$();
}

/**
 * Method generated by IntelliJ IDEA GUI Designer
 * >>> IMPORTANT!! <<<
```

* DO NOT edit this method OR call it in your code!
 *
 * @noinspection ALL
 */
private void $$$setupUI$$$() {
    JPanel = new JPanel();
    JPanel.setLayout(new GridLayoutManager(3, 4, new Insets(20, 20, 20, 20), -1, -1));
    final javax.swing.JPanel panel1 = new JPanel();
    panel1.setLayout(new GridLayoutManager(1, 3, new Insets(0, 0, 0, 0), -1, -1));
    JPanel.add(panel1, new GridConstraints(1, 0, 1, 4, GridConstraints.ANCHOR_CENTER, GridConstraints.FILL_BOTH, GridConstraints.SIZEPOLICY_CAN_SHRINK | GridConstraints.SIZEPOLICY_CAN_GROW, GridConstraints.SIZEPOLICY_CAN_SHRINK | GridConstraints.SIZEPOLICY_CAN_GROW, null, null, null, 0, false));
    textField1 = new JTextField();
    Font textField1Font = this.$$$getFont$$$("Microsoft Himalaya", -1, 20, textField1.getFont());
    if (textField1Font != null) textField1.setFont(textField1Font);
    panel1.add(textField1, new GridConstraints(0, 0, 1, 1, GridConstraints.ANCHOR_WEST, GridConstraints.FILL_HORIZONTAL, GridConstraints.SIZEPOLICY_WANT_GROW, GridConstraints.SIZEPOLICY_FIXED, null, new Dimension(150, -1), null, 0, false));
    查找 Button = new JButton();
    Font 查找 ButtonFont = this.$$$getFont$$$("FangSong", -1, -1, 查找 Button.getFont());
    if (查找 ButtonFont != null) 查找 Button.setFont(查找 ButtonFont);
    查找 Button.setText("查找");
    panel1.add(查找 Button, new GridConstraints(0, 1, 1, 1, GridConstraints.ANCHOR_CENTER, GridConstraints.FILL_HORIZONTAL, GridConstraints.SIZEPOLICY_ CAN_SHRINK | GridConstraints.SIZEPOLICY_CAN_GROW, GridConstraints.SIZEPOLICY_FIXED, null, null, null, 0, false));
    退出 Button = new JButton();
    Font 退出 ButtonFont = this.$$$getFont$$$("FangSong", -1, -1, 退出 Button.getFont());
    if (退出 ButtonFont != null) 退出 Button.setFont(退出 ButtonFont);
    退出 Button.setText("退出");
    panel1.add(退出 Button, new GridConstraints(0, 2, 1, 1, GridConstraints.ANCHOR_CENTER, GridConstraints.FILL_HORIZONTAL, GridConstraints.SIZEPOLICY_ CAN_SHRINK | GridConstraints.SIZEPOLICY_CAN_GROW, GridConstraints.SIZEPOLICY_FIXED, null, null, null, 0, false));
    JLabel = new JLabel();
    Font JLabelFont = this.$$$getFont$$$("FangSong", -1, -1, JLabel.getFont());
    if (JLabelFont != null) JLabel.setFont(JLabelFont);
    JLabel.setText("请在该框输入待查藏文词：");
    JPanel.add(JLabel, new GridConstraints(0, 0, 1, 4, GridConstraints.ANCHOR_WEST, GridConstraints.FILL_NONE, GridConstraints.SIZEPOLICY_FIXED, GridConstraints.SIZEPOLICY_FIXED, null, null, null, 0, false));
    textArea1 = new JTextArea();

```java
        Font textArea1Font = this.$$$getFont$$$("Microsoft Himalaya", -1, 20, textArea1.getFont());
        if (textArea1Font != null) textArea1.setFont(textArea1Font);
        JPanel.add(textArea1, new GridConstraints(2, 2, 1, 2, GridConstraints.ANCHOR_CENTER, GridConstraints.FILL_BOTH, GridConstraints.SIZEPOLICY_WANT_GROW, GridConstraints.SIZEPOLICY_WANT_GROW, null, new Dimension(150, 50), null, 0, false));
        textArea2 = new JTextArea();
        Font textArea2Font = this.$$$getFont$$$("Microsoft Himalaya", -1, 20, textArea2.getFont());
        if (textArea2Font != null) textArea2.setFont(textArea2Font);
        JPanel.add(textArea2, new GridConstraints(2, 0, 1, 1, GridConstraints.ANCHOR_CENTER, GridConstraints.FILL_BOTH, GridConstraints.SIZEPOLICY_WANT_GROW, GridConstraints.SIZEPOLICY_WANT_GROW, null, new Dimension(150, 50), null, 0, false));
        final Spacer spacer1 = new Spacer();
        JPanel.add(spacer1, new GridConstraints(2, 1, 1, 1, GridConstraints.ANCHOR_CENTER, GridConstraints.FILL_VERTICAL, 1, GridConstraints.SIZEPOLICY_WANT_GROW, null, null, null, 0, false));
    }

    /**
     * @noinspection ALL
     */
    private Font $$$getFont$$$(String fontName, int style, int size, Font currentFont) {
        if (currentFont == null) return null;
        String resultName;
        if (fontName == null) {
            resultName = currentFont.getName();
        } else {
            Font testFont = new Font(fontName, Font.PLAIN, 10);
            if (testFont.canDisplay('a') && testFont.canDisplay('1')) {
                resultName = fontName;
            } else {
                resultName = currentFont.getName();
            }
        }
        Font font = new Font(resultName, style >= 0 ? style : currentFont.getStyle(), size >= 0 ? size : currentFont.getSize());
        boolean isMac = System.getProperty("os.name", "").toLowerCase(Locale.ENGLISH).startsWith("mac");
        Font fontWithFallback = isMac ? new Font(font.getFamily(), font.getStyle(), font.getSize()) : new StyleContext().getFont(font.getFamily(), font.getStyle(), font.getSize());
        return fontWithFallback instanceof FontUIResource ? fontWithFallback : new FontUIResource(fontWithFallback);
```

```
}
/**
 * @noinspection ALL
 */
public JComponent $$$getRootComponent$$$() {
    return JPanel;
}
```

12.4.2 代码使用说明

（1）初始化时，本程序把名为"藏汉词典.txt"的词典从如下的位置读取，请按照自己的计算机地址修改词典所在的地址。

```
String[] open = open(new File("D:\\javaResult\\chap12\\藏汉词典.txt"));
```

（2）该词典是把一个藏文词条放在一行，以"藏文词典、Tab 键盘、汉文及解释"格式存放，如图 12-5 所示。

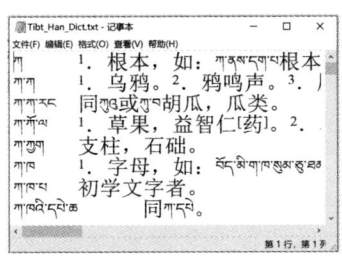

图 12-5　藏汉词典的格式

（3）本代码存在存储空间冗余的问题，因此尚且存在一些优化空间以待后续改进。

12.5　运行结果

（1）运行程序，在"输入框"中输入藏文词条，该词条作为前缀的最多 10 个词条显示在左边的列表框中，如图 12-6 所示。

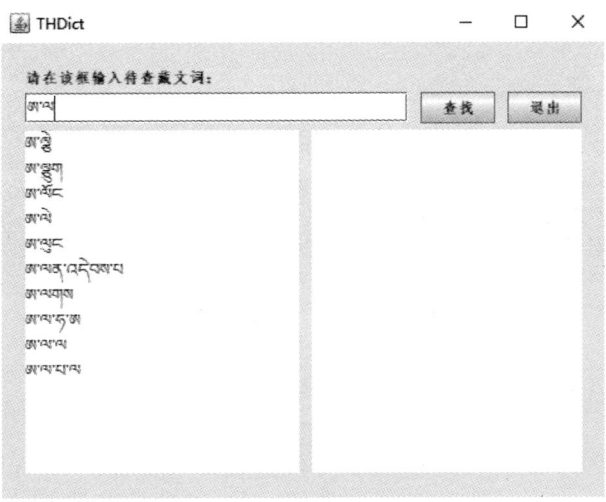

图 12-6　运行界面

（2）输入完藏文词条，点击【查找】按钮，如果该词存在则查找结果显示在"输出框"中，如图 12-7 所示。

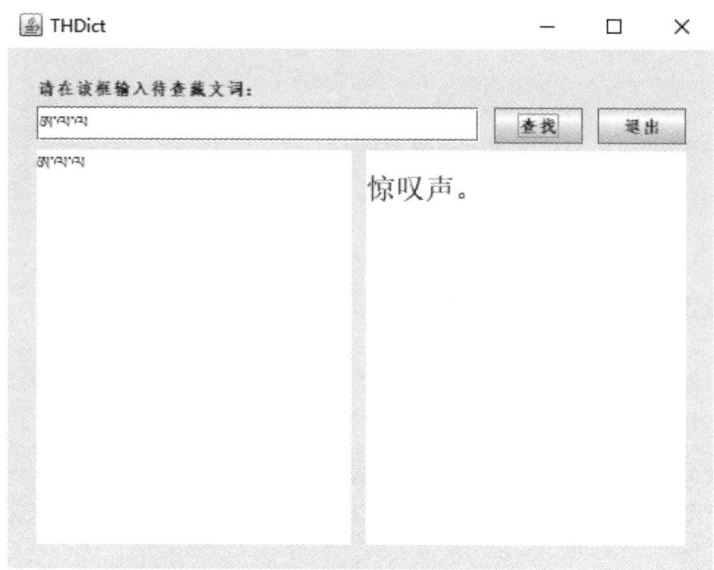

图 12-7　点击【查找】按钮的结果

（3）鼠标点击列表框中的一个候选词条，则用该词条在词典中查找，结果显示在"输出框"中，如图 12-8 所示。

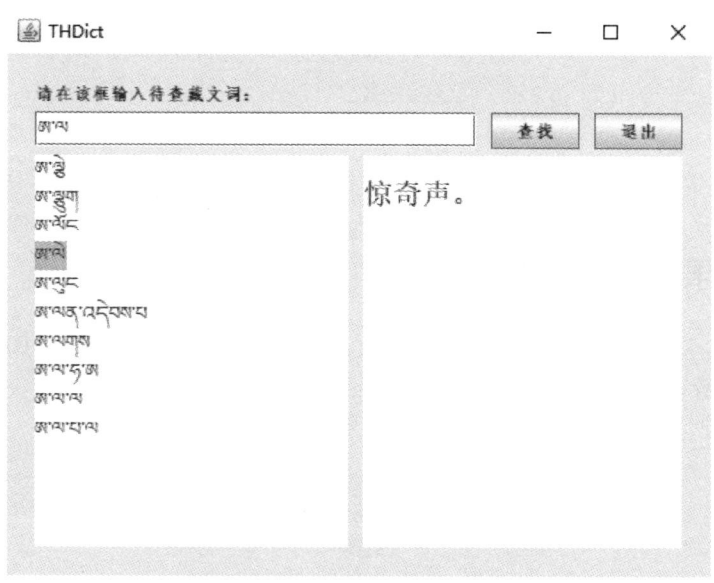

图 12-8　点击列表中词条的结果

（4）当点击【查找】按钮时，如果查找字符不存在则弹出警告框显示错误，如图 12-9 所示。

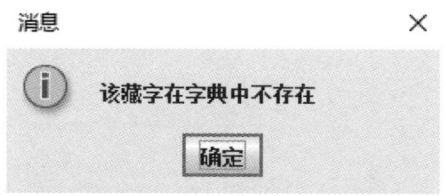

图 12-9　查找不存在弹出警告框

12.6 算法分析

12.6.1 时间复杂度分析

分析查找过程,按照 key 的首字在索引表中顺序查找,时间为 $O(m)$,m 为分块的数量,因为分块的数量是有限的,所以时间复杂度为 $O(1)$。

然后,在待查元素可能所在块的位置开始按顺序查找,时间复杂度为 $O(n/m) = O(n)$,n 为总元素的数量,n/m 就是每块内元素的平均数量。

最好情况:m 块中均匀分散 n/m 个数据,则查找一个数据的最好时间复杂度为 $O(m+n/m) = O(n)$。

最坏情况:m 块中 $m-1$ 块为空,n 个数据都分散在 1 个块中,则查找一个数据的最坏时间复杂度为 $O(m+n) = O(n)$。

平均情况:m 块中比较均匀分散约 n/m 个数据,则查找一个数据的平均时间复杂度为 $O(m+n/m)$,则时间为 $O(n/m)$。

综上,该实验的时间复杂度为 $O(n)$。

12.6.2 空间复杂度分析

1. 数据存储空间

程序使用 HashMap 存储藏汉词典,将藏文词条和对应的汉文解释形成映射关系并存储起来。此外,还使用 31 个 HashMap 分别存储每个辅音块。因此,程序的数据存储空间为 $O(n)$,其中 n 为词条的数量。

2. 辅助存储空间

程序定义了若干个 String 类型的变量用于临时存储输入的藏文词条、取出的词条等临时变量,此外,还定义了辅助列表变量,列表的大小为 n,其中 n 为词条的数量。因此,辅助空间复杂度为 $O(n)$。

第 4 篇　　藏文字符统计

第 13 章　全藏字字符构件静态统计

13.1　问题描述

藏字是拼音型文字，由 1~7 个不同数量的构件字符通过横向与纵向叠加组合而成。藏文文法对每个位置上的构件有严格的限制，每个构件构成藏字的能力不一样，所以每个构件在藏文字符中出现的频度也不一样。

按照藏文文法规则，对固定样本的统计称为"静态统计"，而以大量的真实藏文文本语料库为样本进行的统计称为"动态统计"。本章以生成的 18 785 个现代藏字全集为统计样本，统计藏字各个位置上每个构件出现的次数，并对统计数据进行分析，从而揭示出全藏字的结构和每个构件的构字能力。

13.2　问题分析

13.2.1　理论依据

现代藏字传统上认为由 30 个辅音字母和 4 个元音拼写组合而成，根据各构件出现的位置，分别命名为前加字（5 个）、上加字（3 个）、基字（30 个）、下加字（4 个）、再下加字（1 个）、元音符号（4 个）、后加字（10 个）、再后加字（2 个）八个构件。藏文文法不仅对藏字不同位置上的构件有严格的限制，而且使每个构件之间也有很强的相互制约作用，每个构件出现的频度也不同。

要统计每个构件的出现次数，首先要识别每个藏字的各个构件；其次要定义一个 HashMap 集合，将 key、value 作为每个构件与构件出现次数的计数器，初始化时使每个构件的计数器归零；然后通过算法对出现的构件对应的计数器进行累加；最后输出各构件及对应的计数器的值。

13.2.2　算法思想

按照以上的理论分析，算法设计思想如下：

（1）读取全藏字的文件，每次读取一行数据，然后按照空格或者其他分隔符切分成不同的部分，如前加字、上加字、基字等。

（2）根据不同的部分，将其出现的次数统计到相应的 LinkedHashMap 中，如果已经存在，则加 1，如果不存在，则插入并赋值为 1。

（3）遍历每个 LinkedHashMap，按照格式化的方式输出键值对。

13.3　算法设计

13.3.1　存储空间

定义现代藏字八个位置上的构件存储哈希表，用于存放每个构件及其出现次数。

```
static LinkedHashMap<String ,Integer > qianJiaZi = new LinkedHashMap<>();
static LinkedHashMap<String ,Integer > shangJiaZi = new LinkedHashMap<>();
static LinkedHashMap<String ,Integer > jiZi = new LinkedHashMap<>();
static LinkedHashMap<String ,Integer > xiaJiaZi = new LinkedHashMap<>();
static LinkedHashMap<String ,Integer > zaiXiaJiaZi = new LinkedHashMap<>();
static LinkedHashMap<String ,Integer > yuanYin = new LinkedHashMap<>();
static LinkedHashMap<String ,Integer > houJiaZi = new LinkedHashMap<>();
static LinkedHashMap<String ,Integer > zaiHouJiaZi = new LinkedHashMap<>();
```

13.3.2 流程图

主方法流程如图 13-1 所示。

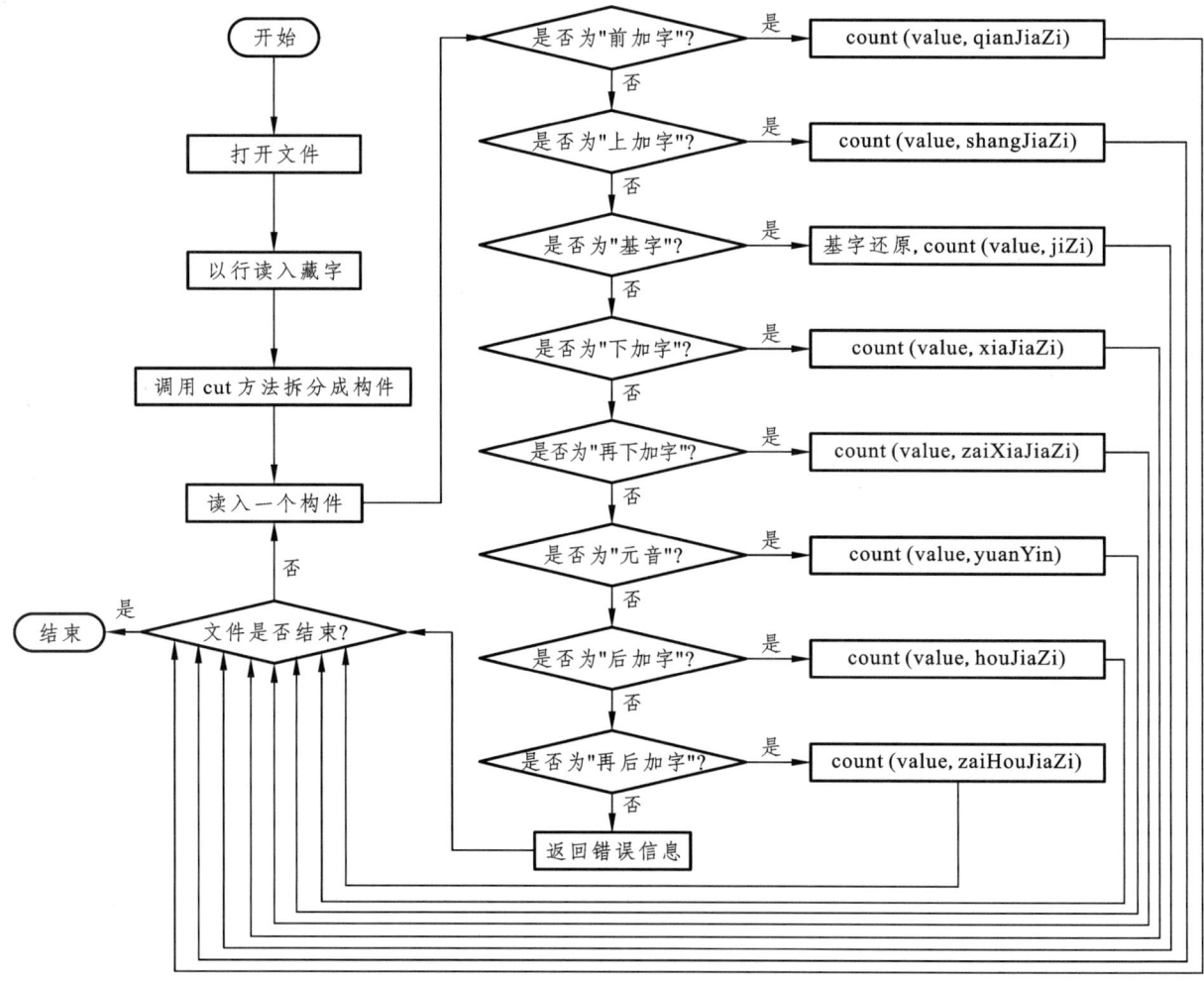

图 13-1 主方法流程图

13.3.3 伪代码

（1）主程序伪代码：
1 打开读、写文件
2 读入一行文本

3   LinkedHashMap<String, String> map = cut(line);   //调用构件识别方法，识别结果返回哈希集合 map
4   Iterator<Map.Entry<String, String>> iterator = map.entrySet().iterator();
5   while (iterator.hasNext()) {
6   Map.Entry<String, String> entry = iterator.next();
7   String key = entry.getKey();
8   String value = entry.getValue();
9   if(value==null){
10   value = "0";
11   }
12   switch (key){
13   case "前加字":count(value,qianJiaZi);break;
14   case "上加字":count(value,shangJiaZi);break;
15   case "基字":
                //基字还原
16   char s1 = value.charAt(0);
17   if(s1>=0x0F90&&s1<=0x0FBC){
18   s1 = (char)(s1 - 80);
19   value = String.valueOf(s1);
20   }
21   count(value,jiZi);break;
22   case "下加字":count(value,xiaJiaZi);break;
23   case "再下加字":count(value,zaiXiaJiaZi);break;
24   case "元音":count(value,yuanYin);break;
25   case "后加字":count(value,houJiaZi);break;
26   case "再后加字":count(value,zaiHouJiaZi);break;
27   }
28 }
29   构件统计
30   输出统计结果

（2）构件统计是程序关键的代码，其中前加字统计代码如下，其他类似。
1   输入该构件 value 以及存储该构件的 map 集合
2   find = false //定义一个布尔型的变量 find，表示该构件是否在 hashmap 中
3   遍历该 map 集合：
4   String key = entry.getKey();//key 表示集合中存储的构件
5   Integer map_value = entry.getValue();//map_value 表示对应的数量
6   if key == value: //如果集合中存在与该构件相同的构件则将 map_value+1
7   map.put(key, map_value + 1);
8   find = true
9   break
10   if not find: //如果不存在相同的构件则将该构件存入并将数量设置为 1
11   map.put(value, 1);

13.4 程序实现

13.4.1 代 码

新建一个空的 Java 文件，其中添加如下代码：

```java
package cn.edu.utibet;

import java.io.*;
import java.util.Iterator;
import java.util.LinkedHashMap;
import java.util.Map;

import static cn.edu.utibet.chapter4.chapter4.cut;

public class chapter13 {
    static LinkedHashMap<String, Integer>qianJiaZi=new LinkedHashMap<String, Integer>();
    static LinkedHashMap<String, Integer>shangJiaZi=new LinkedHashMap<String, Integer>();
    static LinkedHashMap<String, Integer>jiZi=new LinkedHashMap<String, Integer>();
    static LinkedHashMap<String, Integer>xiaJiaZi=new LinkedHashMap<String, Integer>();
    static LinkedHashMap<String, Integer>zaiXiaJiaZi=new LinkedHashMap<String, Integer>();
    static LinkedHashMap<String, Integer>yuanYin=new LinkedHashMap<String, Integer>();
    static LinkedHashMap<String, Integer>houJiaZi=new LinkedHashMap<String, Integer>();
    static LinkedHashMap<String, Integer>zaiHouJiaZi=new LinkedHashMap<String,Integer>();

    public static void main(String[] args) {
        try {
            BufferedReader br=new BufferedReader(new FileReader("D:\\javaResult\\chap3\\全藏字的生成.txt"));          //读入全藏字
            String line = "";
            while ((line = br.readLine())!= null) {
                LinkedHashMap<String, String> map = cut(line);
                map.remove("原字");
                Iterator<Map.Entry<String, String>> iterator = map.entrySet().iterator();
                while (iterator.hasNext()) {
                    Map.Entry<String, String> entry = iterator.next();
                    String key = entry.getKey();
                    String value = entry.getValue();
                    if (value == null) {
                        value = "0";
                    }
                    switch (key) {
```

```java
                case "前加字":
                    count(value, qianJiaZi);
                    break;
                case "上加字":
                    count(value, shangJiaZi);
                    break;
                case "基字":
                    char s1 = value.charAt(0);    //
                    if (s1 >= 0x0F90 && s1 <= 0x0FBC) {
                        //System.out.println("改动前"+value);
                        s1 = (char) (s1 - 80);
                        value = String.valueOf(s1);
                        //System.out.println("改动后"+value);
                    }else {
                        //System.out.println("没有改动"+s1);
                    }
                    count(value, jiZi);
                    break;
                case "下加字":
                    count(value, xiaJiaZi);
                    break;
                case "再下加字":
                    count(value, zaiXiaJiaZi);
                    break;
                case "元音":
                    count(value, yuanYin);
                    break;
                case "后加字":
                    if (value.equals("ཇ")) {
                        System.out.println(map);
                    }
                    count(value, houJiaZi);
                    break;
                case "再后加字":
                    count(value, zaiHouJiaZi);
                    break;
            }
        }
    }
}
System.out.println("前加字表为：");
show(qianJiaZi);
```

```java
            System.out.println("\n 上加字表为：");
            show(shangJiaZi);
            System.out.println("\n 基字表为：");
            show(jiZi);
            System.out.println("\n 下加字表为：");
            show(xiaJiaZi);
            System.out.println("\n 再下加字表为：");
            show(zaiXiaJiaZi);
            System.out.println("\n 元音表为：");
            show(yuanYin);
            System.out.println("\n 后加字表为：");
            show(houJiaZi);
            System.out.println("\n 再后加字表为：");
            show(zaiHouJiaZi);
        }catch (IOException e) {
            e.printStackTrace();
        }
    }

    public static void count(String value, LinkedHashMap<String, Integer> map) {
        boolean find = false;
        Iterator<Map.Entry<String, Integer>> iterator = map.entrySet().iterator();
        while (iterator.hasNext()) {
            Map.Entry<String, Integer> entry = iterator.next();
            String key = entry.getKey();
            Integer map_value = entry.getValue();
            if (key.equals(value)) {
                map.put(key, map_value + 1);
                find = true;
            }
        }
        if (!find) {
            map.put(value, 1);
        }
    }

    public static void show(LinkedHashMap map) {
        Iterator<Map.Entry<String, Integer>> iterator = map.entrySet().iterator();
        int sum = 0;
        while (iterator.hasNext()) {
            Map.Entry<String, Integer> entry = iterator.next();
```

```
                Integer map_value = entry.getValue();
                sum += map_value;
            }
            Iterator<Map.Entry<String, Integer>> iterator2 = map.entrySet().iterator();
            while (iterator2.hasNext()) {
                Map.Entry<String, Integer> entry2 = iterator2.next();
                String key = entry2.getKey();
                Integer map_value = entry2.getValue();
                System.out.println(key+"\t"+map_value+"\t\t"+" 占 比： "+((double)map_value/sum)
+"\t");
            }
        }
    }
```

说明：cut()方法同第 4 章"现代藏字构件识别"中 cut()方法的代码。

13.4.2　代码使用说明

（1）程序运行时，控制台显示算法耗时以及将排序后的结果打印在控制台，如图 13-2 所示。

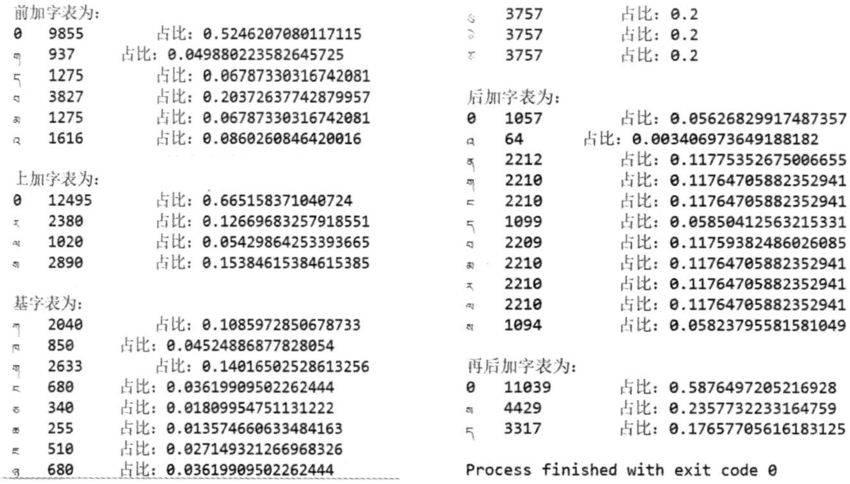

图 13-2　运行结果

（2）运行时，请按照自己的计算机地址修改写入文件的地址：

BufferedReader br = new BufferedReader(new FileReader("D:\\javaResult\\chap3\\全藏字的生成.txt"));　　//读入文件的路径

13.5　运行结果

按照以上程序，将 18 785 个现代藏字进行构件识别，对各构件出现的次数统计分析如下：

1. 各前加字出现的次数

以 18 785 个全藏字为统计样本，统计的各前加字出现的次数如表 13-1 所示。从表 13-1 可以看出，有前加字的约占一半，其中前加字"བ"的构字能力最强，又约占前加字的一半。

表 13-1　构件中各前加字出现的次数

序号	前加字符	次数	占比
1	ག	937	4.99%
2	ད	1 275	6.79%
3	བ	3 827	20.37%
4	མ	1 275	6.78%
5	འ	1 616	8.60%
6	0	9 855	52.46%

2. 各上加字出现的次数

以 18 785 个全藏字为统计样本，统计的各上加字出现的次数如表 13-2 所示。从表 13-2 可以看出，有上加字的占近 1/3，其中上加字"ས"的构字能力最强，又约占上加字的一半。

表 13-2　构件中各上加字出现的次数

序号	上加字	次数	占比
1	ར	2 380	12.67%
2	ལ	1 020	5.43%
3	ས	2 890	15.38%
4	0	12 495	66.52%

3. 各基字出现的次数

以 18 785 个全藏字为统计样本，统计的各基字出现的次数如表 13-3 所示。从表 13-3 可以看出，基字是每个藏字必不可缺少的构件，但各构件的构字能力不一致，其中基字"ག"的构字能力最强，占 14.02%，约是构字能力最弱"འ"的 31 倍。

表 13-3　构件中各基字出现的次数

序号	基字	次数	占比	序号	基字	次数	占比
1	ཀ	2 040	10.86%	16	མ	765	4.07%
2	ཁ	850	4.52%	17	ཙ	680	3.62%
3	ག	2 633	14.02%	18	ཚ	340	1.81%
4	ང	680	3.62%	19	ཛ	425	2.26%
5	ཅ	340	1.81%	20	ཝ	85	0.45%
6	ཆ	255	1.36%	21	ཞ	340	1.81%
7	ཇ	510	2.71%	22	ཟ	510	2.71%
8	ཉ	680	3.62%	23	འ	84	0.45%
9	ཏ	765	4.07%	24	ཡ	170	0.90%
10	ཐ	340	1.81%	25	ར	255	1.36%
11	ད	1 109	5.90%	26	ལ	170	0.90%
12	ན	678	3.61%	27	ཤ	340	1.81%
13	པ	850	4.52%	28	ས	597	3.18%
14	ཕ	595	3.17%	29	ཧ	340	1.81%
15	བ	1 274	6.78%	30	ཨ	85	0.45%

4. 各下加字出现的次数

以 18 785 个全藏字为统计样本，统计的各下加字出现的次数如表 13-4 所示。从表 13-4 可以看出，有下加字的约占全藏字的 40%，其中下加字"ྱ""ྲ"的构字能力最强。

表 13-4 构件中各下加字出现的次数

序号	下加字	次数	占比
1	ྭ	1 105	5.88%
2	ྱ	2 805	14.93%
3	ྲ	2 890	15.38%
4	ླ	850	4.52%
5	0	11 135	59.28%

5. 各再下加字出现的次数

以 18 785 个全藏字为统计样本，统计的再下加字出现的次数如表 13-5 所示。从表 13-5 可以看出，有再加字的仅占 0.90%，不到 1%。

表 13-5 构件中再下加字出现的次数

序号	再下加字	次数	占比
1	ྭ	170	0.90%
2	0	18 615	99.10%

6. 各元音出现的次数

以 18 785 个全藏字为统计样本，统计的各元音出现的次数如表 13-6 所示。从表 13-6 可以看出，各元音构字的能力一样，这是由于藏文文法没有限制元音添加。

表 13-6 构件中各前加字出现的次数

序号	元音	次数	占比
1	ི	3 757	20.00%
2	ུ	3 757	20.00%
3	ེ	3 757	20.00%
4	ོ	3 757	20.00%
5	0	3 757	20.00%

7. 各后加字出现的次数

以 18 785 个全藏字为统计样本，统计的各后加字出现的次数如表 13-7 所示。从表 13-7 可以看出，很多后加字出现的次数相等，这也是藏文文法没有限制后加字的添加导致的。其中后加字"འ"的次数最少，其构字能力最弱，这是由于文法约定基字明确后可省略该后加字导致的。

表 13-7　构件中各后加字出现的次数

序号	后加字	次数	占比
1	ག	2 210	11.76%
2	ང	2 210	11.76%
3	ད	1 099	5.85%
4	ན	2 212	11.78%
5	བ	2 209	11.76%
6	མ	2 210	11.76%
7	འ	64	0.34%
8	ར	2 210	11.76%
9	ལ	2 210	11.76%
10	ས	1 094	5.82%
11	0	1 057	5.63%

8. 各再后加字出现的次数

以 18 785 个全藏字为统计样本，统计的各再后加字出现的次数如表 13-8 所示。从表 13-8 可以看出，有再后加字的约占全藏字的 40%。

表 13-8　构件中各再后加字出现的次数

序号	再后加字	次数	占比
1	ད	3 317	17.66%
2	ས	4 429	23.58%
3	0	11 039	58.76%

9. 各辅音出现的次数

以 18 785 个全藏字为统计样本，统计中发现 4 个元音的构字能力一样，这是由于藏文文法没有限定各元音的添加规律，各元音具有相同的构字规律和能力。传统文法认为藏文就是由 30 个辅音和 4 个元音构成，但有些辅音充当不同的构字构件，把不同构件的同一辅音视为一个进行统计的结果，如表 13-9 所示。从表 13-9 可以看出，占比 6%以上的辅音都是能充当后加字的 9 个辅音，这也由于藏文文法没有限制后加字的添接；占比在 10%以上的 4 个辅音都是能充当多个构件、出现次数很多、构字能力最强的辅音。

表 13-9　构件中各辅音字符出现的次数

序号	基字	次数	前加字	上加字	下加字	再下加字	后加字	再后加字	合计	占比
1	ཀ	2 040							2 040	2.91%
2	ཁ	850							850	1.26%
3	ག	2 633	937				2 210		5 780	8.34%
4	ང	680					2 210		2 890	4.30%
5	ཅ	340							340	0.51%
6	ཆ	255							255	0.38%

续表

序号	基字	次数	前加字	上加字	下加字	再下加字	后加字	再后加字	合计	占比
7	ཏ	510							510	0.76%
8	ཐ	680							680	1.01%
9	ད	765							765	1.26%
10	ན	340							340	0.51%
11	པ	1 109	1 275				1 099	3 317	6 800	10.23%
12	ཕ	678					2 212		2 890	4.30%
13	བ	850							850	1.26%
14	མ	595							595	0.88%
15	ཙ	1 274	3 827				2 209		7 310	10.86%
16	ཚ	765	1 275				2 210		4 250	6.32%
17	ཛ	680							680	1.01%
18	ཝ	340							340	0.51%
19	ཞ	425							425	0.63%
20	ཟ	85			1 105	170			1 360	2.02%
21	འ	340							340	0.51%
22	ཡ	510							510	0.76%
23	ར	84	1 616				64		1 764	2.60%
24	ལ	170			2 805				2 975	4.42%
25	ཤ	255		2 380	2 890		2 210		7 735	11.62%
26	ས	170		1 020	850		2 210		4 250	6.32%
27	ཧ	340							340	0.51%
28	ཨ	597		2 890			1 094	4 429	9 010	13.39%
29	ཀྵ	340							340	0.51%
30	ཀྵ	85							85	0.13%
合计		18 785	8 930	6 290	7 650	170	17 728	7 746	67 299	100.00%

13.6 算法分析

13.6.1 时间复杂度分析

本算法由构件识别和构件统计两部分组成，待处理的数据是 18 785 个，因此问题规模为 n。而构件识别时，调用 cut 方法，时间复杂度为 $O(1)$。构件统计时，每个藏字最多拆成 8 个构件，每个构件最多比较 30 次（与 30 个基字比较统计），时间复杂度为 $O(1)$。因此，总的时间复杂度为 $O(n)$。

13.6.2 空间复杂度分析

1. 存储空间

算法中使用 8 个 LinkedHashMap 分别存储不同位置的藏文构件，其中最长的 LinkedHashMap 为 30（基字）且每个 LinkedHashMap 的长度固定，因此存储空间为 $O(1)$ 这个数量级。

2. 临时空间

在方法中不存在递归调用的情况，仅仅申请了几个 String 字符串以及一个 LinkedHashMap 集合的空间，因此临时存储空间为 $O(1)$。

第 14 章 基于动态顺序存储的单文件藏文音节统计

14.1 问题描述

一个藏文音节是用有限的构件作为前加字、上加字、基字、下加字、元音、后加字和再后加字来构成"二维平面"的字符,每个字符用音节点等隔开。藏文文法对音节字的构成有严格的限制,在理论上符合藏文文法拼写规定的音节字有 18 000 多个,但其中的很多音节字没有被赋予字义或词义。藏文音节字类似于汉字,有组词的语法功能,一个音节字可以构成很多词,再构成句子。音节字是词和句子的最小语法单位。对藏文音节字的统计不仅能反映每个藏文音节的组词能力,也能反映出藏文音节字实际运用的频次。本章以单个真实的藏文语料为统计源,编程实现对单文本中藏文音节字的统计,并对其算法效率进行分析。

14.2 问题分析

14.2.1 理论依据

对藏文音节进行统计时,算法以真实的藏文语料为统计源,扫描藏文文本,存储当前读取的字符,当遇到一个藏文音节分隔字符时说明该藏文音节已结束。在用于存储藏文音节及其频度的 LinkedHashMap 集合中查找该字符,如果已插入 LinkedHashMap 集合中,则其频度加 1;如果 LinkedHashMap 集合中没查找到该音节,则插入该音节并设其频度为 "1"。

藏文音节分隔采用第 10 章 "藏文的拉丁转写"中的方法,用整理出的 90 个藏文音节分隔符、数字、特殊符号作为音节字的分隔符,用来在藏文连续文本中分隔藏文音节。

14.2.2 算法思想

按照以上的理论,算法设计思想如下:

统计时,逐个读取文本中的 Unicode 字符,并将读取的字符存入字符变量 c 中,判断变量 c 的值是否为 "·""|"等 90 个藏文音节分隔符号或非藏文字符,如果是则表示一个音节读取结束,把变量 zangZi 中保存的当前藏文音节存入 LinkedHashMap 集合中;如果 c 中的字符不是藏文音节分隔符,则把 c 中的字符添加到 zangZi 中。具体方法如下:

(1) 若文件未结束,初始化字符串 zangZi;文件结束则程序结束。

(2) 如果当前字符 c 为非藏文,转到第(5)步,读取下一个字符。

(3) 如果当前读取的字符为藏文字符时,判断是否是藏文音节分隔符,如果不是分隔符,则将该字符添加到字符串 zangZi 中,并读取下一个字符,重复第(3)步,直到当前字符为非藏文或藏文分隔符后转到第(5)步。

（4）如果当前读取的字符为数字、特殊符号等藏文音节分隔符，则将 c 中的字符也存入 LinkedHashMap 集合中。

（5）若 zangZi 非空，将 zangZi 存入 LinkedHashMap 集合中，转到第（1）步。

14.3 算法设计

14.3.1 存储空间

（1）定义藏文分隔符字符数组：

```
public static final char[] Separate =
    {0x0F00, 0x0F01, 0x0F02, 0x0F03, 0x0F04, 0x0F06, 0x0F07, 0x0F08, 0x0F09,
    0x0F0A, 0x0F0B, 0x0F0C, 0x0F0D, 0x0F0E, 0x0F0F, 0x0F10, 0x0F11, 0x0F12,
    0x0F13, 0x0F14, 0x0F15, 0x0F16, 0x0F17, 0x0F18, 0x0F19, 0x0F1A, 0x0F1B,
    0x0F1C, 0x0F1D, 0x0F1E, 0x0F1F, 0x0F20, 0x0F21, 0x0F22, 0x0F23, 0x0F24,
    0x0F25, 0x0F26, 0x0F27, 0x0F28, 0x0F29, 0x0F2A, 0x0F2B, 0x0F2C, 0x0F2D,
    0x0F2E, 0x0F2F, 0x0F30, 0x0F31, 0x0F32, 0x0F33, 0x0F34, 0x0F35, 0x0F36,
    0x0F37, 0x0F38, 0x0F3A, 0x0F3B, 0x0F3C, 0x0F3D, 0x0F3E, 0x0F3F, 0x0FBE,
    0x0FBF, 0x0FC0, 0x0FC1, 0x0FC2, 0x0FC3, 0x0FC4, 0x0FC5, 0x0FC6, 0x0FC7,
    0x0FC8, 0x0FC9, 0x0FCA, 0x0FCB, 0x0FCC, 0x0FCE, 0x0FCF, 0x0FD0, 0x0FD1,
    0x0FD2, 0x0FD3, 0x0FD4, 0x0FD5, 0x0FD6, 0x0FD7, 0x0FD8, 0x0FD9, 0x0FDA};
```

（2）定义用于藏文音节统计的 LinkedHashMap 集合：

```
static LinkedHashMap<String, Integer> statistics;
```

14.3.2 流程图

主方法流程如图 14-1 所示。

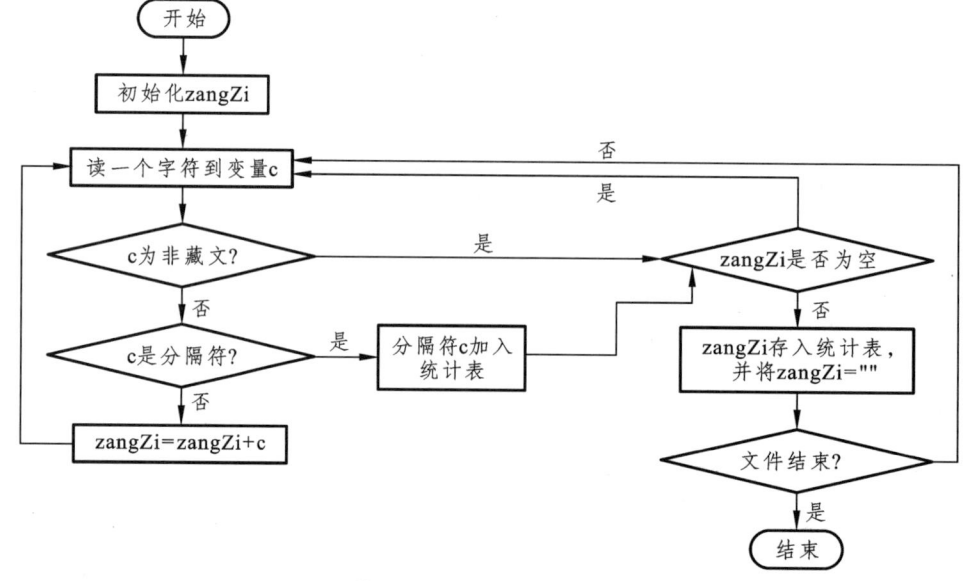

图 14-1　主方法流程图

14.3.3 伪代码

字频统计过程中最关键的部分是对非藏文编码、藏文分隔符等特殊字符的处理，该部分伪代码如下：

Function statistics()
1   LinkedHashMap<String, Integer> statistic = new LinkedHashMap<String, Integer>();//创建字符统计表
2   BufferedReader br = new BufferedReader(new FileReader(selectedFile)); //读入藏文文本
3   String line = "";
4   while line = br.readLine()) != null: //循环读每一行藏文
5   char ss[] = line.toCharArray(); //将每行藏文转换为字符数组
6   String zangZi = "";   //初始化一个名为 zangZi 的字符串用于存储藏文音节
7   for c in ss:
8   if c is Tibetan: //如果是藏字
9   if c in separate: //如果是分隔符
10   //若藏字不为空则分别将藏字和分隔符进行存储
11   if zangZi != "":
12   keep(statistic, zangZi); //将藏字进行存储
13   zangZi = "";
14   keep(statistic, String.valueOf(c));//存储分隔符
15   else :
16   zangZi = zangZi + String.valueOf(c);//将字符加入 zangZi
17   continue;
18   else :
19   if zangZi != "" :   //如果藏字不为空则存入统计表
20   keep(statistic, zangZi);
21   zangZi = "";
22   keep(statistic, String.valueOf(c));
23   return statistic;   //返回存储完毕后的 statistic 集合

14.4 程序实现

14.4.1 代　码

本次实验分为算法部分及窗体部分。具体实现如下：

1. 算法部分实现

在包下新建一个名为"chapter14"的 Java 文件，并向其中添加如下代码：

```
package cn.edu.utibet.chapter14;

import java.io.*;
import java.util.Iterator;
import java.util.LinkedHashMap;
import java.util.Map;
```

```java
//基于动态顺序存储的单文件藏文音节统计
public class chapter14 {

    /**
     * 藏文分隔符
     */
    public static final char[] separate =
    {0x0F00, 0x0F01, 0x0F02, 0x0F03, 0x0F04, 0x0F06, 0x0F07, 0x0F08, 0x0F09,
    0x0F0A, 0x0F0B, 0x0F0C, 0x0F0D, 0x0F0E, 0x0F0F, 0x0F10, 0x0F11, 0x0F12,
    0x0F13, 0x0F14, 0x0F15, 0x0F16, 0x0F17, 0x0F18, 0x0F19, 0x0F1A, 0x0F1B,
    0x0F1C, 0x0F1D, 0x0F1E, 0x0F1F, 0x0F20, 0x0F21, 0x0F22, 0x0F23, 0x0F24,
    0x0F25, 0x0F26, 0x0F27, 0x0F28, 0x0F29, 0x0F2A, 0x0F2B, 0x0F2C, 0x0F2D,
    0x0F2E, 0x0F2F, 0x0F30, 0x0F31, 0x0F32, 0x0F33, 0x0F34, 0x0F35, 0x0F36,
    0x0F37, 0x0F38, 0x0F3A, 0x0F3B, 0x0F3C, 0x0F3D, 0x0F3E, 0x0F3F, 0x0FBE,
    0x0FBF, 0x0FC0, 0x0FC1, 0x0FC2, 0x0FC3, 0x0FC4, 0x0FC5, 0x0FC6, 0x0FC7,
    0x0FC8, 0x0FC9, 0x0FCA, 0x0FCB, 0x0FCC, 0x0FCE, 0x0FCF, 0x0FD0, 0x0FD1,
    0x0FD2, 0x0FD3, 0x0FD4, 0x0FD5, 0x0FD6, 0x0FD7, 0x0FD8, 0x0FD9, 0x0FDA};

    public static boolean in(char s, char[] strings) {
        for (char s0 : strings) {
            if (s0 == s) {
                return true;
            }
        }
        return false;
    }

    //存入统计表
    public static void keep(LinkedHashMap<String, Integer> statistic, String s) {
        if (statistic.containsKey(s)) {
            Integer value = statistic.get(s);
            statistic.put(s, value + 1);
        }else {
            statistic.put(s, 1);
        }
    }

    public static void save(LinkedHashMap<String ,Integer> statistics,File file){
        BufferedWriter bufferedWriter = null;
        try {
            bufferedWriter = new BufferedWriter(new FileWriter(file));
            Iterator<Map.Entry<String, Integer>> iterator = statistics.entrySet().iterator();
            while (iterator.hasNext()) {
```

```
                Map.Entry<String, Integer> entry = iterator.next();
                String key = entry.getKey();
                Integer map_value = entry.getValue();
                bufferedWriter.write(key+"\t"+map_value);
                bufferedWriter.newLine();
            }
            bufferedWriter.flush();
            bufferedWriter.close();
        }catch (IOException e) {
            throw new RuntimeException(e);
        }
    }
}
```

2. 窗体部分实现

（1）新建一个"GUI form 文件"并将其命名为 TibetanWordFreqStatistics。

（2）拖拽组件进行 UI 设计，如图 14-2 所示。

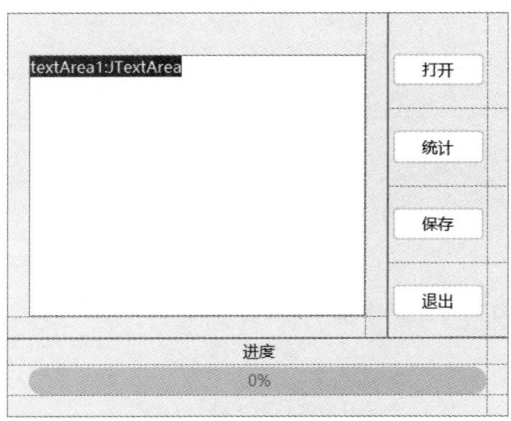

图 14-2　GUI Form

（3）添加事件监听，如图 14-3 所示。

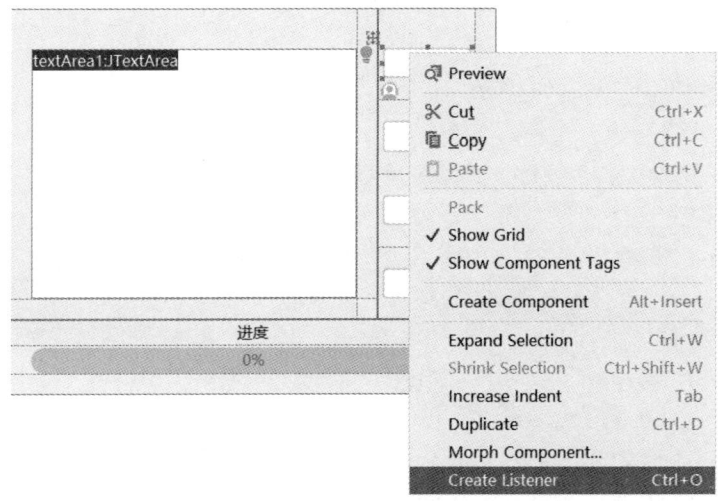

图 14-3　添加监听

在添加的监听器中重写 public void actionPerformed(ActionEvent e)方法。此处分别对 4 个按钮添加了监听。具体代码如下：

①添加"打开 Button"按钮行为事件监听的代码：

```java
打开 Button.addActionListener(new ActionListener() {
    @Override
    public void actionPerformed(ActionEvent e) {
        SwingWorker<Void, Integer> worker = new SwingWorker<Void, Integer>() {
            // 创建文件选择器对象
            JFileChooser fileChooser = new JFileChooser();
            // 弹出文件选择器对话框
            int result = fileChooser.showOpenDialog(null);

            @Override
            protected Void doInBackground() throws Exception {
                // 在后台线程中运行算法
                // 如果用户单击"打开"按钮
                if (result == JFileChooser.APPROVE_OPTION) {
                    // 获取用户选择的文件
                    selectedFile = fileChooser.getSelectedFile();
                    textArea1.setText("\n 成功打开 " + selectedFile.getName() + " 文件");
                }
                return null;
            }
        };
        // 启动 SwingWorker 对象
        worker.execute();
    }
});
```

②添加"统计 Button"按钮行为事件监听的代码：

```java
统计 Button.addActionListener(new ActionListener() {
    @Override
    public void actionPerformed(ActionEvent e) {
        // 创建 SwingWorker 对象
        SwingWorker<Void, Integer> worker = new SwingWorker<Void, Integer>() {
            @Override
            protected Void doInBackground() throws Exception {
                // 在后台线程中运行算法
                //计时
                long currentTimeMillis = System.currentTimeMillis();
                statistics = statistics();
                long nowTime = System.currentTimeMillis();
                // 将排序时间显示在文本域中
```

```java
        textArea1.setText("\n 统计完成,时间为: "+(nowTime-currentTimeMillis)+"毫秒\n");
        Iterator<Map.Entry<String, Integer>> iterator = statistics.entrySet().iterator();
        while (iterator.hasNext()) {
            Map.Entry<String, Integer> entry = iterator.next();
            String key = entry.getKey();
            Integer map_value = entry.getValue();
            textArea1.append(key + "\t" + map_value + "\n");
        }
        return null;
    }

    public LinkedHashMap<String, Integer> statistics() {
        //创建字符统计表
        LinkedHashMap<String,Integer> statistic=new LinkedHashMap<String,Integer>();
        try {
            BufferedReader br = new BufferedReader(new FileReader(selectedFile));
            String line = "";
            int n = 0;
            while ((line = br.readLine()) != null) {
                char ss[] = line.toCharArray(); //利用 toCharArray 方法转换
                String zangZi = "";
                for (char c : ss) {
                    if (c >= 0x0F00 && c <= 0x0F47 || c >= 0x0F49 && c <= 0x0F6C || c >= 0x0F71 && c <= 0x0F97 || c >= 0x0F99 && c <= 0x0FBC || c >= 0x0FBE && c <= 0x0FCC || c >= 0x0FCE && c <= 0x0FDA) {
                        if (in(c, separate)) {
                            //将前面的藏字存入到统计表,将分隔符也存入统计表
                            if (zangZi != "") {
                                keep(statistic, zangZi);
                                zangZi = "";
                            }
                            keep(statistic, String.valueOf(c));
                        }else {
                            zangZi = zangZi + String.valueOf(c);
                            continue;
                        }
                    }else {
                        if (zangZi != "") {
                            //如果藏字不为空则存入统计表
                            keep(statistic, zangZi);
                            zangZi = "";
                        }
```

```
                                    keep(statistic, String.valueOf(c));
                                }
                            }
                            n++;
                        }
                        // 在算法运行过程中，更新进度条
                        for (int i = 0; i < n; i++) {
                            // 计算进度百分比
                            int progress = (int) (((double) i / n) * 100);
                            // 发布进度百分比
                            publish(progress);
                            progressBar1.setValue(progress);
                        }
                        publish(100);
                        progressBar1.setValue(100);
                    }catch (FileNotFoundException e) {
                        e.printStackTrace();
                    }catch (IOException e) {
                        e.printStackTrace();
                    }
                    return statistic;
                }
            };
            // 启动 SwingWorker 对象
            worker.execute();
        }
    });
```

③添加"保存 Button"按钮行为事件监听的代码：

```
保存 Button.addActionListener(new ActionListener() {
    @Override
    public void actionPerformed(ActionEvent e) {
        // 创建文件选择器对象
        JFileChooser fileChooser = new JFileChooser();
        // 设置文件选择器的默认目录
        fileChooser.setCurrentDirectory(new File("."));
        // 显示"另存为"对话框
        int result = fileChooser.showSaveDialog(null);
        // 如果用户单击"保存"按钮
        if (result == JFileChooser.APPROVE_OPTION) {
            // 获取用户选择的文件
            File selectedFile = fileChooser.getSelectedFile();
            // 检查文件名是否合法
```

```
            if (!selectedFile.getName().endsWith(".txt")) {
                selectedFile = new File(selectedFile.getAbsolutePath() + ".txt");
            }
            // 保存排序结果到文件中
            save(statistics, selectedFile);
        }
    }
});
```

④添加"退出"按钮行为事件监听的代码：

```
退出Button.addActionListener(new ActionListener() {
    @Override
    public void actionPerformed(ActionEvent e) {
        System.exit(0);
    }
});
```

（4）生成 main 方法：将光标放在类上，按 Alt+Insert 键，点击 Form main()生成 main 方法，如图 14-4 所示。

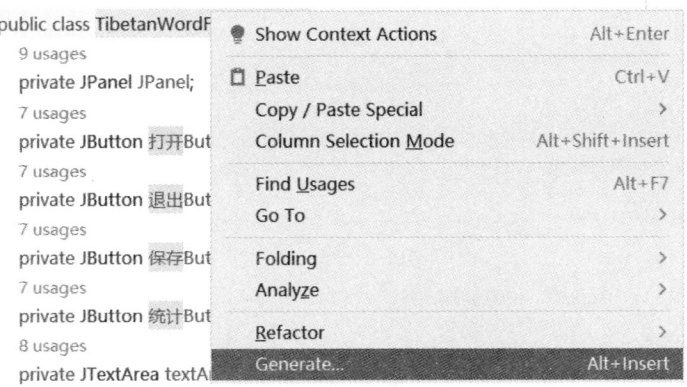

图 14-4　生成 main 方法

生成的主方法代码：

```
public static void main(String[] args) {
    JFrame frame = new JFrame("TibetanWordFreqStatistics");
    frame.setContentPane(new TibetanWordFreqStatistics().JPanel);
    frame.setSize(500, 400);
    frame.setLocationRelativeTo(null);    // 将窗体放置在屏幕中央
    frame.setVisible(true);
    frame.setDefaultCloseOperation(JFrame.EXIT_ON_CLOSE);
    frame.setVisible(true);
}
```

（5）运行 main 方法，IDEA 自动生成 GUI 对应源码：

```
    {
// GUI initializer generated by IntelliJ IDEA GUI Designer
```

```java
// >>> IMPORTANT!! <<<
// DO NOT EDIT OR ADD ANY CODE HERE!
        $$$setupUI$$$();
    }

    /**
     * Method generated by IntelliJ IDEA GUI Designer
     * >>> IMPORTANT!! <<<
     * DO NOT edit this method OR call it in your code!
     *
     * @noinspection ALL
     */
    private void $$$setupUI$$$() {
        JPanel = new JPanel();
        JPanel.setLayout(new BorderLayout(0, 0));
        JPanel.setForeground(new Color(-15892472));
        final javax.swing.JPanel panel1 = new JPanel();
        panel1.setLayout(new GridLayoutManager(4, 1, new Insets(20, 0, 0, 20), -1, -1));
        JPanel.add(panel1, BorderLayout.EAST);
        打开 Button = new JButton();
        Font 打开 ButtonFont = this.$$$getFont$$$("FangSong",-1,-1,打开 Button.getFont());
        if (打开 ButtonFont != null)  打开 Button.setFont(打开 ButtonFont);
        打开 Button.setText("打开");
        panel1.add(打开 Button, new GridConstraints(0, 0, 1, 1, GridConstraints.ANCHOR_CENTER, GridConstraints.FILL_HORIZONTAL, GridConstraints.SIZEPOLICY_CAN_SHRINK | GridConstraints.SIZEPOLICY_CAN_GROW, GridConstraints.SIZEPOLICY_FIXED, null, null, null, 0, false));
        退出 Button = new JButton();
        Font 退出 ButtonFont = this.$$$getFont$$$("FangSong",-1,-1,退出 Button.getFont());
        if (退出 ButtonFont != null)  退出 Button.setFont(退出 ButtonFont);
        退出 Button.setText("退出");
        panel1.add(退出 Button, new GridConstraints(3, 0, 1, 1, GridConstraints.ANCHOR_CENTER, GridConstraints.FILL_HORIZONTAL, GridConstraints.SIZEPOLICY_CAN_SHRINK | GridConstraints.SIZEPOLICY_CAN_GROW, GridConstraints.SIZEPOLICY_FIXED, null, null, null, 0, false));
        保存 Button = new JButton();
        Font 保存 ButtonFont = this.$$$getFont$$$("FangSong",-1,-1,保存 Button.getFont());
        if (保存 ButtonFont != null)  保存 Button.setFont(保存 ButtonFont);
        保存 Button.setText("保存");
        panel1.add(保存 Button, new GridConstraints(2, 0, 1, 1, GridConstraints.ANCHOR_CENTER, GridConstraints.FILL_HORIZONTAL, GridConstraints.SIZEPOLICY_CAN_SHRINK | GridConstraints.SIZEPOLICY_CAN_GROW, GridConstraints.SIZEPOLICY_FIXED, null, null, null, 0, false));
        统计 Button = new JButton();
        Font 统计 ButtonFont = this.$$$getFont$$$("FangSong",-1,-1,统计 Button.getFont());
        if (统计 ButtonFont != null)  统计 Button.setFont(统计 ButtonFont);
        统计 Button.setText("统计");
```

```java
        panel1.add(统计 Button, new GridConstraints(1, 0, 1, 1, GridConstraints.ANCHOR_CENTER,
GridConstraints.FILL_HORIZONTAL, GridConstraints.SIZEPOLICY_CAN_SHRINK | GridConstraints.
SIZEPOLICY_CAN_GROW, GridConstraints.SIZEPOLICY_FIXED, null, null, null, 0, false));
        final javax.swing.JPanel panel2 = new JPanel();
        panel2.setLayout(new GridLayoutManager(1, 1, new Insets(40, 20, 20, 20), -1, -1));
        JPanel.add(panel2, BorderLayout.CENTER);
        final JScrollPane scrollPane1 = new JScrollPane();        panel2.add(scrollPane1, new
GridConstraints(0, 0, 1, 1, GridConstraints.ANCHOR_CENTER, GridConstraints.FILL_BOTH,
GridConstraints.SIZEPOLICY_CAN_SHRINK | GridConstraints. SIZEPOLICY_WANT_GROW,
GridConstraints.SIZEPOLICY_CAN_SHRINK | GridConstraints. SIZEPOLICY_WANT_GROW, null,
null, null, 0, false));
        textArea1 = new JTextArea();
        Font textArea1Font=this.$$$getFont$$$("Microsoft Himalaya",-1,24,textArea1.getFont());
        if (textArea1Font != null) textArea1.setFont(textArea1Font);
        scrollPane1.setViewportView(textArea1);
        final javax.swing.JPanel panel3 = new JPanel();
        panel3.setLayout(new GridLayoutManager(2, 1, new Insets(0, 20, 20, 20), -1, -1));
        JPanel.add(panel3, BorderLayout.SOUTH);
        progressBar1 = new JProgressBar();
        progressBar1.setForeground(new Color(-15892472));
        progressBar1.setStringPainted(true);
        panel3.add(progressBar1, new GridConstraints(1, 0, 1, 1, GridConstraints.ANCHOR_CENTER,
GridConstraints.FILL_HORIZONTAL, GridConstraints.SIZEPOLICY_WANT_GROW, GridConstraints.
SIZEPOLICY_FIXED, null, null, null, 0, false));
        final JLabel label1 = new JLabel();
        Font label1Font = this.$$$getFont$$$("FangSong", -1, -1, label1.getFont());
        if (label1Font != null) label1.setFont(label1Font);
        label1.setHorizontalAlignment(10);
        label1.setText("进度");
        panel3.add(label1, new GridConstraints(0, 0, 1, 1, GridConstraints.ANCHOR_CENTER,
GridConstraints.FILL_NONE, GridConstraints.SIZEPOLICY_FIXED, GridConstraints.SIZEPOLICY_
FIXED, null, null, null, 0, false));
    }

    /**
     * @noinspection ALL
     */
    private Font $$$getFont$$$(String fontName, int style, int size, Font currentFont) {
        if (currentFont == null) return null;
        String resultName;
        if (fontName == null) {
            resultName = currentFont.getName();
        } else {
            Font testFont = new Font(fontName, Font.PLAIN, 10);
```

```
                if (testFont.canDisplay('a') && testFont.canDisplay('1')) {
                    resultName = fontName;
                }else {
                    resultName = currentFont.getName();
                }
            }
            Font font = new Font(resultName, style >= 0 ? style : currentFont.getStyle(), size >= 0 ? size : currentFont.getSize());
            boolean isMac = System.getProperty("os.name", "").toLowerCase(Locale.ENGLISH).startsWith ("mac");
            Font fontWithFallback=isMac ? new Font(font.getFamily(),font.getStyle(),font.getSize()) : new StyleContext().getFont(font.getFamily(), font.getStyle(), font.getSize());
            return fontWithFallback instanceof FontUIResource ? fontWithFallback : new FontUIResource (fontWithFallback);
       }
       /**
        * @noinspection ALL
        */
       public JComponent $$$getRootComponent$$$() {
           return JPanel;
       }
}
```

14.4.2 代码使用说明

（1）程序运行结果如图 14-5 所示。

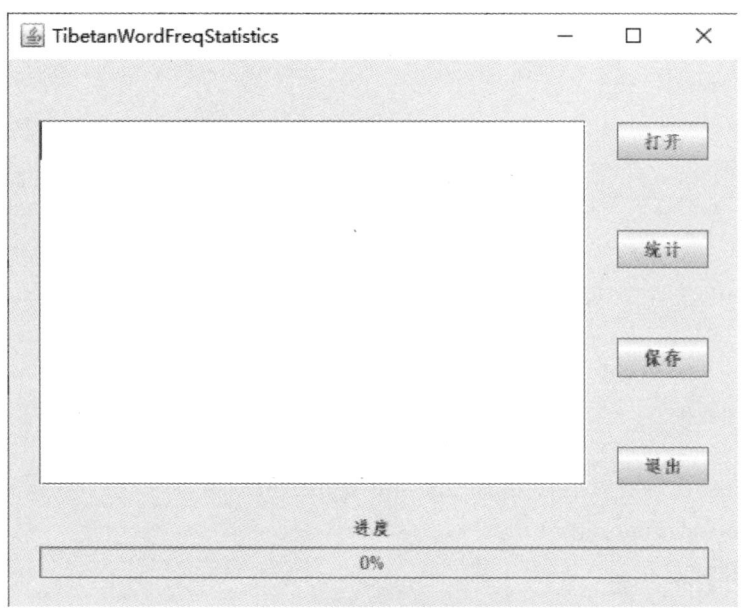

图 14-5　程序界面

（2）点击【打开】按钮打开文件选择窗口，如图 14-6 所示，选择待统计的文件后点击【打开】按钮。

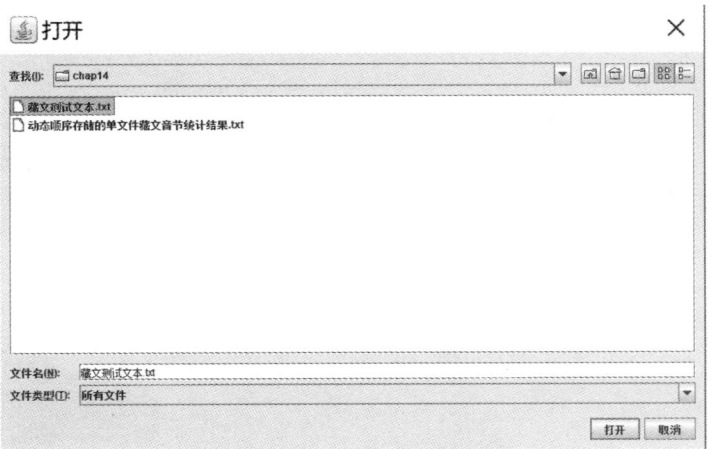

图 14-6 "打开"对话框

（3）点击【统计】按钮则开始统计。统计结束后显示统计结果，如图 14-7 所示。

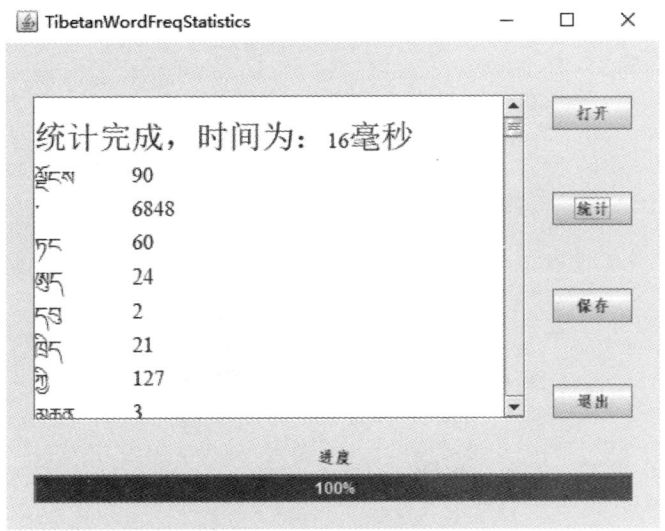

图 14-7 统计结果

（4）点击【保存】按钮，弹出"另存为"对话框，选择存储位置，填写文件名后点击【保存】按钮即可保存统计结果，如图 14-8 所示。

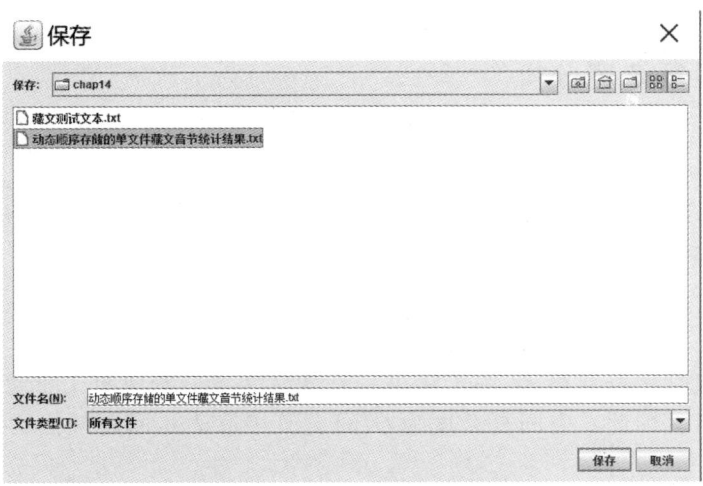

图 14-8 "另存为"对话框

14.5 运行结果

按照以上程序，对一个连续的藏文文本进行音节统计的结果如图 14-9 所示。

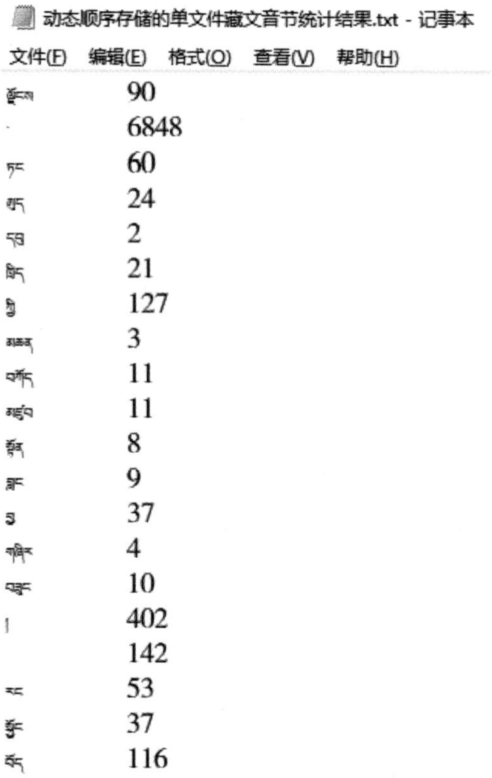

```
动态顺序存储的单文件藏文音节统计结果.txt - 记事本
文件(F)  编辑(E)  格式(O)  查看(V)  帮助(H)
ཀུན་      90
          6848
དུ་       60
དུས་      24
ཅི་       2
ཕྱིས་     21
ཉིན་      127
ཚེས་      3
ཡོད་      11
མེད་      11
རྟག་      8
ཡི་       9
བྱ་       37
བགོ་      4
བགྱ་      10
།        402
          142
རང་       53
ལྟར་      37
བྱུང་      116
```

图 14-9　统计单文本藏文语料的结果

14.6 算法分析

14.6.1 时间复杂度分析

在算法中主要的时间开销来源于循环读入每个藏文音节，时间复杂度为 $O(n)$。containsKey 方法的存在可以大量节省查找的时间，因此总的时间复杂度为 $O(n)$。

14.6.2 空间复杂度分析

1. 数据存储空间

算法中采用静态 LinkedHashMap<String, Integer>集合存储藏文音节及其出现的次数，因此数据存储空间为 $O(n)$，其中 n 表示该文本中不同藏文音节的数量。

2. 辅助存储空间

临时申请的空间包括字符数组 ss 用于将每一行藏文文本分割成单个字符以及字符串 zangZi 用于存储每一个藏文音节。因此，空间复杂度为 $O(n)$，其中 n 表示问题规模，即藏文音节的数量。

第 15 章　藏文多文本中藏字构件的动态统计

15.1　问题描述

第 13 章以藏文文法生成的全藏字作为统计样本对藏字的构件进行了静态统计。全藏字是符合藏文文法的所有可能的藏文音节字，但其中的很多音节并没有字义或词义，实际中只用到了部分藏文音节字。只有在实际运用的连续藏文文本中动态统计每个构件出现的频度，才能反映出各构件的实际使用频度。本章以多文件的藏文文本语料库为统计样本，动态统计藏文构件的出现频度，从而真实反映出藏文构件在连续文本中的出现频度，为设计键盘布局等实际应用提供理论依据。

15.2　问题分析

15.2.1　理论依据

在连续藏文文本中进行藏文构件的动态统计，其实相当于综合第 14 章的藏文音节统计与第 13 章藏文音节的构件统计两个操作。具体步骤：首先，把要统计的藏文文本都存放在一个文件夹中，让程序依次连续读出藏文文本，以藏文分隔符分出藏文音节；其次，调用藏文音节构件识别算法把音节的构件识别出来；最后，以识别的构件为基础在构件统计数据对应的频度统计数据上进行累加。

1. 藏文音节分隔

藏文的音节主要用 "·" "|" 来分隔，除了藏文字符本身的分隔符号外，还有汉文、英文等其他文字和藏文的一些特殊字符也可用来分隔藏文音节。参照藏文字符编码集，与第 10 章一样，以整理出的 90 个藏文的数字、特殊符号等作为藏文音节的分隔符号，用于在连续藏文文本中分隔藏文音节。

2. 多个文件操作

动态统计藏文字符时，需要程序依次读取多个文件进行处理，在 Java Swing 中可以在创建文件选择器对象后添加如下代码：

```
fileChooser.setFileSelectionMode(JFileChooser.DIRECTORIES_ONLY);
```

这样可以指定打开文件选择器后只显示文件夹文件，然后通过 getFiles 方法提取出文件夹下的所有文件路径，再依次处理每个文件中的内容，从而实现程序操作多个文件的需求。

```java
public static List<String> getFiles(File file) {    //读这个路径下的所有文件
    List<String> files = new ArrayList<>();
    File[] tempList = file.listFiles();

    for (int i = 0; i < tempList.length; i++) {
        if (tempList[i].isFile()) {
```

```
                    files.add(tempList[i].toString());
            }
        }
        return files;
    }
```

15.2.2　算法思想

按照以上的理论，设计算法思想如下：

统计时，从有多个藏文连续文本文件的文件夹中依次读取文件，从文件中以一个字符为单位读到字符变量 c 中，读入的字符通过判断分为藏文字符、非藏文字符、藏文音节分隔字符。当 c 是非藏文音节分隔字符的藏文字符时，将其存储在字符串 zangZi 中；当是藏文音节分隔符或非藏文字符时，判断 zangZi 是否为空，如果不空，则对 zangZi 中的藏文音节进行构件识别后统计构件。具体方法：

（1）初始化 c 及 zangZi。

（2）判断文件夹中是否有待处理的文件，如果没有则输出统计结果，程序结束；如果有待处理的文件，则转到第（3）步。

（3）获取一个文件并打开该文件。

（4）判断当前藏文文件是否为空，如果不为空则按行读该文件，并将该行转化为字符数组 ss。依次从字符数组 ss 中读一个字符到 c，转到第（5）步；如果为空则转到第（2）步。

（5）如果当前字符 c 为藏文字符则转到第（6）步；如果 c 为非藏文，则转到第（8）步。

（6）判断 c 是否是藏文分隔符，如果不是分隔符，则将该字符 c 添加到字符串 zangZi 尾部，并转到第（4）步继续读取下一个字符；如果 c 是藏文分隔符则转到第（7）步。

（7）统计分隔符 c 的构件后转到第（8）步。

（8）若 zangZi 为空则转到第（4）步；若 zangZi 非空，则识别 zangZi 中的藏文音节的构件，在 HashMap 集合中对构件进行统计，清空 zangZi 后转到第（4）步。

15.3　算法设计

15.3.1　存储空间

（1）定义藏文字符构件及频度存储空间：

```
public static LinkedHashMap<String, Integer> qianJiaZi = new LinkedHashMap<>();
public static LinkedHashMap<String, Integer> shangJiaZi = new LinkedHashMap<>();
public static LinkedHashMap<String, Integer> jiZi = new LinkedHashMap<>();
public static LinkedHashMap<String, Integer> xiaJiaZi = new LinkedHashMap<>();
public static LinkedHashMap<String, Integer> zaiXiaJiaZi = new LinkedHashMap<>();
public static LinkedHashMap<String, Integer> yuanYin = new LinkedHashMap<>();
public static LinkedHashMap<String, Integer> houJiaZi = new LinkedHashMap<>();
public static LinkedHashMap<String, Integer> zaiHouJiaZi = new LinkedHashMap<>();
public static LinkedHashMap<String, Integer> fenGeFu = new LinkedHashMap<>();
```

（2）定义藏文分隔符字符数组：

```
public static final char[] separate =
    {0x0F00, 0x0F01, 0x0F02, 0x0F03, 0x0F04, 0x0F06, 0x0F07, 0x0F08, 0x0F09,
     0x0F0A, 0x0F0B, 0x0F0C, 0x0F0D, 0x0F0E, 0x0F0F, 0x0F10, 0x0F11, 0x0F12,
     0x0F13, 0x0F14, 0x0F15, 0x0F16, 0x0F17, 0x0F18, 0x0F19, 0x0F1A, 0x0F1B,
     0x0F1C, 0x0F1D, 0x0F1E, 0x0F1F, 0x0F20, 0x0F21, 0x0F22, 0x0F23, 0x0F24,
     0x0F25, 0x0F26, 0x0F27, 0x0F28, 0x0F29, 0x0F2A, 0x0F2B, 0x0F2C, 0x0F2D,
     0x0F2E, 0x0F2F, 0x0F30, 0x0F31, 0x0F32, 0x0F33, 0x0F34, 0x0F35, 0x0F36,
     0x0F37, 0x0F38, 0x0F3A, 0x0F3B, 0x0F3C, 0x0F3D, 0x0F3E, 0x0F3F, 0x0FBE,
     0x0FBF, 0x0FC0, 0x0FC1, 0x0FC2, 0x0FC3, 0x0FC4, 0x0FC5, 0x0FC6, 0x0FC7,
     0x0FC8, 0x0FC9, 0x0FCA, 0x0FCB, 0x0FCC, 0x0FCE, 0x0FCF, 0x0FD0, 0x0FD1,
     0x0FD2, 0x0FD3, 0x0FD4, 0x0FD5, 0x0FD6, 0x0FD7, 0x0FD8, 0x0FD9, 0x0FDA};
```

15.3.2 流程图

主方法流程如图 15-1 所示。

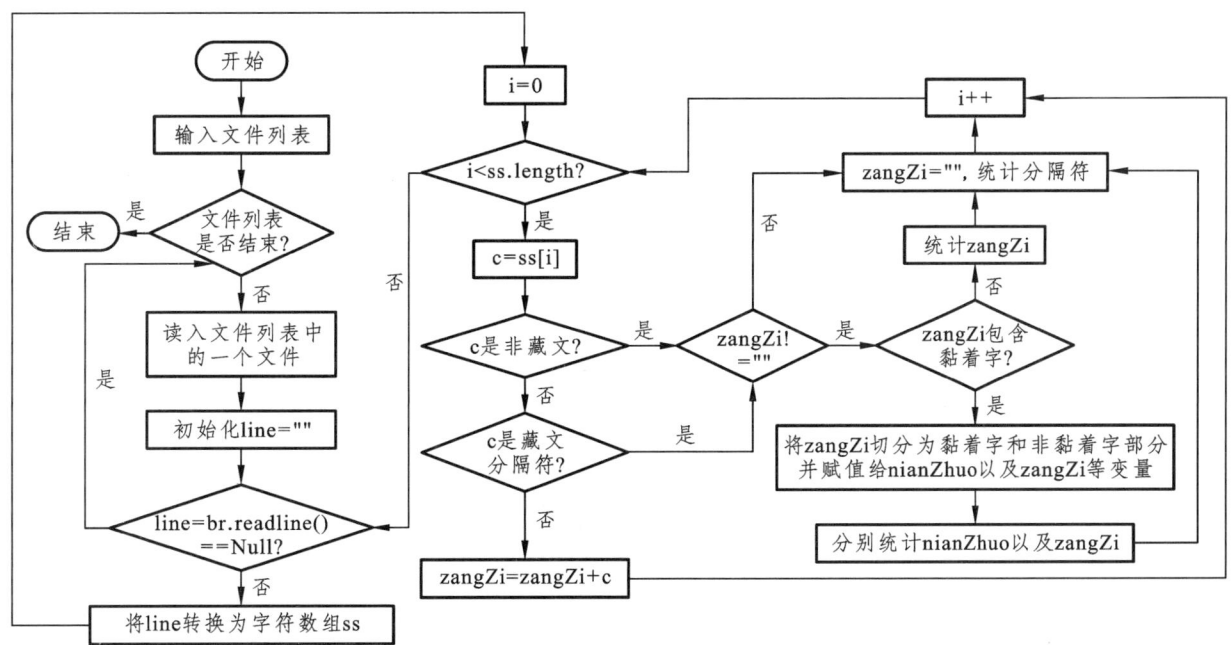

图 15-1　主方法流程图

15.3.3 伪代码

字频统计过程中最关键的部分是对非藏文编码、藏文分隔符、特殊字符的处理，该部分伪代码如下：

```
Function statistics(OutputFiles)
1      // 遍历输出文件列表中的每个文件名
2      for sss in OutputFiles :
3          // 打开文件名对应的文件
4          BufferedReader br = new BufferedReader(new FileReader(sss));
```

```
5           // 读取一行文件内容并转换为字符数组
6           while (line = br.readLine()) != null :
7               char ss[] = line.toCharArray();
8               // 初始化一个空的藏文字符串
9               String zangZi = "";
10              // 遍历字符数组中的每个字符
11              for c in ss :
12                  // 判断字符是否是藏文字符
13                  if c is tibetan:
14                      // 判断字符是否是藏文分隔符
15                      if c is separator :
16                          // 如果藏文字符串非空，则进行黏着词拆分并存入统计表中，然
后清空藏文字符串
17                          if zangZi != "":
18                              if (isTibetanAffix(zangZi):
19                                  nianZhuoCi = zangZi.substring(zangZi.length() - 2);
20                                  component_Storage(nianZhuoCi);
21                                  substring = zangZi.substring(0, zangZi.length() - 2);
22                                  component_Storage(substring);
23                                  zangZi = ""
24                              else:
25                                  component_Storage(zangZi)
26                                  zangZi = ""
27                          // 把分隔符存入统计表中
28                          component_Storage(fenGeFu, c)
29                      else:
30                          // 把字符加入到藏文字符串中
31                          zangZi = zangZi + String.valueOf(c);
32                  else:
33                      // 如果字符非空，则进行黏着词拆分并存入统计表中，然后清空藏文
字符串
34                      if zangZi != "":
35                          if (isTibetanAffix(zangZi):
36                              nianZhuoCi = zangZi.substring(zangZi.length() - 2);
37                              component_Storage(nianZhuoCi);
38                              substring = zangZi.substring(0, zangZi.length() - 2);
39                              component_Storage(substring);
40                              zangZi = ""
41                          else:
42                              component_Storage(zangZi)
43                              zangZi = ""
44                      // 把字符存入统计表中
45                      save(fenGeFu, char)
```

15.4 程序实现

15.4.1 代　码

本次实验分为算法部分及窗体部分。

1. 算法部分实现

在包下新建一个名为"chapter15"的 Java 文件，并向其中添加如下代码：

```java
package cn.edu.utibet.chapter15;

import java.io.*;
import java.util.*;

import static cn.edu.utibet.chapter4.chapter4.cut;

//藏文多文本的藏文构件统计
public class chapter15 {
    public static LinkedHashMap<String, Integer> qianJiaZi = new LinkedHashMap<>();
    public static LinkedHashMap<String, Integer> shangJiaZi = new LinkedHashMap<>();
    public static LinkedHashMap<String, Integer> jiZi = new LinkedHashMap<>();
    public static LinkedHashMap<String, Integer> xiaJiaZi = new LinkedHashMap<>();
    public static LinkedHashMap<String, Integer> zaiXiaJiaZi = new LinkedHashMap<>();
    public static LinkedHashMap<String, Integer> yuanYin = new LinkedHashMap<>();
    public static LinkedHashMap<String, Integer> houJiaZi = new LinkedHashMap<>();
    public static LinkedHashMap<String, Integer> zaiHouJiaZi = new LinkedHashMap<>();
    public static LinkedHashMap<String, Integer> fenGeFu = new LinkedHashMap<>();

    public static List<String> getFiles(File file) {     //读这个路径下的所有文件
        List<String> files = new ArrayList<>();
        File[] tempList = file.listFiles();
        for (int i = 0; i < tempList.length; i++) {
            if (tempList[i].isFile()) {
                files.add(tempList[i].toString());
            }
        }
        return files;
    }

    /**
     * 藏文分隔符
     */
```

```java
public static final char[] separate =
    {0x0F00, 0x0F01, 0x0F02, 0x0F03, 0x0F04, 0x0F06, 0x0F07, 0x0F08, 0x0F09,
    0x0F0A, 0x0F0B, 0x0F0C, 0x0F0D, 0x0F0E, 0x0F0F, 0x0F10, 0x0F11, 0x0F12,
    0x0F13, 0x0F14, 0x0F15, 0x0F16, 0x0F17, 0x0F18, 0x0F19, 0x0F1A, 0x0F1B,
    0x0F1C, 0x0F1D, 0x0F1E, 0x0F1F, 0x0F20, 0x0F21, 0x0F22, 0x0F23, 0x0F24,
    0x0F25, 0x0F26, 0x0F27, 0x0F28, 0x0F29, 0x0F2A, 0x0F2B, 0x0F2C, 0x0F2D,
    0x0F2E, 0x0F2F, 0x0F30, 0x0F31, 0x0F32, 0x0F33, 0x0F34, 0x0F35, 0x0F36,
    0x0F37, 0x0F38, 0x0F3A, 0x0F3B, 0x0F3C, 0x0F3D, 0x0F3E, 0x0F3F, 0x0FBE,
    0x0FBF, 0x0FC0, 0x0FC1, 0x0FC2, 0x0FC3, 0x0FC4, 0x0FC5, 0x0FC6, 0x0FC7,
    0x0FC8, 0x0FC9, 0x0FCA, 0x0FCB, 0x0FCC, 0x0FCE, 0x0FCF, 0x0FD0, 0x0FD1,
    0x0FD2, 0x0FD3, 0x0FD4, 0x0FD5, 0x0FD6, 0x0FD7, 0x0FD8, 0x0FD9, 0x0FDA};

public static boolean isTibetanAffix(String input) {
    // 定义一些常见的黏着词规则
    String[] suffixes = {"འི", "འུ", "འམ", "འོ","འང"};
    // 检查词是否以后缀结尾
    for (String suffix : suffixes) {
        if (input.endsWith(suffix)) {
            return true;
        }
    }
    // 如果以上都不是，则词不是黏着词
    return false;
}


public static boolean in(char s, char[] strings) {
    for (char s0 : strings) {
        if (s0 == s) {
            return true;
        }
    }
    return false;
}

//存入统计表
public static void save(LinkedHashMap<String, Integer> statistic, String s) {
    if (statistic.containsKey(s)) {
        Integer value = statistic.get(s);
        statistic.put(s, value + 1);
    }else {
```

```java
            statistic.put(s, 1);
        }
    }
    //将字拆分按部件存放到对应的 LinkedHashMap 集合中
    public static void component_Storage(String words) {
        if(words.equals("ཚོ")||words.equals("མཐ")||words.equals("ཐུ")||words.equals("ཐུ")||words.equals("སྐྱེན")||words.equals("ཀླུ")){
            return;
        }
        if (words != "" && words != null) {
            LinkedHashMap<String, String> cut = cut(words);
            Iterator<Map.Entry<String, String>> iterator = cut.entrySet().iterator();
            while (iterator.hasNext()) {
                Map.Entry<String, String> entry = iterator.next();
                String key = entry.getKey();
                String value = entry.getValue();
                if(value==null){
                    value = String.valueOf(0);
                }
                if (key.equals("前加字")) {
                    save(qianJiaZi, value);
                }else if (key.equals("上加字")) {
                    save(shangJiaZi, value);
                }else if (key.equals("基字")) {
                    char s = value.charAt(0);
                    if(s>=0x0F90&&s<=0x0FBC){
                        s = (char)(s - 80);
                        save(jiZi, String.valueOf(s));
                    }else{
                        save(jiZi, value);
                    }
                    save(jiZi, value);
                }else if (key.equals("下加字")) {
                    save(xiaJiaZi, value);
                }else if (key.equals("再下加字")) {
                    save(zaiXiaJiaZi, value);
                }else if (key.equals("元音")) {
                    save(yuanYin, value);
                }else if (key.equals("后加字")) {
                    save(houJiaZi, value);
```

```java
            }else if (key.equals("再后加字")) {
                save(zaiHouJiaZi, value);
            }else{
                continue;
            }
        }
    }else {
        System.out.println("您传入的字符串是空的");
    }
}

public static void saveAll(String[] strings, File path) {
    BufferedWriter bufferedWriter = null;
    try {
        bufferedWriter = new BufferedWriter(new FileWriter(path));
        for (String s : strings) {
            bufferedWriter.write(s);
            bufferedWriter.newLine();
        }
        bufferedWriter.flush();
        bufferedWriter.close();
    }catch (IOException e) {
        e.printStackTrace();
    }
}
```

2. 窗体部分实现

（1）新建一个"GUI form 文件"并将其命名为 TibtWordDynamStatist。

（2）拖拽组件进行 UI 设计，如图 15-2 所示。

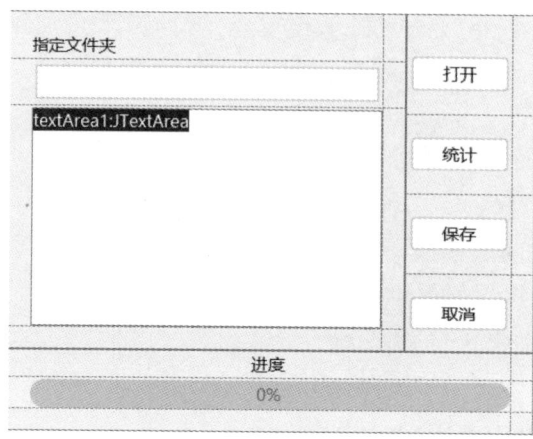

图 15-2　GUI Form

（3）添加事件监听，如图 15-3 所示。

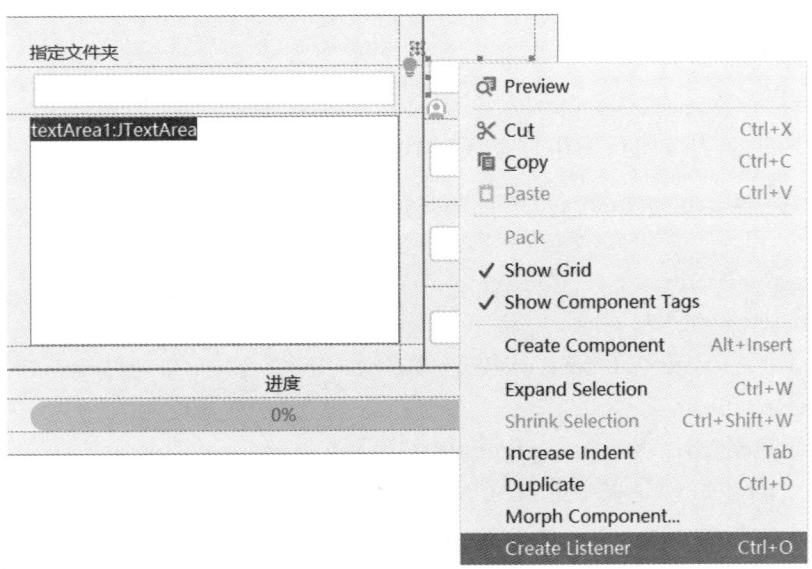

图 15-3 添加监听

在添加的监听器中重写 public void actionPerformed(ActionEvent e)方法。这里分别对 4 个按钮添加了监听。

①添加"打开 Button"按钮行为事件监听的代码：

```
打开 Button.addActionListener(new ActionListener() {
    @Override
    public void actionPerformed(ActionEvent e) {
        SwingWorker<Void, Integer> worker = new SwingWorker<Void, Integer>() {
            // 创建文件选择器对象
            JFileChooser fileChooser = new JFileChooser();

            @Override
            protected Void doInBackground() throws Exception {
                fileChooser.setFileSelectionMode(JFileChooser.DIRECTORIES_ONLY);
                // 弹出文件选择器对话框
                int result = fileChooser.showOpenDialog(null);
                // 在后台线程中运行算法
                // 如果用户单击"打开"按钮
                if (result == JFileChooser.APPROVE_OPTION) {
                    // 获取用户选择的文件
                    selectedFile = fileChooser.getSelectedFile();
                    textField1.setText(selectedFile.getAbsolutePath());
                    textArea1.setText("\n 已打开文件");
                }
                return null;
            }
        };
```

```
            // 启动 SwingWorker 对象
            worker.execute();
        }
    });
```

②添加"统计 Button"按钮行为事件监听的代码：

```
统计 Button.addActionListener(new ActionListener() {
    @Override
    public void actionPerformed(ActionEvent e) {
        // 创建 SwingWorker 对象
        SwingWorker<Void, Integer> worker = new SwingWorker<Void, Integer>() {
            @Override
            protected Void doInBackground() throws Exception {
                // 在后台线程中运行算法
                //计时
                long currentTimeMillis = System.currentTimeMillis();
                statistics(getFiles(selectedFile));
                long nowTime = System.currentTimeMillis();
                // 将排序时间显示在文本域中
                textArea1.setText("\n 统计完成，时间为："+(nowTime-currentTimeMillis)+"毫秒\n");
                textArea1.append("总共有藏文音节：" + count + "个\n");
                printLinkedHashMap("前加字", qianJiaZi);
                printLinkedHashMap("上加字", shangJiaZi);
                printLinkedHashMap("基字", jiZi);
                printLinkedHashMap("下加字", xiaJiaZi);
                printLinkedHashMap("再下加字", zaiXiaJiaZi);
                printLinkedHashMap("元音", yuanYin);
                printLinkedHashMap("后加字", houJiaZi);
                printLinkedHashMap("再后加字", zaiHouJiaZi);
                printLinkedHashMap("分隔符", fenGeFu);
                return null;
            }

            public void statistics(List<String> OutputFiles) {
                try {
                    for (String sss : OutputFiles) {
                        BufferedReader br = new BufferedReader(new FileReader(sss));
                        String line = "";
                        int n = 0;
                        while ((line = br.readLine()) != null) { char ss[] = line.toCharArray(); //利用 toCharArray 方法转换
                            String zangZi = "";
                            for (char c : ss) {
```

```
                                if (c >= 0x0F00 && c <= 0x0F47 || c >= 0x0F49 && c <=
0x0F6C || c >= 0x0F71 && c <= 0x0F97 || c >= 0x0F99 && c <= 0x0FBC || c >= 0x0FBE && c <= 0x0FCC
|| c >= 0x0FCE && c <= 0x0FDA) {
                                    if (in(c, separate)) {
                                        //将前面的藏字存入统计表，将分隔符也存入统计表
if (zangZi != "") {
                                            count++;
                                            //黏着词拆分
                                            if (isTibetanAffix(zangZi)) {
                                                //如果是黏着词，则对其进行拆分存储
                                                String nianZhuoCi=zangZi.substring(zangZi.length()-2);
                                                    component_Storage(nianZhuoCi);
                                                String substring=zangZi.substring(0,zangZi.length() - 2);
                                                    component_Storage(substring);
                                            }else {
                                                component_Storage(zangZi);
                                            }
                                            zangZi = "";
                                        }
                                        save(fenGeFu, String.valueOf(c));
                                    }else {
                                        zangZi = zangZi + String.valueOf(c);
                                        continue;
                                    }
                                }else {
                                    String s = String.valueOf(c);
                                    if (s == null && s == " ") {
                                        continue;
                                    }else {
                                        //存入统计表
                                        if (zangZi != "") {
                                            count++;
                                            if (isTibetanAffix(zangZi)) {
                                                //如果是黏着词，则对其进行拆分存储
                                                String nianzhuoci=zangZi.substring(zangZi.
length() - 2);
                                                    component_Storage(nianzhuoci);
                                                String  substring=zangZi.substring(0,zangZi.
length() - 2);
                                                    component_Storage(substring);
                                            }else {
                                                component_Storage(zangZi);
                                            }
```

```java
                        zangZi = "";
                    }
                    save(fenGeFu, s);
                }
            }
        }
        n++;
    }
    // 在算法运行过程中，更新进度条
    for (int i = 0; i < n; i++) {
        // 计算进度百分比
        int progress = (int) (((double) i / n) * 100);
        // 发布进度百分比
        publish(progress);
        progressBar1.setValue(progress);
    }
    publish(100);
    progressBar1.setValue(100);
    }
    } catch (FileNotFoundException e) {
        e.printStackTrace();
    }catch (IOException e) {
        e.printStackTrace();
    }
}

public void printLinkedHashMap(String s, LinkedHashMap<String, Integer> map) {
    textArea1.append(s+"的统计结果如下：\n");
    double sum = 0;
    Iterator<Map.Entry<String, Integer>>iterator = map.entrySet().iterator();
    while (iterator.hasNext()) {
        Map.Entry<String, Integer> entry = iterator.next();
        Integer value = entry.getValue();
        sum += value;
    }
    Iterator<Map.Entry<String, Integer>> iterator2 = map.entrySet().iterator();
    while (iterator2.hasNext()) {
        Map.Entry<String, Integer> entry = iterator2.next();
        String key = entry.getKey();
        Integer value = entry.getValue();
        textArea1.append(key+"\t"+value+"\t"+"占比："+(double)value/sum+"\n");
    }
}
```

```java
            };
            // 启动 SwingWorker 对象
            worker.execute();
    }
});
```

③添加"保存 Button"按钮行为事件监听的代码:

```java
保存 Button.addActionListener(new ActionListener() {
    @Override
    public void actionPerformed(ActionEvent e) {
        // 创建文件选择器对象
        JFileChooser fileChooser = new JFileChooser();
        // 设置文件选择器的默认目录
        fileChooser.setCurrentDirectory(new File("."));
        // 显示"另存为"对话框
        int result = fileChooser.showSaveDialog(null);
        // 如果用户单击"保存"按钮
        if (result == JFileChooser.APPROVE_OPTION) {
            // 获取用户选择的文件
            File selectedFile = fileChooser.getSelectedFile();
            // 检查文件名是否合法
            if (!selectedFile.getName().endsWith(".txt")) {
                selectedFile = new File(selectedFile.getAbsolutePath() + ".txt");
            }
            // 保存排序结果到文件中
            String text = textArea1.getText();
            String[] split = text.split("\n");
            // 保存排序结果到文件中
            saveAll(split, selectedFile);
        }
    }
});
```

④添加"取消"按钮行为事件监听的代码:

```java
取消 Button.addActionListener(new ActionListener() {
    @Override
    public void actionPerformed(ActionEvent e) {
        System.exit(0);
    }
});
```

（4）生成 main()方法：将光标放在类上，按 Alt+Insert，点击 Form main()生成 main()方法，如图 15-4 所示。

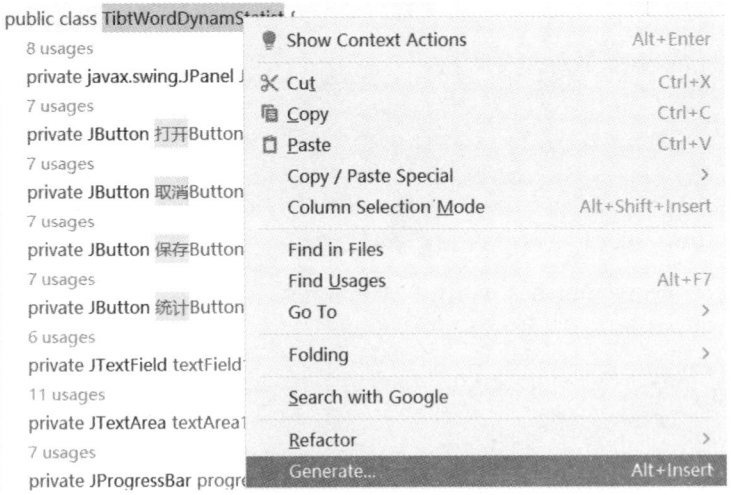

图 15-4　生成 main()方法

生成的主方法代码:

```java
public static void main(String[] args) {
    JFrame frame = new JFrame("TibtWordDynamStatist");
    frame.setContentPane(new TibtWordDynamStatist().JPanel);
    frame.setSize(500, 400);
    frame.setLocationRelativeTo(null);   // 将窗体放置在屏幕中央
    frame.setVisible(true);
    frame.setDefaultCloseOperation(JFrame.EXIT_ON_CLOSE);
    frame.setVisible(true);
}
```

（5）运行 main 方法，IDEA 自动生成 GUI 对应源码：

```java
    {
// GUI initializer generated by IntelliJ IDEA GUI Designer
// >>> IMPORTANT!! <<<
// DO NOT EDIT OR ADD ANY CODE HERE!
        $$$setupUI$$$();
    }

    /**
     * Method generated by IntelliJ IDEA GUI Designer
     * >>> IMPORTANT!! <<<
     * DO NOT edit this method OR call it in your code!
     *
     * @noinspection ALL
     */
    private void $$$setupUI$$$() {
        JPanel = new JPanel();
        JPanel.setLayout(new BorderLayout(0, 0));
        final javax.swing.JPanel panel1 = new JPanel();
```

```
        panel1.setLayout(new GridLayoutManager(4, 1, new Insets(20, 0, 0, 20), -1, -1));
        JPanel.add(panel1, BorderLayout.EAST);
        打开 Button = new JButton();
        Font 打开 ButtonFont = this.$$$getFont$$$("FangSong",-1,-1,打开 Button.getFont());
        if (打开 ButtonFont != null)  打开 Button.setFont(打开 ButtonFont);
        打开 Button.setText("打开");
        panel1.add(打开 Button, new GridConstraints(0, 0, 1, 1, GridConstraints.ANCHOR_CENTER,
GridConstraints.FILL_HORIZONTAL, GridConstraints.SIZEPOLICY_CAN_SHRINK | GridConstraints.
SIZEPOLICY_CAN_GROW, GridConstraints.SIZEPOLICY_FIXED, null, null, null, 0, false));
        取消 Button = new JButton();
        Font 取消 ButtonFont = this.$$$getFont$$$("FangSong",-1,-1,取消 Button.getFont());
        if (取消 ButtonFont != null)  取消 Button.setFont(取消 ButtonFont);
        取消 Button.setText("取消");
        panel1.add(取消 Button, new GridConstraints(3, 0, 1, 1, GridConstraints.ANCHOR_CENTER,
GridConstraints.FILL_HORIZONTAL, GridConstraints.SIZEPOLICY_CAN_SHRINK | GridConstraints.
SIZEPOLICY_CAN_GROW, GridConstraints.SIZEPOLICY_FIXED, null, null, null, 0, false));
        保存 Button = new JButton();
        Font 保存 ButtonFont = this.$$$getFont$$$("FangSong",-1,-1,保存 Button.getFont());
        if (保存 ButtonFont != null)  保存 Button.setFont(保存 ButtonFont);
        保存 Button.setText("保存");
        panel1.add(保存 Button, new GridConstraints(2, 0, 1, 1, GridConstraints.ANCHOR_CENTER,
GridConstraints.FILL_HORIZONTAL, GridConstraints.SIZEPOLICY_CAN_SHRINK | GridConstraints.
SIZEPOLICY_CAN_GROW, GridConstraints.SIZEPOLICY_FIXED, null, null, null, 0, false));
        统计 Button = new JButton();
        Font 统计 ButtonFont = this.$$$getFont$$$("FangSong",-1,-1,统计 Button.getFont());
        if (统计 ButtonFont != null)  统计 Button.setFont(统计 ButtonFont);
        统计 Button.setText("统计");
        panel1.add(统计 Button, new GridConstraints(1, 0, 1, 1, GridConstraints.ANCHOR_CENTER,
GridConstraints.FILL_HORIZONTAL, GridConstraints.SIZEPOLICY_CAN_SHRINK | GridConstraints.
SIZEPOLICY_CAN_GROW, GridConstraints.SIZEPOLICY_FIXED, null, null, null, 0, false));
        final javax.swing.JPanel panel2 = new JPanel();
        panel2.setLayout(new GridLayoutManager(3, 1, new Insets(20, 20, 20, 20), -1, -1));
        JPanel.add(panel2, BorderLayout.CENTER);
        textField1 = new JTextField();
        Font textField1Font = this.$$$getFont$$$("FangSong",-1,18,textField1.getFont());
        if (textField1Font != null) textField1.setFont(textField1Font);
        panel2.add(textField1, new  GridConstraints(1, 0, 1, 1, GridConstraints.ANCHOR_WEST,
GridConstraints.FILL_HORIZONTAL, GridConstraints.SIZEPOLICY_WANT_GROW, GridConstraints.
SIZEPOLICY_FIXED, null, new Dimension(150, -1), null, 0, false));
        final JScrollPane  scrollPane1  =  new JScrollPane();           panel2.add(scrollPane1, new
GridConstraints(2,  0,  1,  1,  GridConstraints.ANCHOR_CENTER,  GridConstraints.FILL_BOTH,
GridConstraints.SIZEPOLICY_CAN_SHRINK  |  GridConstraints.  SIZEPOLICY_WANT_GROW,
GridConstraints.SIZEPOLICY_CAN_SHRINK | GridConstraints. SIZEPOLICY_WANT_GROW, null,
```

```java
        null, null, 0, false));
        textArea1 = new JTextArea();
        Font textArea1Font=this.$$$getFont$$$("Microsoft Himalaya",-1,18,textArea1.getFont());
        if (textArea1Font != null) textArea1.setFont(textArea1Font);
        scrollPane1.setViewportView(textArea1);
        final JLabel label1 = new JLabel();
        Font label1Font = this.$$$getFont$$$("FangSong", -1, -1, label1.getFont());
        if (label1Font != null) label1.setFont(label1Font);
        label1.setText("指定文件夹");
        panel2.add(label1, new GridConstraints(0, 0, 1, 1, GridConstraints.ANCHOR_WEST, GridConstraints.FILL_NONE, GridConstraints.SIZEPOLICY_FIXED, GridConstraints.SIZEPOLICY_FIXED, null, null, null, 0, false));
        final javax.swing.JPanel panel3 = new JPanel();
        panel3.setLayout(new GridLayoutManager(2, 1, new Insets(0, 20, 20, 20), -1, -1));
        JPanel.add(panel3, BorderLayout.SOUTH);
        progressBar1 = new JProgressBar();
        progressBar1.setForeground(new Color(-15892472));
        progressBar1.setStringPainted(true);
        panel3.add(progressBar1, new GridConstraints(1, 0, 1, 1, GridConstraints.ANCHOR_CENTER, GridConstraints.FILL_HORIZONTAL, GridConstraints.SIZEPOLICY_WANT_GROW, GridConstraints.SIZEPOLICY_FIXED, null, null, null, 0, false));
        final JLabel label2 = new JLabel();
        Font label2Font = this.$$$getFont$$$("FangSong", -1, -1, label2.getFont());
        if (label2Font != null) label2.setFont(label2Font);
        label2.setText("进度");
        panel3.add(label2, new GridConstraints(0, 0, 1, 1, GridConstraints.ANCHOR_CENTER, GridConstraints.FILL_NONE, GridConstraints.SIZEPOLICY_FIXED, GridConstraints.SIZEPOLICY_FIXED, null, null, null, 0, false));
    }

    /**
     * @noinspection ALL
     */
    private Font $$$getFont$$$(String fontName, int style, int size, Font currentFont) {
        if (currentFont == null) return null;
        String resultName;
        if (fontName == null) {
            resultName = currentFont.getName();
        } else {
            Font testFont = new Font(fontName, Font.PLAIN, 10);
            if (testFont.canDisplay('a') && testFont.canDisplay('1')) {
                resultName = fontName;
            }else {
```

```
            resultName = currentFont.getName();
        }
    }
    Font font = new Font(resultName, style >= 0 ? style : currentFont.getStyle(), size >= 0 ? size : currentFont.getSize());
    boolean isMac = System.getProperty("os.name","").toLowerCase(Locale.ENGLISH).startsWith("mac");
        Font fontWithFallback=isMac ? new Font(font.getFamily(),font.getStyle(),font.getSize()) : new StyleContext().getFont(font.getFamily(), font.getStyle(), font.getSize());
        return fontWithFallback instanceof FontUIResource ? fontWithFallback : new FontUIResource(fontWithFallback);
    }

    /**
     * @noinspection ALL
     */
    public JComponent $$$getRootComponent$$$() {
        return JPanel;
    }

}
```

15.4.2 代码使用说明

(1) 运行程序, 如图 15-5 所示。

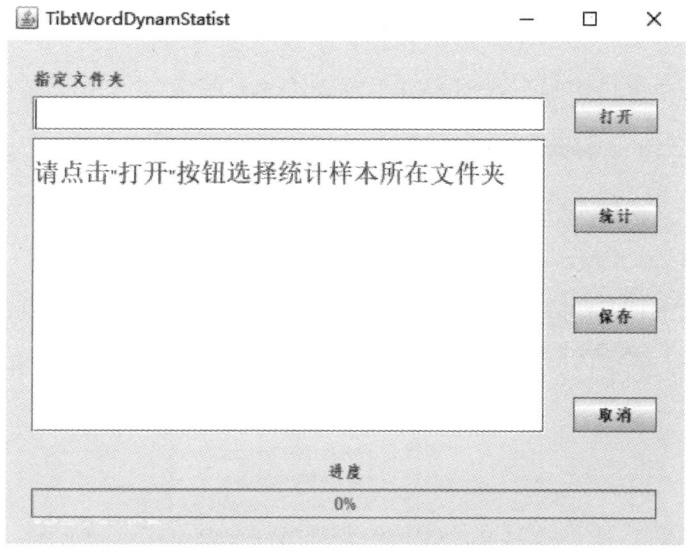

图 15-5 运行程序界面

(2) 点击【打开】按钮,打开文件夹选择窗口,如图 15-6 所示,选择文本所在的文件夹后点击【打开】按钮。

图 15-6 "打开"对话框

(3)点击【统计】按钮则开始进行统计,如图 15-7 所示。

图 15-7 "统计"界面

(4)统计完成后,在窗口中显示统计结果,如图 15-8 所示。点击【保存】按钮保存统计结果。

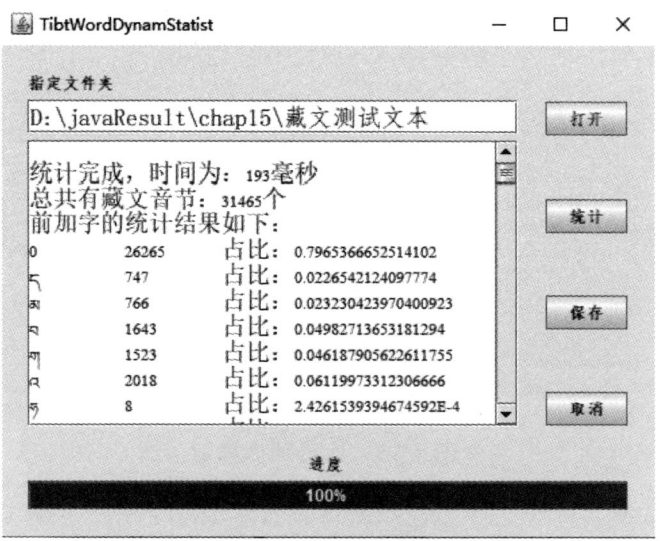

图 15-8 统计结果

15.5 运行结果

运用以上程序对 31 465 个藏文音节经过音节提取、黏着音节拆分、构件识别后，对各构件出现的频次进行了统计，运行结果如图 15-9 所示。

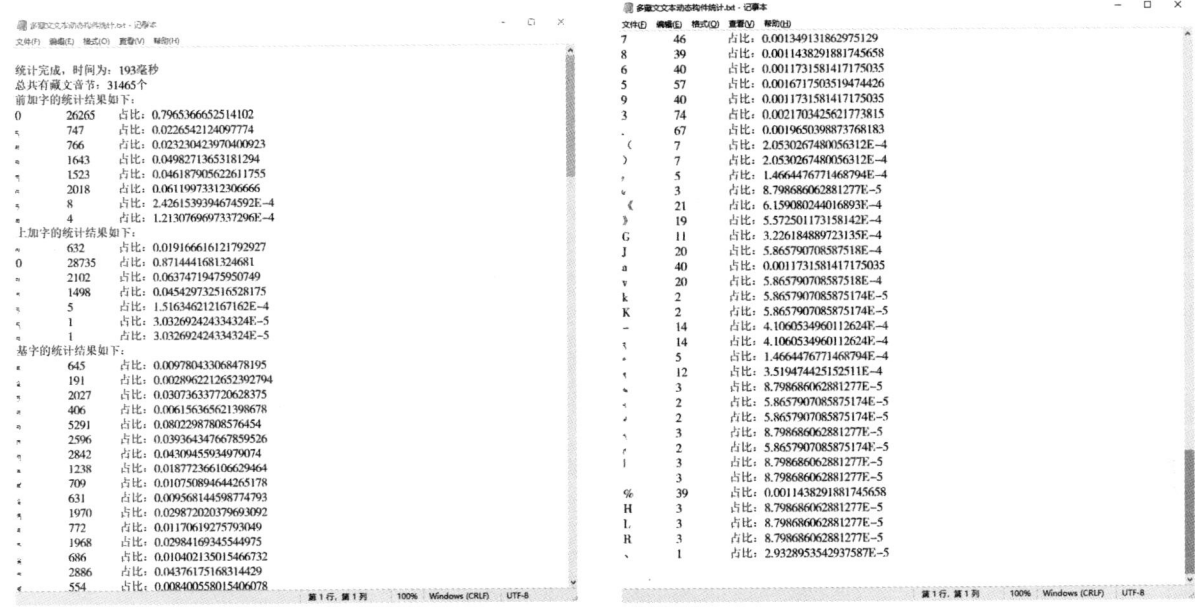

图 15-9 运行结果

对结果的分析如下：

1. 各前加字的数据分析

构件的统计中各前加字出现的次数如表 15-1 所示。从表 15-1 可以看出，静态统计中有前加字的约占一半，但在动态统计中没有前加字的占 79.65%；静态统计中前加字"བ"的构字能力最强，约占所有前加字的一半；但动态统计中前加字"འ"的占比最多。

表 15-1 各前加字出现的次数

序号	前加字符	静态统计		动态统计	
		次数	占比	次数	占比
1	ག	937	4.99%	1 523	4.62%
2	ད	1 275	6.79%	747	2.27%
3	བ	3 827	20.37%	1 643	4.98%
4	མ	1 275	6.78%	766	2.32%
5	འ	1 616	8.60%	2 018	6.12%
6	0	9 855	52.46%	26 265	79.65%

2. 各上加字的数据分析

各上加字出现次数的频度统计结果如表 15-2 所示。从表 15-2 可以看出，静态统计中没有上加字的占 66.52%，而动态统计中没有上加字的占 87.16%，说明有上加字的占比较少。两种统计中各上加字的占比基本一致，上加字"ས"占比最大，其次是"ར""ལ"占比最小。

表 15-2　各上加字出现的次数

序号	上加字	静态统计		动态动态	
		次数	占比	次数	占比
1	ར	2 380	12.67%	1 498	4.54%
2	ལ	1 020	5.43%	632	1.92%
3	ས	2 890	15.38%	2 102	6.38%
4	0	12 495	66.52%	28 735	87.16%

3. 各基字的数据分析

各基字出现的频次的统计结果如表 15-3 所示。从表 15-3 可以看出，基字是每个藏字必不可缺少的构件，但各构件静态的构字能力和实际运用中各构件的出现频次也是不一致的，其中基字"ཀ""ད""བ""ལ"等出现的频次很高，而"ཞ"的动态频次最低，与平时藏学专家认为的"可有可无"基本一致。

表 15-3　各基字出现的次数

序号	基字	静态统计		动态统计		序号	基字	静态统计		动态统计	
		次数	占比	次数	占比			次数	占比	次数	占比
1	ཀ	2 040	10.86%	2 842	4.31%	16	ཤ	765	4.07%	2 375	3.60%
2	ཁ	850	4.52%	2 596	3.94%	17	ཙ	680	3.62%	554	0.84%
3	ག	2 633	14.02%	5 854	8.88%	18	ཚ	340	1.81%	1 998	3.03%
4	ང	680	3.62%	1 145	1.74%	19	ཛ	425	2.26%	709	1.08%
5	ཅ	340	1.81%	1 345	2.04%	20	ཝ	85	0.45%	42	0.06%
6	ཆ	255	1.36%	1 238	1.88%	21	ཞ	340	1.81%	1 970	2.99%
7	ཇ	510	2.71%	645	0.98%	22	ཟ	510	2.71%	772	1.17%
8	ཉ	680	3.62%	1 140	1.73%	23	འ	84	0.45%	3 274	4.96%
9	ཏ	765	4.07%	2 027	3.74%	24	ཡ	170	0.90%	1 972	3.00%
10	ཐ	340	1.81%	1 622	2.46%	25	ར	255	1.36%	1 968	2.98%
11	ད	1 109	5.90%	5 523	8.37%	26	ལ	170	0.90%	2 886	4.38%
12	ན	678	3.61%	2 464	3.74%	27	ཧ	340	1.81%	856	1.30%
13	པ	850	4.52%	4 200	6.37%	28	ས	597	3.18%	2 186	3.31%
14	ཕ	595	3.17%	1 329	2.02%	29	ཧ	340	1.81%	479	0.73%
15	བ	1 274	6.78%	5 291	8.02%	30	ཨ	85	0.45%	406	0.62%

本次动态统计中对叠加基字进行了单独的统计，结果如表 15-4 所示。叠加字符总体占比较少，其中占比较大是"ཀྵ""ཧྨ""ཧྲ"；也有很多出现频次为 0 的，说明这些基字在现代藏字的结构中不进行纵向叠加。

表 15-4 叠加基字的出现频次

序号	基字	次数	占比	序号	基字	次数	占比
1		686	1.04%	16		25	0.04%
2		0	0.00%	17		222	0.34%
3		1 194	1.81%	18		0	0.00%
4		133	0.20%	19		41	0.06%
5		7	0.01%	20		0	0.00%
6		0	0.00%	21		0	0.00%
7		191	0.29%	22		0	0.00%
8		66	0.10%	23		0	0.00%
9		631	0.96%	24		0	0.01%
10		0	0.00%	25		0	0.00%
11		275	0.42%	26		0	0.00%
12		152	0.23%	27		0	0.00%
13		338	0.51%	28		0	0.00%
14		5	0.01%	29		109	0.17%
15		165	0.25%	30		0	0.00%

4. 各下加字的数据分析

统计的各下加字出现的频次如表 15-5 所示。从表 15-5 可以看出，静态统计中有下加字的约占 40%，但动态统计中有下加字的约占 20%。下加字中 " "" " 的构字能力最强，出现的频次最多。

表 15-5 各下加字出现的次数

序号	下加字	静态统计		动态统计	
		次数	占比	次数	占比
1		1 105	5.88%	29	0.09%
2		2 805	14.93%	4 189	12.70%
3		2 890	15.38%	2 003	6.07%
4		850	4.52%	511	1.55%
5	0	11 135	59.28%	26 242	79.58%

5. 再下加字的数据分析

统计的再下加字出现的次数如表 15-6 所示。从表 15-6 可以看出，两种统计结果中有再加字的还不到 1%，99% 的字符没有再下加字。

表 15-6　再下加字出现的次数

序号	再下加字	静态统计		动态统计	
		次数	占比	次数	占比
1	◌	170	0.90%	20	0.06%
2	0	18 615	99.10%	32 954	99.94%

6. 各元音的数据分析

各元音出现的频次统计如表 15-7 所示。从表 15-7 可以看出，静态统计中各元音出现的频次一致，说明各元音构字的能力一样，但动态统计中各元音出现的频次不一致，有元音的超过 60%，其中 "◌ི" 和 "◌ོ" 各约占 20%。

表 15-7　各元音出现的次数

序号	元音	静态统计		动态统计	
		次数	占比	次数	占比
1	◌ི	3 757	20.00%	6 325	19.18%
2	◌ུ	3 757	20.00%	4 178	12.67%
3	◌ེ	3 757	20.00%	3 230	9.80%
4	◌ོ	3 757	20.00%	6 422	19.48%
5	0	3 757	20.00%	12 814	38.86%

7. 各后加字的数据分析

各后加字出现频次的统计如表 15-8 所示。从表 15-8 可以看出，静态统计中很多后加字出现的次数相等，这也是藏文文法没有限制后加字的添加导致的。其中后加字 "འ" 的次数最少，其构字能力最弱，但在动态统计中各后加字的出现频次不一致，较多的是 "ག" "ང" "ད" "ས" "ན"。

表 15-8　各后加字出现的次数

序号	后加字	静态统计		动态统计	
		次数	占比	次数	占比
1	ག	2 210	11.76%	2 688	8.15%
2	ང	2 210	11.76%	4 560	13.83%
3	ད	1 099	5.85%	2 547	7.72%
4	ན	2 212	11.78%	3 128	9.49%
5	བ	2 209	11.76%	1 076	3.26%
6	མ	2 210	11.76%	855	2.59%
7	འ	64	0.34%	167	0.51%
8	ར	2 210	11.76%	1 844	5.59%
9	ལ	2 210	11.76%	1 390	4.22%
10	ས	1 094	5.82%	3 701	11.22%
11	0	1 057	5.63%	11 014	33.40%

8. 各再后加字的数据分析

各再后加字出现的频次统计如表 15-9 所示。从表 15-9 可以看出，静态统计中有再后加字的约占 40%，但在动态统计中只占 6.80%。

表 15-9 各再后加字出现的次数

序号	再后加字	静态统计		动态统计	
		次数	占比	次数	占比
1	ད	3 317	17.66%	65	0.20%
2	ས	4 429	23.58%	2 241	6.80%
3	0	11 039	58.76%	30 649	92.95%

9. 藏文特殊字符的数据分析

藏文基本集中收录了较多的特殊字符，但连续藏文文本中很多特殊字符出现的频率很低，且连续藏文文本中还存在许多非藏文文本，包括数字、符号等。从表 15-10 可以看出，音节点出现的频次最高，达到 93.97%。

表 15-10 藏文特殊字符的动态统计

序号	基字	次数	占比	序号	基字	次数	占比
1	ༀ	0	0.00%	14	༳	12	0.04%
2		0	0.00%	15	༴	3	0.01%
3		0	0.00%	16	༵	2	0.01%
4	·	29 784	93.97%	17	༶	3	0.01%
5	·	0	0.00%	18	༷	2	0.01%
6	།	1 859	5.87%	19	༸	3	0.01%
7	༎	0	0.00%	20	༹	2	0.01%
8	༏	0	0.00%	21	༺	0	0.00%
9	༐	0	0.00%	22	༼	0	0.00%
10	༑	0	0.00%	23	༽	0	0.00%
11	༔	5	0.02%	24	༾	0	0.00%
12	༒	5	0.02%	25	༿	0	0.00%
13	༓	14	0.04%	26	ཱ	0	0.00%

15.6 算法分析

15.6.1 时间复杂度分析

本算法需要依次从藏文文本文件中读入每个藏文音节，时间复杂度为 $O(n)$，其中 n 表示问题的规模，即藏文文本中音节的数量。依次对藏文音节进行构建识别和统计，需要调用 cut 方法，因此时间复杂度为 $O(1)$。所以，$T(n) = O(n) * O(1) = O(n)$。

15.6.2 空间复杂度分析

1. 数据存储空间

藏文构件的存储采用 9 个静态的 LinkHashMap 以键值对的形式进行存储，而其中每个 LinkedHashMap 的长度也是固定的，最大长度为该位置的所有不同构件的数量，故数据存储空间为 $O(1)$。

2. 辅助存储空间

算法中不存在递归调用的情况，只在循环中定义了几个临时存储变量，而定义该临时存储变量的次数取决于问题规模 n，即藏文音节的数量，因此空间复杂度为 $O(n)$。

第 16 章 基于哈希表的多文件藏文音节统计

16.1 问题描述

第 14 章实现了基于动态顺序存储的单文档藏文音节动态统计，为了更准确地统计藏文音节字的使用频次，需要在更多的文本中进行统计。本章设计实现一个基于 Hash 表的从多个连续藏文文本中统计藏文音节频次的程序，并对其排序效率进行分析。

16.2 问题分析

16.2.1 理论依据

1. 藏文音节统计理论

多文本中统计藏文音节的方法与第 14 章的方法基本一致，只是从存放多文本的文件夹中依次读取每个文件，再读取每个文件中的藏文文本，并存储当前获取的字符。当遇到一个藏文分隔字符（参考第 10 章中整理的 90 个藏文分隔符）以及可能出现的其他非藏文字符时，说明之前的藏文音节已经形成，在存放统计音节的 Hash 表中查找，如果查找成功，则其频度加 1；如果查找失败，则在表中插入该音节并将其频度设为"1"。

2. Hash 函数[1]

1）Hash 函数概述

一般的线性表、树等数据结构中记录存储的相对位置是随机的，即和记录的关键字之间不存在确定的关系，因此，在这类结构中查找记录时需进行一系列和关键字的比较。这类查找方法建立在"比较"的基础上，查找的效率依赖于查找过程中所进行的比较次数。一种理想的情况是不进行一一比较，就能直接找到需要的记录，因此必须在记录的存储位置和它的关键字之间建立一个确定的对应关系 H，使每个关键字和结构中一个唯一的存储位置相对应。

在记录的存储位置和它的关键字之间建立一个确定的对应关系 H，以 H(key) 作为关键字为 key 的记录在表中的位置，称这个对应关系 H 为哈希（Hash）函数。

Hash 又称为散列、杂凑、哈希，是把任意长度的输入（又叫作预映射 pre-image）通过散列算法变换成固定长度的输出，该输出就是散列值。散列值的空间通常远小于输入的空间，不同的输入可能会散列成相同的输出。

Hash 算法虽然被称为算法，但实际上它更像是一种思想。Hash 算法没有一个固定的公式，只要符合散列思想的算法都可以被称为是 Hash 算法。按照 Hash 算法存储记录的表称为 Hash 表。在 Hash 表中查找记录时，如果表中存在和关键字 k 相等的记录，则必定在表的 H(k) 存储位置上。因此，不

---

[1] 王欣欣，冷玉池. 数据结构实用教程（C 语言版）[M].西安：西安电子科技大学出版社，2016.

需要比较关键字便可直接查找到记录。

不同的关键字可能得到同一散列地址的这种现象（即 key1≠key2，而 H(key1)=H(key2)），称为碰撞或冲突。具有相同函数值的关键字对该散列函数来说称为同义词。

综上所述，Hash 就是根据散列函数 H(key)和处理冲突的方法将一组关键字映射到一个有限的连续地址集（区间）上，并以关键字在地址集中的"像"作为记录在表中的存储位置的一种算法思想。

2）常用 Hash 函数

散列函数使得对一个数据序列的访问过程更加迅速有效，通过散列函数，数据元素将被更快地定位。常用的 Hash 函数有：

（1）直接寻址法。

该方法取关键字或关键字的某个线性函数值为散列地址，即 H(key)=key 或 H(key) = a·key + b，其中，a 和 b 为常数（这种散列函数叫作自身函数）。

（2）数字分析法。

分析一组数据，比如一组员工的出生年月日，这时发现出生年月日的前几位数字大体相同，这样的话，这些数据出现冲突的概率就会很大；同时又发现年月日的后几位数字（表示月份和具体日期）差别很大，如果用后面的数字来构成散列地址，则冲突的概率会明显降低。因此，数字分析法就是找出数字的规律，尽可能利用这些数据来构造冲突概率较低的散列地址。

（3）平方取中法。

该方法取关键字平方后的中间几位作为散列地址。

（4）折叠法。

该方法将关键字分割成位数相同的几部分，最后一部分位数可以不同，然后取这几部分的叠加和（去除进位）作为散列地址。

（5）随机数法。

该方法选择一随机函数，以关键字作为随机函数的自变量，生成随机值作为散列地址。

（6）除留余数法。

该方法取关键字被某个不大于散列表表长 m 的数 p 除后所得的余数作为散列地址，即 H(key) = key MOD p,p≤m。该操作不仅可以对关键字直接取模，也可在关键字进行折叠、平方取中等运算之后取模。对 p 的选择很重要，一般取素数或 m，若 p 选得不好，容易产生碰撞。

3）处理冲突方法

（1）开放寻址法。

H_i=(H(key) + d_i) MOD m,i=1,2,…, k(k≤m-1)，其中 H(key)为散列函数，m 为散列表长，di 为增量序列，则有下列三种取法：

①d_i=1,2,3,…, m-1，称线性探测再散列；

②d_i=1^2,-1^2,2^2,-2^2,3^2,…, ±k^2,(k≤m/2)称二次探测再散列；

③d_i=伪随机数序列，称伪随机探测再散列。

（2）再散列法。

H_i=RH_i(key),i=1,2,…, k。RH_i 均是不同的散列函数，即在同义词产生地址冲突时计算另一个散列函数地址，直到冲突不再发生，这种方法不易产生"聚集"，但增加了计算时间。

（3）链地址法。

将所有关键字为同义词的记录存储在同一线性链表中。

例如，对于关键字序列 { 19, 01, 23, 14, 55, 68, 11, 82, 36 }，采用 H(key)=key MOD 7，用链地址法处理冲突结果，如图 16-1 所示。

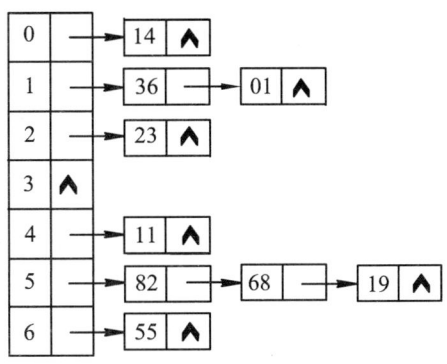

图 16-1　Hash 的链地址法

（4）建立一个公共溢出区。

公共溢出表用来存放所有关键字和基本表中关键字为同义词的记录，不管它们由哈希函数得到的哈希地址是什么，一旦发生冲突，都填入溢出表。

4）查找性能分析

散列表的查找过程基本上和造表过程相同。一些关键码可通过散列函数转换的地址直接被找到，另一些关键码在散列函数得到的地址上产生了冲突，需要按处理冲突的方法进行查找。产生冲突后的查找仍然是给定值与关键码进行比较的过程，所以对散列表查找效率的量度，依然用平均查找长度来衡量。

查找过程中，关键码的比较次数取决于产生冲突的多少。产生的冲突少，查找效率就高；产生的冲突多，查找效率就低。因此，影响产生冲突多少的因素，也就是影响查找效率的因素。影响产生冲突多少有以下三个因素：

（1）散列函数是否均匀；

（2）处理冲突的方法；

（3）散列表的装填因子。

散列表的装填因子定义为：α=填入表中的元素个数/散列表的长度，α 是散列表装满程度的标志因子。由于表长是定值，α 与"填入表中的元素个数"成正比，所以 α 越大，填入表中的元素较多，产生冲突的可能性就越大；α 越小，填入表中的元素较少，产生冲突的可能性就越小。

实际上，散列表的平均查找长度是装填因子 α 的函数，只是不同处理冲突的方法有不同的函数。

16.2.2　算法思想

1. 多文本中统计藏文音节字的 Hash 表设计

考虑到藏文音节 18 000 多个，为了在尽量不减少平均查找长度的情况下提高空间利用率，故模拟设计了一个长度为 18 785 的 Hash 表。在 Java 中用一个 List 来模拟数组，List 的下标即表示其哈希值，在每一个 List 的元素处放置一个 LinkedHashMap，每个 LinkedHashMap 存放的即为计算后哈希值为 List 下标值的元素。LinkedHashMap 是有序的，因此在存入一个元素时扫描对应位置的 LinkedHashMap。若存在相同的 key，则 value 加 1；否则发生冲突时调用 put 方法将新元素放入 LinkedHashMap 中，正好在集合末尾，这样就模拟了链地址法中指针的功能。具体的藏文音节统计 Hash 表如图 16-2 所示。

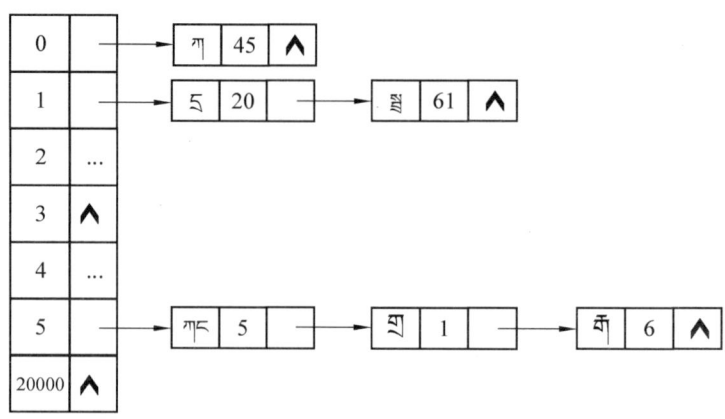

图 16-2　设计的藏文音节统计 Hash 链表

2. 算法思想

按照以上理论设计的藏文多文本中统计藏文音节字的算法思想如下：

统计时，逐个读取每个文件文本中的 Unicode 字符到 c 中，当 c 是非分隔符的藏文字符时，将其添加到字符串 zangZi 中；当读取的字符为藏文音节分隔符号（包括非藏文字符）时，表示一个音节读取结束，此时 zangZi 中保存的就是当前读取到的藏文音节字。用当前藏文音节字的各字符编码作为 key，通过 H（key）计算其 Hash 值，按照 Hash 值查找表中的位置，如果发生冲突按照链地址的方法解决冲突。具体的方法为：

（1）初始化字符串 zangZi 和字符 c。判断所有文件是否处理完成，如果是，则程序结束，否则转第（2）步。

（2）获取一个文件并打开。

（3）从文件中读取一个字符到 c 中。

（4）判断 c 是否为非藏文字符，如果不是则转到第（5）步；如果是则转到第（6）步。

（5）判断 c 是否是藏文音节分隔符，如果不是分隔符，则将该字符 c 增加到字符串 zangZi 尾部，转到第（3）步；如果是分隔符则转到第（6）步。

（6）若 zangZi 非空，用 zangZi 的字符编码计算 Hash 值，按照 Hash 值把 zangZi 中的字符存入统计表中，用字符 c 的编码计算 Hash 值，按照 Hash 值把分隔符 c 存入统计表中，并清空 zangZi，转到第（3）步。

16.3　算法设计

16.3.1　存储空间

（1）定义静态分隔符数组及藏文构件数组：

```
public static final char[] separate =
   {0x0F00, 0x0F01, 0x0F02, 0x0F03, 0x0F04, 0x0F06, 0x0F07, 0x0F08, 0x0F09,
   0x0F0A, 0x0F0B, 0x0F0C, 0x0F0D, 0x0F0E, 0x0F0F, 0x0F10, 0x0F11, 0x0F12,
   0x0F13, 0x0F14, 0x0F15, 0x0F16, 0x0F17, 0x0F18, 0x0F19, 0x0F1A, 0x0F1B,
   0x0F1C, 0x0F1D, 0x0F1E, 0x0F1F, 0x0F20, 0x0F21, 0x0F22, 0x0F23, 0x0F24,
   0x0F25, 0x0F26, 0x0F27, 0x0F28, 0x0F29, 0x0F2A, 0x0F2B, 0x0F2C, 0x0F2D,
   0x0F2E, 0x0F2F, 0x0F30, 0x0F31, 0x0F32, 0x0F33, 0x0F34, 0x0F35, 0x0F36,
   0x0F37, 0x0F38, 0x0F3A, 0x0F3B, 0x0F3C, 0x0F3D, 0x0F3E, 0x0F3F, 0x0FBE,
   0x0FBF, 0x0FC0, 0x0FC1, 0x0FC2, 0x0FC3, 0x0FC4, 0x0FC5, 0x0FC6, 0x0FC7,
```

0x0FC8, 0x0FC9, 0x0FCA, 0x0FCB, 0x0FCC, 0x0FCE, 0x0FCF, 0x0FD0, 0x0FD1,
0x0FD2, 0x0FD3, 0x0FD4, 0x0FD5, 0x0FD6, 0x0FD7, 0x0FD8, 0x0FD9, 0x0FDA};

public static final char[] split_Char = { … , '\u0FD5', '\u0FD6', '\u0FD7', '\u0FD8', … };

public static final char[] id_m = { … };

（2）初始化一个长度为 18 785 的 List，其中 List 中包含的元素为 LinkedHashMap：

```
static List<LinkedHashMap<String, Integer>> hash_Tibetan = new ArrayList<>();
for (int i = 0; i < 18785; i++) {
    LinkedHashMap<String, Integer> map = new LinkedHashMap<>();
    hash_Tibetan.add(map);
}
```

16.3.2 流程图

（1）主方法流程如图 16-3 所示。

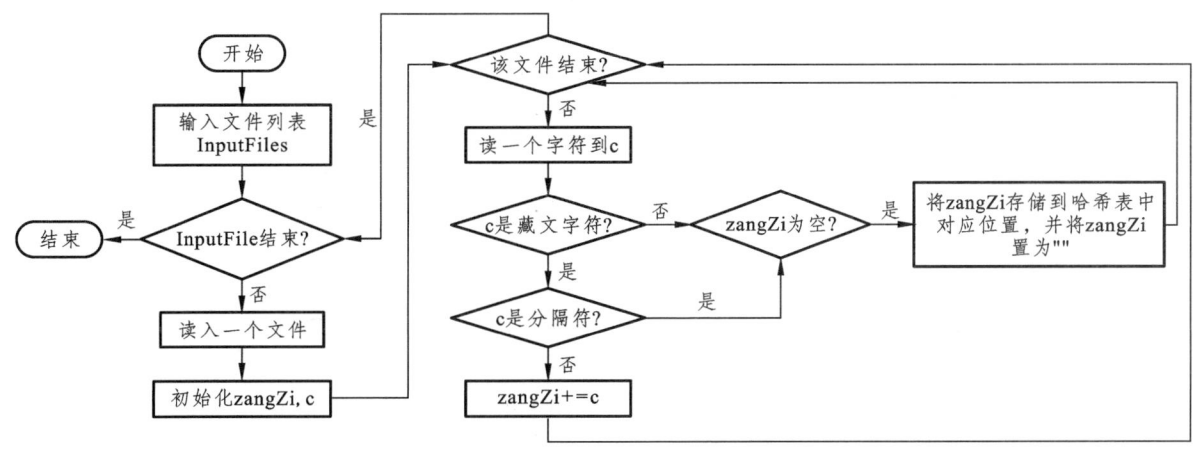

图 16-3　主方法流程图

（2）将藏文音节插入 Hash 表的过程如图 16-4 所示。

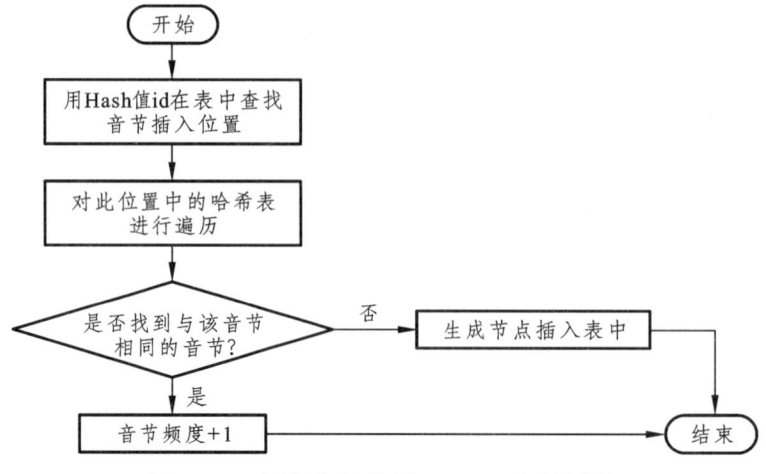

图 16-4　将藏文音节插入 Hash 表的过程

16.3.3　伪代码

1. 主程序的伪代码

藏文音节字频统计过程中最关键的部分是对非藏文编码、藏文分隔符、特殊字符的处理，其伪代码如下：

```
1 Function Statis(inputFiles){
2     for sss in inputFiles:
3         BufferedReader br = new BufferedReader(new FileReader(sss));//读入全藏字
4         String line = "";
5         while (line = br.readLine()) != null:
6             ss[] = line.toCharArray(); //利用 toCharArray 方法转换
7             String zangZi = "";
8             for c in ss:
9                 if c is Tibetan:
10                     if c is separator :
11                         //当 zangZi 不为空时将其存入统计表，否则将该字符加到 zangZi 中
12                         if zangZi != "":
13                             solve(zangZi);   //调用 solve 方法存储该藏文音节
14                             zangZi = "";
15                         else :
16                             zangZi = zangZi + c;
17                         continue;
18                     else :
19                         if zangZi != "":
20                             solve(zangZi);    //调用 solve 方法存储该藏文音节
21                             zangZi = "";
```

2. 藏文音节插入 Hash 表的伪代码

藏文音节插入 Hash 表中，通过藏文音节的 Hash 值找到该音节的位置，如果该位置为空，则把该字符插入 Hash 表中，频度设为 1；如果该位置已有藏文音节字，待插入字符与已有的音节字进行比较，如果相同则频度加 1，不相同则生成一个新结点，用尾插法把结点插入链表中，其伪代码如下：

```
1  Function solve(String zangZi):
2      charArray = zangZi.toCharArray();
3      int H_key = 0;
4      for i = 0 to charArray.length: {
5          c = charArray[i];
6          key = 0;
7          //如果该字符是正常124个藏文字符中的，则z在id_m数组中查找该字符的位置
8          if c in id_m:
9              key = position(c, id_m);
10         else :
11             key = position(c, split_Char);
12         if key != -1 :
13             H_key = H_key + key * key * key - i * i;//计算哈希值
14         else
15             System.out.println(zangZi+"这个字有问题");
16             return;
17     H_key = H_key % 18785;
18     //根据计算出的哈希值来确定放在列表中的哪个 HashMap 中
19     boolean find = false;
20     stringIntegerLinkedHashMap = hash_Tibetan.get(H_key);//在 List 中找到下标为该哈希值的 HashMap
21     iterator = stringIntegerLinkedHashMap.entrySet().iterator();
22     //遍历该 HashMap，若其中已存在和 zangZi 中相同的内容，则将它对应的 value 加 1，否则将该 zangZi 存入此 HashMap 中，并将其 value 设置为 1
23     while iterator.hasNext():
24         Map.Entry<String, Integer> entry = iterator.next();
25         key = entry.getKey();
26         value = entry.getValue();
27         if key.equals(zangZi):
28             stringIntegerLinkedHashMap.put(key, value + 1);
29             find = true;
30             break;
31     if !find :
32         stringIntegerLinkedHashMap.put(zangZi, 1);
```

16.4 程序实现

16.4.1 代　码

本次实验分为算法部分及窗体部分。具体实现如下：

1. 算法部分实现

在包下新建一个名为"chapter16"的 Java 文件，并向其中添加如下代码：

```java
package cn.edu.utibet.chapter16;
import java.io.*;
import java.util.*;
import static cn.edu.utibet.chapter16.TibetanStatistice_Hash.hash_Tibetan;

public class chapter16 {
    public static final char[] separate =
        {0x0F00, 0x0F01, 0x0F02, 0x0F03, 0x0F04, 0x0F06, 0x0F07, 0x0F08, 0x0F09,
         0x0F0A, 0x0F0B, 0x0F0C, 0x0F0D, 0x0F0E, 0x0F0F, 0x0F10, 0x0F11, 0x0F12,
         0x0F13, 0x0F14, 0x0F15, 0x0F16, 0x0F17, 0x0F18, 0x0F19, 0x0F1A, 0x0F1B,
         0x0F1C, 0x0F1D, 0x0F1E, 0x0F1F, 0x0F20, 0x0F21, 0x0F22, 0x0F23, 0x0F24,
         0x0F25, 0x0F26, 0x0F27, 0x0F28, 0x0F29, 0x0F2A, 0x0F2B, 0x0F2C, 0x0F2D,
         0x0F2E, 0x0F2F, 0x0F30, 0x0F31, 0x0F32, 0x0F33, 0x0F34, 0x0F35, 0x0F36,
         0x0F37, 0x0F38, 0x0F3A, 0x0F3B, 0x0F3C, 0x0F3D, 0x0F3E, 0x0F3F, 0x0FBE,
         0x0FBF, 0x0FC0, 0x0FC1, 0x0FC2, 0x0FC3, 0x0FC4, 0x0FC5, 0x0FC6, 0x0FC7,
         0x0FC8, 0x0FC9, 0x0FCA, 0x0FCB, 0x0FCC, 0x0FCE, 0x0FCF, 0x0FD0, 0x0FD1,
         0x0FD2, 0x0FD3, 0x0FD4, 0x0FD5, 0x0FD6, 0x0FD7, 0x0FD8, 0x0FD9, 0x0FDA};
    public static int finalFindCount = 0;
    public static final char[] split_Char = {'ༀ','ཅ','ཚྱ','ཚྱ','ཞ','ཤ','ཧྭ','ཀྵ','ཨ','ʼ','"','ཁ','ཕ','ʼ','ʼ',
        'ʼ','ྂ','ྃ','྄','྆','྇','ྈ','ྉ','ྊ','ྋ','྾','྿','࿀','࿁','࿂','࿃','࿄','࿅','࿆','࿇','࿈','࿉','࿊','࿋','࿌',
        '࿏','࿐','࿑','࿒','࿓','࿔','࿕','࿖','࿗','࿘','࿙','࿚','ༀ','༁','༂','༃','༄','༅','༆','༇','༈','༉','༊','་',
        '༌','།','༎','༏','༐','༑','༒','༓','༔','༕','༖','༗','༘','༙','༚','༛','༜','༝','༞','༟',
        '༠','༡','༢','༣','༤','༥','༦','༧','༨','༩','༪','༫','༬','༭','༮','༯','༰','༱','༲','༳',
        '༴','༵','༶','༷','༸','༹','༺','༻','༼','༽','༾','༿','\u0FD5','\u0FD6','\u0FD7','\u0FD8','࿚','࿛'};
    public static final char[] id_m = {'ཀ','ཁ','ག','གྷ','ང','ཅ','ཆ','ཇ','ཉ','ཊ','ཋ','ཌ','ཌྷ','ཎ','ཏ','ཐ','ད','དྷ',
        'ན','པ','ཕ','བ','བྷ','མ','ཙ','ཚ','ཛ','ཛྷ','ཝ','ཞ','ཟ','འ','ཡ','ར','ལ','ཤ','ཥ','ས','ཧ','ཨ','ཀྵ','ཪ',
        'ྐ','ྑ','ྒ','ྒྷ','ྔ','ྕ','ྖ','ྗ','ྙ','ྚ','ྛ','ྜ','ྜྷ','ྞ','ྟ','ྠ','ྡ','ྡྷ','ྣ','ྤ','ྥ','ྦ','ྦྷ','ྨ','ྩ','ྪ','ྫ',
        'ྫྷ','ྭ','ྮ','ྯ','ྰ','ྱ','ྲ','ླ','ྴ','ྵ','ྶ','ྷ','ྸ','ྐྵ','ྺ'};

    public static void statistics(List<String> inputFiles) {
        try {
            for (String sss : inputFiles) {
                BufferedReader br=new BufferedReader(new FileReader(sss));//读入全藏字
                String line = "";
                while ((line = br.readLine()) != null) {
```

```java
                    char ss[] = line.toCharArray(); //利用 toCharArray 方法转换
                    String zangZi = "";
                    for (char c : ss) {
                        if (c >= 0x0F00 && c <= 0x0F47 || c >= 0x0F49 && c <= 0x0F6C || c >= 0x0F71 && c <= 0x0F97 || c >= 0x0F99 && c <= 0x0FBC || c >= 0x0FBE && c <= 0x0FCC || c >= 0x0FCE && c <= 0x0FDA) {
                            if (in(c, separate)) {
                                //将前面的藏字存入统计表，将分隔符也存入统计表
                                if (zangZi != "") {
                                    solve(zangZi);
                                    zangZi = "";
                                }
                            } else {
                                zangZi = zangZi + String.valueOf(c);
                                continue;
                            }
                        } else {
                            if (zangZi != "") {
                                solve(zangZi);
                                zangZi = "";
                            }
                        }
                    }
                }
            } catch (FileNotFoundException e) {
                e.printStackTrace();
            } catch (IOException e) {
                e.printStackTrace();
            }
        }

        public static void solve(String zangZi) {
            char[] charArray = zangZi.toCharArray();
            int H_key = 0;
            for (int i = 0; i < charArray.length; i++) {
                char c = charArray[i];
                int key = 0;
                //如果该字符在正常 124 个藏文字符之中
                if (in(c, id_m)) {
                    key = position(c, id_m);
                } else {
```

```java
                    key = position(c, split_Char);
                }
                if (key != -1) {
                    H_key = H_key + key * key * key - i * i;
                }else {
                    System.out.println(zangZi+"这个字有问题");
                    return;
                }
            }
        H_key = H_key % 18785;
        //根据计算出的哈希值来确定放在列表中的哪个 HashMap 中
        boolean find = false;
        LinkedHashMap<String, Integer> stringIntegerLinkedHashMap = hash_Tibetan.get(H_key);
        Iterator<Map.Entry<String,Integer>> iterator=stringIntegerLinkedHashMap.entrySet().iterator();
        while (iterator.hasNext()) {
            finalFindCount++;
            Map.Entry<String, Integer> entry = iterator.next();
            String key = entry.getKey();
            Integer value = entry.getValue();
            if (key.equals(zangZi)) {
                stringIntegerLinkedHashMap.put(key, value + 1);
                find = true;
                break;
            }
        }
        if (!find) {
            stringIntegerLinkedHashMap.put(zangZi, 1);
        }
    }

    public static boolean in(char s, char[] strings) {
        for (char s0 : strings) {
            if (s0 == s) {
                return true;
            }
        }
        return false;
    }

    public static List<String> getFiles(File file) {     //读这个路径下的所有文件
        List<String> files = new ArrayList<>();
        File[] tempList = file.listFiles();
```

```java
        for (int i = 0; i < tempList.length; i++) {
            if (tempList[i].isFile()) {
                files.add(tempList[i].toString());
            }
        }
        return files;
    }

    public static Integer position(char c, char[] chars) {
        int i = 0;
        for (; i < chars.length; i++) {
            if (c == chars[i]) {
                return i + 1;
            }
        }
        System.out.println("字符" + c + "有问题");
        return -1;
    }

    public static void saveAll( File path) {
        BufferedWriter bufferedWriter = null;
        try {
            bufferedWriter = new BufferedWriter(new FileWriter(path));
            for (LinkedHashMap<String, Integer> map : hash_Tibetan) {
                if (map.isEmpty()) {
                    continue;
                }
                Iterator<Map.Entry<String, Integer>> iterator = map.entrySet().iterator();
                while (iterator.hasNext()) {
                    Map.Entry<String, Integer> entry = iterator.next();
                    String key = entry.getKey();
                    Integer value = entry.getValue();
                    bufferedWriter.write(key+"\t"+value);
                    bufferedWriter.newLine();
                }
            }
            bufferedWriter.flush();
            bufferedWriter.close();
        }catch (IOException e) {
            e.printStackTrace();
        }
    }
}
```

2. 窗体部分实现

（1）新建一个"GUI form 文件"并将其命名为 TibetanStatistice。

（2）拖拽组件进行 UI 设计，如图 16-5 所示。

图 16-5　GUI Form

（3）添加事件监听，如图 16-6 所示。

图 16-6　添加监听

在添加的监听器中重写 public void actionPerformed(ActionEvent e)方法。这里分别对 4 个按钮添加了监听。

①添加"打开 Button"按钮行为事件监听的代码：

```
打开 Button.addActionListener(new ActionListener() {
    @Override
    public void actionPerformed(ActionEvent e) {
        SwingWorker<Void, Integer> worker = new SwingWorker<Void, Integer>() {
            // 创建文件选择器对象
            JFileChooser fileChooser = new JFileChooser();
            @Override
            protected Void doInBackground() throws Exception {
                fileChooser.setFileSelectionMode(JFileChooser.DIRECTORIES_ONLY);
                // 弹出文件选择器对话框
```

```
                    int result = fileChooser.showOpenDialog(null);
                    // 在后台线程中运行算法
                    // 如果用户单击"打开"按钮
                    if (result == JFileChooser.APPROVE_OPTION) {
                        // 获取用户选择的文件
                        selectedFile = fileChooser.getSelectedFile();
                        textField1.setText(selectedFile.getAbsolutePath());
                        textArea1.setText("\n 已打开文件");
                    }
                    return null;
                }
            };
            // 启动 SwingWorker 对象
            worker.execute();
        }
    });
```

②添加"统计 Button"按钮行为事件监听的代码:

```
统计 Button.addActionListener(new ActionListener() {
    @Override
    public void actionPerformed(ActionEvent e) {
        // 创建 SwingWorker 对象
        SwingWorker<Void, Integer> worker = new SwingWorker<Void, Integer>() {
            @Override
            protected Void doInBackground() throws Exception {
                // 在后台线程中运行算法
                long currentTimeMillis = System.currentTimeMillis();
                //排序
                statistics(getFiles(selectedFile));
                long nowTime = System.currentTimeMillis();
                textArea1.setText("\n 该算法一共耗时："+(nowTime-currentTimeMillis)+"毫秒");
                printLinkedHashMap(hash_Tibetan);
                return null;
            }

            public void printLinkedHashMap(List<LinkedHashMap<String,Integer>>hash_Tibetan){
                textArea1.append("\n 统计结果如下： \n");
                int count = 0;
                for (LinkedHashMap<String, Integer> map : hash_Tibetan) {
                    if (map.isEmpty()) {
                        continue;
                    }
                    count++;
```

```java
                    Iterator<Map.Entry<String, Integer>>iterator = map.entrySet().iterator();
                    while (iterator.hasNext()) {
                        Map.Entry<String, Integer> entry = iterator.next();
                        String key = entry.getKey();
                        Integer value = entry.getValue();
                        textArea1.append(key + "\t" + value + "\t");
                    }
                    textArea1.append("\n");
                }
                textArea1.append("实际存储的空间有："+count+"，装载因子为："+(double)count / 18785);
                textArea1.append("\n 总查找次数为：" + finalFindCount);
            }
        };
        // 启动 SwingWorker 对象
        worker.execute();
    }
});
```

③添加"保存 Button"按钮行为事件监听的代码：

```java
保存 Button.addActionListener(new ActionListener() {
    @Override
    public void actionPerformed(ActionEvent e) {
        // 创建文件选择器对象
        JFileChooser fileChooser = new JFileChooser();
        // 设置文件选择器的默认目录
        fileChooser.setCurrentDirectory(new File("."));
        // 显示"另存为"对话框
        int result = fileChooser.showSaveDialog(null);
        // 如果用户单击"保存"按钮
        if (result == JFileChooser.APPROVE_OPTION) {
            // 获取用户选择的文件
            File selectedFile = fileChooser.getSelectedFile();
            // 检查文件名是否合法
            if (!selectedFile.getName().endsWith(".txt")) {
                selectedFile = new File(selectedFile.getAbsolutePath() + ".txt");
            }
            // 保存排序结果到文件中
            saveAll(selectedFile);
        }
    }
});
```

④添加"退出"按钮行为事件监听的代码：

```java
退出Button.addActionListener(new ActionListener() {
    @Override
    public void actionPerformed(ActionEvent e) {
        System.exit(0);
    }
});
```

（4）生成 main 方法：将光标放在类上，按 Alt+Insert 键，点击 Form main()生成 main 方法，如图 16-7 所示。

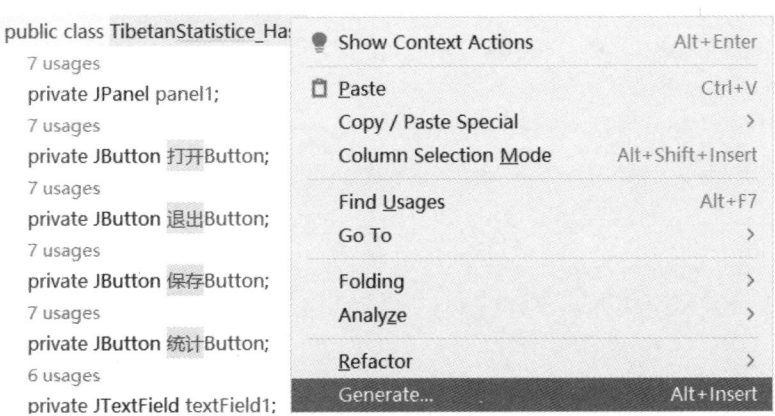

图 16-7　生成 main 方法

生成的主方法代码：

```java
public static void main(String[] args) {
    JFrame frame = new JFrame("TibetanStatistice_Hash");
    frame.setContentPane(new TibetanStatistice_Hash().panel1);
    frame.setSize(500, 400);
    frame.setLocationRelativeTo(null);    // 将窗体放置在屏幕中央
    frame.setVisible(true);
    frame.setDefaultCloseOperation(JFrame.EXIT_ON_CLOSE);
    frame.setVisible(true);
}
```

（5）运行 main 方法，IDEA 自动生成 GUI 对应源码：

```java
    {
// GUI initializer generated by IntelliJ IDEA GUI Designer
// >>> IMPORTANT!! <<<
// DO NOT EDIT OR ADD ANY CODE HERE!
        $$$setupUI$$$();
    }

    /**
     * Method generated by IntelliJ IDEA GUI Designer
```

```
 * >>> IMPORTANT!! <<<
 * DO NOT edit this method OR call it in your code!
 *
 * @noinspection ALL
 */
private void $$$setupUI$$$() {
    panel1 = new JPanel();
    panel1.setLayout(new BorderLayout(0, 0));
    final JPanel panel2 = new JPanel();
    panel2.setLayout(new GridLayoutManager(4, 1, new Insets(20, 0, 0, 20), -1, -1));
    panel1.add(panel2, BorderLayout.EAST);
    打开 Button = new JButton();
    Font 打开 ButtonFont = this.$$$getFont$$$("FangSong",-1,-1,打开 Button.getFont());
    if (打开 ButtonFont != null)  打开 Button.setFont(打开 ButtonFont);
    打开 Button.setText("打开");
    panel2.add(打开 Button, new GridConstraints(0, 0, 1, 1, GridConstraints.ANCHOR_CENTER, GridConstraints.FILL_HORIZONTAL, GridConstraints.SIZEPOLICY_CAN_SHRINK | GridConstraints.SIZEPOLICY_CAN_GROW, GridConstraints.SIZEPOLICY_FIXED, null, null, null, 0, false));
    退出 Button = new JButton();
    Font 退出 ButtonFont = this.$$$getFont$$$("FangSong",-1,-1,退出 Button.getFont());
    if (退出 ButtonFont != null)  退出 Button.setFont(退出 ButtonFont);
    退出 Button.setText("退出");
    panel2.add(退出 Button, new GridConstraints(3, 0, 1, 1, GridConstraints.ANCHOR_CENTER, GridConstraints.FILL_HORIZONTAL, GridConstraints.SIZEPOLICY_CAN_SHRINK | GridConstraints.SIZEPOLICY_CAN_GROW, GridConstraints.SIZEPOLICY_FIXED, null, null, null, 0, false));
    保存 Button = new JButton();
    Font 保存 ButtonFont = this.$$$getFont$$$("FangSong",-1,-1,保存 Button.getFont());
    if (保存 ButtonFont != null)  保存 Button.setFont(保存 ButtonFont);
    保存 Button.setText("保存");
    panel2.add(保存 Button, new GridConstraints(2, 0, 1, 1, GridConstraints.ANCHOR_CENTER, GridConstraints.FILL_HORIZONTAL, GridConstraints.SIZEPOLICY_CAN_SHRINK | GridConstraints.SIZEPOLICY_CAN_GROW, GridConstraints.SIZEPOLICY_FIXED, null, null, null, 0, false));
    统计 Button = new JButton();
    Font 统计 ButtonFont = this.$$$getFont$$$("FangSong",-1,-1,统计 Button.getFont());
    if (统计 ButtonFont != null)  统计 Button.setFont(统计 ButtonFont);
    统计 Button.setText("统计");
    panel2.add(统计 Button, new GridConstraints(1, 0, 1, 1, GridConstraints.ANCHOR_CENTER, GridConstraints.FILL_HORIZONTAL, GridConstraints.SIZEPOLICY_CAN_SHRINK | GridConstraints.SIZEPOLICY_CAN_GROW, GridConstraints.SIZEPOLICY_FIXED, null, null, null, 0, false));
    final JPanel panel3 = new JPanel();
    panel3.setLayout(new GridLayoutManager(4, 1, new Insets(20, 20, 20, 20), -1, -1));
```

```java
        panel1.add(panel3, BorderLayout.CENTER);
        textField1 = new JTextField();
        Font textField1Font = this.$$$getFont$$$("FangSong", -1, 18, textField1.getFont());
        if (textField1Font != null) textField1.setFont(textField1Font);
        panel3.add(textField1, new GridConstraints(1, 0, 1, 1, GridConstraints.ANCHOR_WEST, GridConstraints.FILL_HORIZONTAL, GridConstraints.SIZEPOLICY_WANT_GROW, GridConstraints.SIZEPOLICY_FIXED, null, new Dimension(150, -1), null, 0, false));
        final JScrollPane scrollPane1 = new JScrollPane();
        panel3.add(scrollPane1, new GridConstraints(3, 0, 1, 1, GridConstraints.ANCHOR_CENTER, GridConstraints.FILL_BOTH, GridConstraints.SIZEPOLICY_CAN_SHRINK | GridConstraints.SIZEPOLICY_WANT_GROW, GridConstraints.SIZEPOLICY_CAN_SHRINK | GridConstraints.SIZEPOLICY_WANT_GROW, null, null, null, 0, false));
        textArea1 = new JTextArea();
        Font textArea1Font=this.$$$getFont$$$("Microsoft Himalaya",-1,18,textArea1.getFont());
        if (textArea1Font != null) textArea1.setFont(textArea1Font);
        scrollPane1.setViewportView(textArea1);
        final JLabel label1 = new JLabel();
        Font label1Font = this.$$$getFont$$$("FangSong",-1,-1,label1.getFont());
        if (label1Font != null) label1.setFont(label1Font);
        label1.setText("统计文本所在的文件夹：");
        panel3.add(label1, new GridConstraints(0, 0, 1, 1, GridConstraints.ANCHOR_WEST, GridConstraints.FILL_NONE, GridConstraints.SIZEPOLICY_FIXED, GridConstraints.SIZEPOLICY_FIXED, null, null, null, 0, false));
        final JLabel label2 = new JLabel();
        Font label2Font = this.$$$getFont$$$("FangSong", -1, -1, label2.getFont());
        if (label2Font != null) label2.setFont(label2Font);
        label2.setText("藏文音节字频度统计结果：");
        panel3.add(label2, new GridConstraints(2, 0, 1, 1, GridConstraints.ANCHOR_WEST, GridConstraints.FILL_NONE, GridConstraints.SIZEPOLICY_FIXED, GridConstraints.SIZEPOLICY_FIXED, null, null, null, 0, false));
    }

    /**
     * @noinspection ALL
     */
    private Font $$$getFont$$$(String fontName, int style, int size, Font currentFont) {
        if (currentFont == null) return null;
        String resultName;
        if (fontName == null) {
            resultName = currentFont.getName();
        } else {
```

```
                Font testFont = new Font(fontName, Font.PLAIN, 10);
                if (testFont.canDisplay('a') && testFont.canDisplay('1')) {
                    resultName = fontName;
                }else {
                    resultName = currentFont.getName();
                }
            }
        }
        Font font = new Font(resultName, style >= 0 ? style : currentFont.getStyle(), size >= 0 ? size : currentFont.getSize());
        boolean isMac = System.getProperty("os.name","").toLowerCase(Locale.ENGLISH).startsWith("mac");
        Font fontWithFallback = isMac ? new Font(font.getFamily(),font.getStyle(),font.getSize()) : new StyleContext().getFont(font.getFamily(), font.getStyle(), font.getSize());
        return fontWithFallback instanceof FontUIResource ? fontWithFallback : new FontUIResource(fontWithFallback);
    }

    /**
     * @noinspection ALL
     */
    public JComponent $$$getRootComponent$$$() {
        return panel1;
    }
}
```

16.4.2 代码使用说明

（1）运行程序如图 16-8 所示。

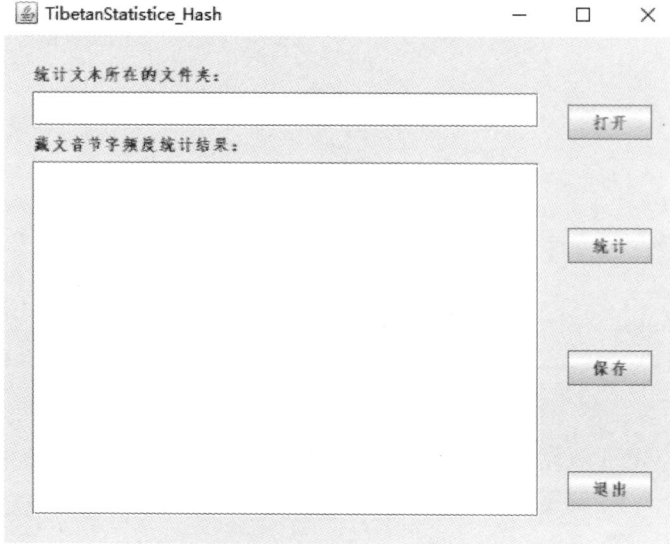

图 16-8　程序界面

（2）点击【打开】按钮打开文件夹选择窗口，如图 16-9 所示，选择需要待统计所在文件夹后点击【确定】按钮。

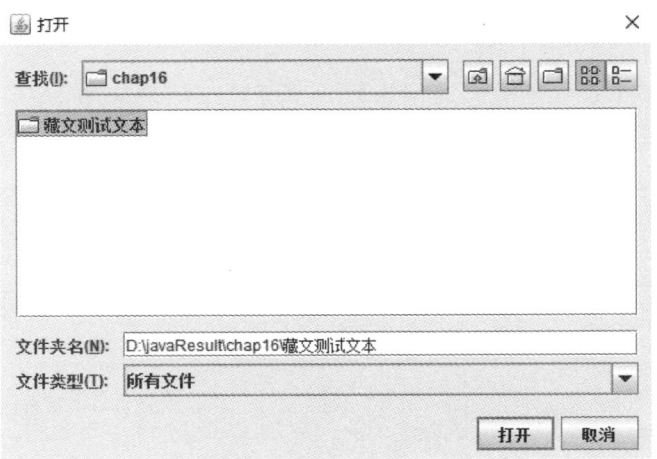

图 16-9 "打开"对话框

（3）点击【统计】按钮则开始统计藏文音节，统计结束后显示统计结果，如图 16-10 所示。

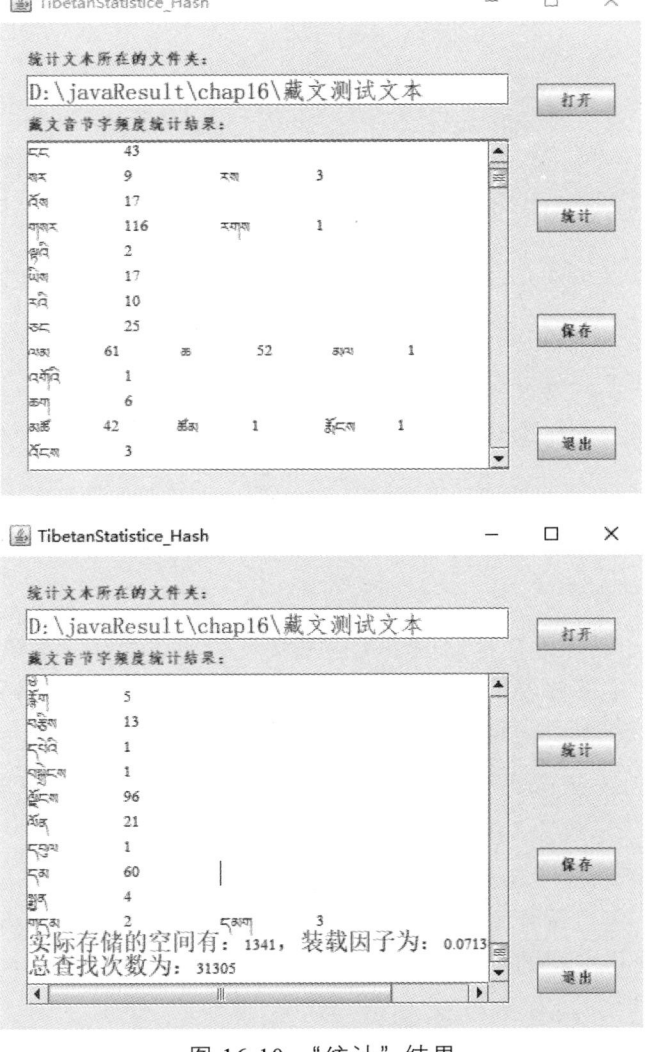

图 16-10 "统计"结果

16.5 运行结果

16.5.1 运行结果

按照以上程序，对多个连续的藏文文本进行音节统计的结果如图 16-11 所示。

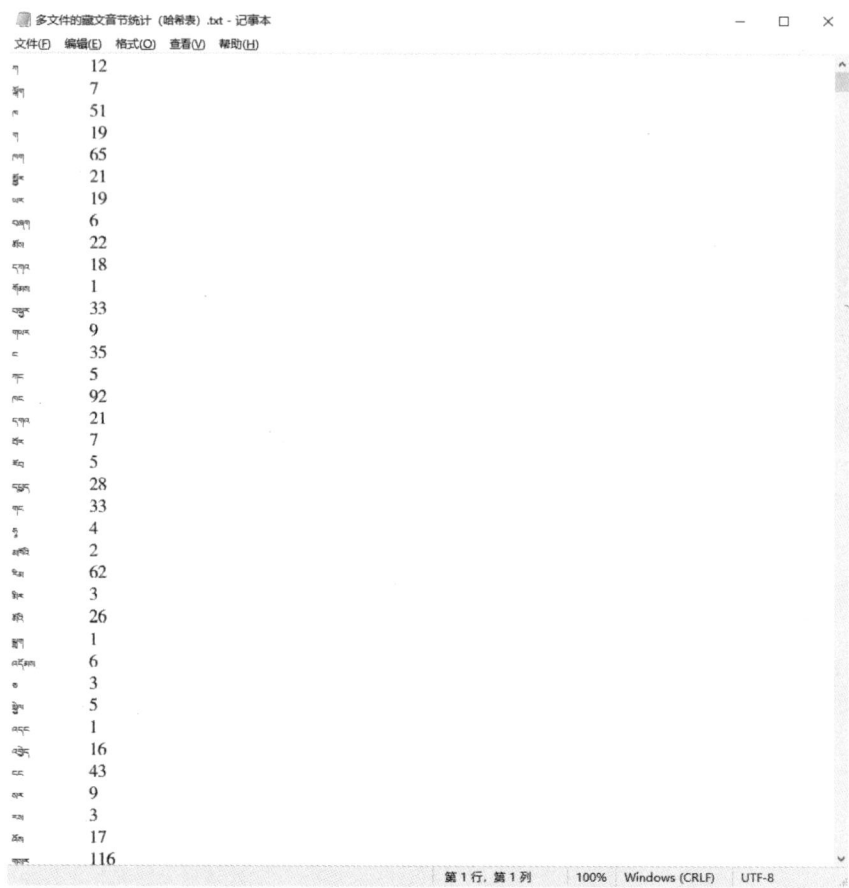

图 16-11 多文件的藏文音节统计结果

16.5.2 讨 论

1. 不同算法的时间比较

第 14 章中实现了基于动态顺序存储的单文件藏文音节动态统计，本章实现了基于 Hash 表的多文本藏文音节动态统计。本章首先采用了如下的 Hash 函数：

```
if(key!=-1){
        H_key = H_key +   key* key * key - i * i;
}
H_key = H_key % 18785;
```

考虑到藏文音节（不包括黏着字）总共有 18 785 个，经过测试将 Hash 表的值扩充到 20 000 个提升的效果不大，为了使得空间的利用率更高，选择以下散列函数，即

$$H_1(\text{key}) = \{\sum_{i=0}^{\text{len}(s)}(\text{key}_i^3 - \text{pos}^2)\}\%18785$$

经测试发现，用同一文本测试基于动态顺序存储和基于 Hash 表的藏文音节动态统计，统计结果是一致的，说明两个程序虽原理和结构不同，但都能正确地统计出藏文音节的频次，说明程序的基本功能是正确的。基于动态顺序存储的藏文音节动态统计用时为 188 ms，而基于 Hash 表的藏文音节动态统计用时只有 42 ms。明显地看出基于 Hash 表的藏文音节字动态统计优于基于动态顺序存储的藏文音节字动态统计。

2. 优化 Hash 函数

上述 Hash 函数采用链地址法解决了冲突。理论上一个藏文音节 8 个字符，每个字符最大的哈希值为 18 784，开辟了 18 785 个存储空间后，实际占用的存储的空间为 1 314，装载因子为 1 314/18 785=7.14%，空余度高达 92.86%。

实验中，增加两个变量分别记录藏文总音节数和总的查找次数。一个测试文本的藏文总音节数为 31 465 个，总的查找次数为 31 305 次，平均查找长度为

$$ASL_1 = 31\,305/31\,465 \approx 0.994\,9$$

16.6 算法分析

16.6.1 时间复杂度分析

本算法中频次最高的操作是查找，在 Hash 表中找到待插入藏文音节的位置然后在其 LinkedHashMap 中查找该藏文音节，如果该藏文音节不存在于 LinkedHashMap 中，则在其尾部插入该音节字的结点，并设其频度为 1；若存在，则直接将其频度加 1。

若藏文文本中有 n 个藏文音节，则：

最好情况：Hash 表没有冲突，每个元素插入一个位置上，每个元素的查找时间为 $O(1)$，总时间为 $T(n)=O(n)$。

最坏情况：所有的元素落到 Hash 表中一个位置上，则该位置会形成一个具有 m（m 为文本中不同的藏文音节数）个元素的顺序表，则每个元素的平均查找时间复杂度为

$$\frac{1}{m}\sum_{i=1}^{m}i$$

则总时间复杂度为

$$\frac{n}{m}\sum_{i=1}^{m}i$$

平均情况：时间复杂度就是一个音节的平均查找 ASL，则总时间为

$$T(n)=O(n\times \text{ASL})$$

其中，ASL 是一个较小的常数，即

$$T(n)=O(n)$$

16.6.2　空间复杂度分析

1. 数据存储空间

（1）算法中使用静态数组 separate、split_Char、id_m 存储固定长度的字符，空间复杂度为 $O(1)$。

（2）算法中使用静态列表，列表中使用 LinkedHashMap 的结构模拟 Hash 表用于存储藏文音节，其空间大小为 $O(n)$，n 为藏文文本中不同音节的数量。

2. 辅助存储空间

在 solve 方法中，将每一个传入的藏字拆分成字符数组，每调用一次这个方法就会申请一片这样的临时空间，其中，空间的大小为该藏文的长度，但由于藏文最多由 8 个构件组成，最长不超过 8，所以空间复杂度为 $O(1)$。而在 statistics 方法中会调用 solve 方法 n 次，n 表示问题规模（藏文音节的数量），因此总的空间复杂度为 $O(n)$。